普通高等教育“十一五”国家级规划教材

普通高等教育农业农村部“十三五”规划教材

牧草种子学

（第2版）

主　编　韩建国　毛培胜

中国农业大学出版社

·北京·

内容简介

《牧草种子学》重点介绍牧草种子的形态解剖特点、化学组成、形成发育、休眠、萌发和活力等基础理论，以及种子质量检验、种子生产管理、种子审定、种子收获加工、种子贮藏、种子经营管理等实践技术内容。包括绪论、第1章牧草种子的形态与解剖特征、第2章牧草种子的化学成分和组成、第3章牧草种子的形成发育、第4章牧草种子的休眠、第5章牧草种子的萌发、第6章牧草种子检验、第7章牧草种子活力、第8章牧草种子生产、第9章牧草种子审定、第10章牧草种子的贮藏、第11章牧草种子的经营与管理共12章。

图书在版编目(CIP)数据

牧草种子学/韩建国，毛培胜主编. —2版. —北京：中国农业大学出版社，2011.5(2019.12重印)
ISBN 978-7-5655-0260-6

Ⅰ.①牧…　Ⅱ.①韩…　②毛…　Ⅲ.①牧草-种子-生产-高等学校-教材　Ⅳ.①S540.35

中国版本图书馆CIP数据核字(2011)第076620号

书　　名　牧草种子学(第2版)
作　　者　韩建国　毛培胜　主编

策划编辑	刘　军　宋俊果	**责任编辑**	韩元凤
封面设计	郑　川	**责任校对**	陈　莹　王晓凤
出版发行	中国农业大学出版社		
社　　址	北京市海淀区圆明园西路2号	**邮政编码**	100193
电　　话	发行部 010-62818525，8625		读者服务部 010-62732336
	编辑部 010-62732617，2618		出　版　部 010-62733440
网　　址	http://www.cau.edu.cn/caup	**e-mail**	cbsszs @ cau.edu.cn
经　　销	新华书店		
印　　刷	涿州市星河印刷有限公司		
版　　次	2011年6月第2版　　2019年12月第4次印刷		
规　　格	787×1092　16开本　16印张　397千字		
定　　价	41.00元		

图书如有质量问题本社发行部负责调换

第2版编委会

主　编　韩建国　毛培胜
副主编　王显国
编写人员

毛培胜（中国农业大学）
石凤翎（内蒙古农业大学）
王显国（中国农业大学）
王彦荣（兰州大学）
孙　彦（中国农业大学）
李青丰（内蒙古农业大学）
马春晖（塔里木大学）
陈宝书（甘肃农业大学）
杨茁萌（新疆农业大学）

第1版编委会

主　编　韩建国

编　者　韩建国(中国农业大学)

　　　　李青丰(内蒙古农业大学)

　　　　陈宝书(甘肃农业大学)

　　　　杨茁萌(新疆农业大学)

　　　　毛培胜(中国农业大学)

审　稿　聂朝相(甘肃农业大学)

　　　　李　敏(中国农业大学)

再版前言

随着我国经济实力的迅速提高和草业的快速发展，牧草种子作为草原生态环境建设、退化草地改良、人工草地建植和城市绿化的重要物质基础，日益受到各级政府部门和广大消费者的关注。从2000年起到2010年国家已经投入资金11亿元，在全国24个省区建设草种繁育基地，进行主要牧草种子的扩繁生产。但在种子生产过程中，由于种植、田间管理、收获、清选加工等技术水平低，导致种子产量低、质量差的问题仍然普遍存在。

《牧草种子学》第1版教材从2000年出版，至今已有10年的时间了。在这期间，作为全国高等农业院校草业科学专业本科生教学使用的主要参考教材和学习工具，为培养掌握和运用牧草种子科学理论和实用技术的专业人才发挥了积极作用，也为我国牧草种子科学研究和生产技术水平的提高奠定了良好基础。

为适应教学和生产技术发展的需要，在《牧草种子学》第1版的基础上，进行修订改版。新版被审批为普通高等教育"十一五"国家级规划教材。在此期间，原主编韩建国教授不幸病逝。作为我国草业科学的知名学者，他主编的第1版教材出版后，较长时间内在我国草业科学专业的教学和科研中发挥着重要作用。第2版教材由原编委会成员中国农业大学毛培胜组织部分全国高等院校进行再版修订。再版教材在保留原版教材体系基础上，综合了国内相关农业高等院校在牧草种子教学和科研工作中的总结和积累，吸收了国内外牧草种子科学与技术领域最新科研成果及生产经验，注重基础，加强实践，将理论知识与生产实践相结合。《牧草种子学》主要作为全国高等农业院校本科生培养的专业课程教材，也可作为种子生产企业管理人员和从事牧草或草坪草种子工作技术人员的参考书。

本次修订主要侧重于种子的质量检验、生产、收获、贮藏等技术方面，其中毛培胜修订绪论、第8章、第9章，石凤翎修订第1章，王彦荣修订第4章，孙彦修订第6章，李青丰修订第7章，马春晖修订第10章，王显国修订第11章。原版的第2、3、5章变化不大，在新版中没有修订。

进入21世纪，我国的牧草种子科学研究、生产技术有了较快发展，但与国际种子科学的研究与实践差距依然很大。由于编者的专业知识和技术实践能力有限，错误和不足在所难免，敬请读者批评指正。

编　者

2011.2

第1版前言

为了适应草业学科教学发展的需要，根据农业部科教司农(科教职)[1998]144号文件精神，在1998年度中华农业科教基金的资助下，我们从1999年初开始编写《牧草种子学》。为了提高教材的质量，编写小组参考了国内外有关牧草种子学的教材，并查阅了大量有关牧草种子科学研究的文献，在注重牧草种子的形态解剖、化学组成、形成发育、休眠、萌发、活力和寿命等基础理论的前提下，加强了牧草种子分类、牧草种子质量检验、牧草种子生产、牧草种子审定、牧草种子加工及贮藏、牧草种子经营等实践部分的内容。

本教材是在农业部教材指导委员会动物生产学科组审订的编写大纲基础上编写的，其特点是注重基础，加强实践，理论知识与生产实践相结合。注意牧草种子科学中最新科研成果及生产经验的介绍，使学生系统、全面地掌握牧草种子科学的知识和方法。本书除作为农业院校本科生教材外，还可作为从事牧草和草坪草种子工作科技人员的参考书。

本书由韩建国主编，并编写绪论、第4章、第8章、第11章，李青丰编写第7章和第9章，陈宝书编写第1章和第2章，杨茁萌编写第3章和第5章，毛培胜编写第6章和第10章。在编写和审稿过程中，得到了许鹏教授、胡自治教授、云锦凤教授、孙吉雄教授、聂朝相教授、李敏教授的指导和多方面的帮助，这里谨向他们表示衷心的感谢。

牧草种子学是随着牧草种子的科学研究、生产和应用而兴起的一门年轻的学科，处于发展阶段，有些理论尚待于进一步验证和完善。由于编者的学识所限，编写时间仓促，材料的限制，错误和不足在所难免，请读者多加指正，以便再版时修正。

韩建国

2000.1.15

目　录

Chapter 0

绪　　论

0.1 牧草种子在我国草地畜牧业和国土治理中的地位

牧草种子是改良退化草地、建植人工草地提高我国草地畜牧业生产力的物质基础，也是干旱和半干旱地区生态工程建设、水土流失地区水土保持工程建设以及城市绿地工程建设的基础材料。随着我国农村牧区产业结构的调整和三元种植结构的建立，人工草地种植面积和退化草地改良面积的迅速增加，国家对国土治理、生态建设投资规模的扩大，城市黄土不露天工程的陆续启动，牧草种子的重要作用也日益凸显。

截止到 2009 年，我国人工草地面积达到 2 060 万 hm^2，占天然草地面积约为 5%。计划到 2015 年新增种草和改良草原面积 2 000 万 hm^2 的目标，使人工草地面积占天然草地的 10%，今后每年建植人工草地 400 万 hm^2，年需牧草种子 9 万 t 左右。我国北方天然草地中度和重度退化面积已达 43%，今后 50 年中每年以 275 万 hm^2 的速度改良，每年需牧草种子 4.1 万 t，此外在三北地区还有 1 300 hm^2 粮食产量低而不稳定的中低产田，需用草田轮作的方式改造，恢复土壤肥力，每年也需要大量的豆科牧草种子。

我国草原牧区、农牧交错区、黄土高原地区、长江和黄河中上游地区生态建设工程已陆续启动，彻底改善这些地区的生态环境，遏制水土流失和沙漠东进，是我国生态建设规划的主要内容。牧草在生态环境的建设中扮演着重要的角色，种植以多年生牧草为主的水土保持植被，可固土固沙防止水土流失。此外，近年来公路、铁路、大堤、水渠护坡也多采用多年生牧草，起到了非常显著的固土作用。这些工程的建设都需要大量的牧草种子。

草坪在城市绿化、净化空气中起着非常重要的作用，近十年我国草坪发展迅速，建植面积不断扩大，但我国主要草坪草种子靠进口解决，草坪草种子的进口数量从 1995 年的 600 t 增加到 2010 年的 3 万余 t，随着城市绿地建设面积的增加，需求量还在增加。

在“十二五”期间，我国牧草和草坪草种子的需求量很大，但到 2009 年我国草种繁育基地的实际生产量为 1.76 万 t，大量种子依靠野外收集，远远不能满足我国草地建设的需求。因而，对牧草种子形成发育规律、种子生产技术、种子生理生化特性、种子收获加工、贮藏和保存、牧草种子质量等方面进行深入的研究和学习，生产优质的牧草种子以满足不断发展的草地畜牧业、生态建设事业、水土保持事业、城市绿化事业对牧草种子的需求有着重要的意义。

0.2 种子的含义

种子在植物学上是指由胚珠发育而成的繁殖器官。在农业生产中，种子是最基本的生产资料，其含义要比植物学上的种子广泛得多，凡农业生产中可直接用作播种材料的植物器官都称为种子。牧草种子属农业种子的范畴，具有农业种子的特点，牧草种子大致分为：

1. 真种子

真种子系植物学上所指的种子，它们都是由胚珠发育成的，如豆科牧草紫花苜蓿、白三叶、红三叶、百脉根等的种子。

2. 类似种子的果实

某些牧草由整个子房发育的果实成熟后果皮不开裂，可直接用果实作为播种材料，如禾本科牧草翦股颖、小黑麦等的颖果，菊科牧草菊苣、白沙蒿的瘦果，豆科牧草中二色胡枝子、草木樨等的荚果，紫草科牧草聚合草的小坚果等。

3. 带有附属物的真种子或果实

有些牧草在发育过程中花序或花的其他结构如苞片等紧包在成熟的种子或果实外面，不易脱落，形成了带有附属物的真种子或干果，如禾本科牧草中大部分带稃片或带颖片的颖果，饲用甜菜、野牛草、地三叶的种球等。

0.3 牧草种子学的概念及研究内容

0.3.1 牧草种子学的概念

牧草种子学(forage seed science)是研究可用于放牧、调制干草和青贮以及草坪和水土保持等植物种子的特征特性、生命活动规律及生产应用和实践的科学。以禾本科、豆科等草本植物种子的研究为主，也包括饲用灌木和半灌木植物种子的研究。其主要任务是为牧草、饲料作物、草坪植物、水土保持植物等种子的生产、流通和应用提供科学的理论依据和先进的技术措施。

0.3.2 牧草种子学的研究内容

1. 牧草种子的形成、形态结构及物质组成

主要研究牧草传粉受精后种子发育过程的形态变化和物质积累规律；成熟种子外部形态和解剖特征；种子贮藏物质的种类及化学组成。为生产中提高牧草种子产量和质量提供理论依据，为牧草种子的识别、鉴定和分类提供技术指标。

2. 牧草种子的休眠和萌发原理

主要研究牧草种子的休眠类型、休眠机理及打破休眠的机制和方法；种子萌发过程中的形态和物质变化、萌发机理及萌发的条件等。对牧草种子的贮藏具有一定的指导意义，也是牧草种子应用中获得高发芽率，提高播种出苗率，确保全苗、齐苗、壮苗以及苗期合理管理的基础。

3. 牧草种子质量检验

主要研究各种牧草种子净度分析、发芽检验、水分测定、生活力测定的理论、方法和标准。牧草种子检验结果是种子生产、调运、贮藏、贸易和使用中衡量种子质量的依据，牧草种子检验也是生产高质量牧草种子、繁荣牧草种子市场和推广各种优良牧草品种的基础。

4. 牧草种子生产及种子审定

主要研究牧草种子产量形成的原理，牧草种子生产的区域性原理，牧草种子生产中的田间管理实践，牧草种子收获、加工、清选技术以及牧草种子生产及良种的繁殖过程中为保持品种

的基因纯度而采取的一系列监督、管理和技术措施。是牧草种子生产的理论基础及技术手段，是获得优质高产牧草种子的技术保证，也是高基因纯度优质牧草种子进入市场的前提。

5. 牧草种子活力、寿命及贮藏

主要研究牧草种子活力组分及影响活力的因素、活力变化的生理生化基础、活力测定方法，种子的寿命类型、寿命与老化和劣变的关系，种子贮藏的原理、贮藏种子的管理技术与措施，是牧草种子及种质资源保存和贮藏的理论依据和技术手段。

6. 牧草种子的经营管理

主要探讨牧草种子公司的经营管理、牧草种子市场管理等与牧草种子商品贸易有关的具体操作程序和实施办法，是牧草种子公司经营管理的指南，也是牧草种子生产经营、流通和供应中应遵循的基本原则。

0.3.3 牧草种子学的相关学科

牧草种子学是随着牧草种子的生产和应用兴起的一门年轻的学科，它是以植物学（植物形态学、植物分类学、植物生理学、植物生态学、植物发生学、植物胚胎学）、遗传学、微生物学、生物统计学、物理学、化学（有机化学、生物化学）、地理学等基础学科和牧草育种学、牧草栽培学、草地学、农业气象学、草地生态学、土壤学等应用性学科为基础建立的一门新兴学科。因此，为了更好地掌握牧草种子学的内容，充分发挥它在草地畜牧业生产和国土治理中的作用，必须首先掌握各门基础学科和相关应用学科的知识。另一方面，牧草种子学的知识又是许多其他学科的重要理论基础，因此它可以在广阔的范围内为农业、草地畜牧业服务。

0.4 我国牧草种子科学研究与实践的发展

我国牧草种子科学研究的起步较晚，开始仅局限在牧草种子的形态和发芽率等方面，20世纪50年代末中国科学院植物研究所曾对牧草种子贮藏与发芽率的关系、结缕草种子提高发芽率的方法等进行过研究，60～70年代中国科学院植物研究所又对各种牧草种子的形态进行了全面的研究，在此基础上编写出牧草种子分类检索表。70年代内蒙古农牧学院曾对32种牧草种子进行了贮藏与活力关系、硬实与贮藏关系、盐溶液处理与发芽率的关系等进行了研究。80年代之后我国牧草种子科学的研究进入了飞速发展时期，中国农业大学草地研究所、甘肃草原生态研究所、中国农科院畜牧研究所、中国农科院草原研究所、内蒙古农牧学院、甘肃农业大学草业学院、宁夏农学院草地研究所、云南省肉牛与牧草中心、热带作物研究院牧草中心相继开展了牧草种子科学的研究，主要内容有牧草种子形态解剖特征、牧草种子发芽标准条件、牧草种子活力、牧草种子休眠机理及打破休眠的方法、牧草种子萌发生理、牧草种子贮藏与寿命、牧草种子生产、牧草种子发育生理等，发表了大量的科学研究论文，科研成果应用于实践，取得了丰硕成果，使我国牧草种子科学研究水平有了很大的提高。

随着我国牧草种子科学研究的深入，从1983年开始，设有草原专业的高等院校分别先后为本科生和研究生开设了“牧草种子学”和“牧草种子技术”等课程，并进行了教材建设，1985年李敏教授编写了供草地专业方向本科生用的北京农业大学自编教材《牧草种子学》。1994年西力布教授和李青丰教授编写了内蒙古农牧学院自编教材《牧草种子学》供该校草原系本科生用。1997年由韩建国教授编写的《实用牧草种子学》正式出版发行，成为本科生和研究生牧草种子教学的主要参考书。从1986年开始在中国农业大学、内蒙古农牧学院和甘肃农业大学等高等院校开始招收牧草种子研究方向的硕士研究生和博士研究生，培养高层次的牧草种子科学技术人才。

在牧草种子科学不断发展的同时，牧草种子质量检测标准化也取得了进展，1982年颁发了《牧草种子检验规程》，1985年颁发了《牧草种子分级标准》，2001年修订了《牧草种子检验规程》(GB/T 2930—2001)，2003年颁布了《草坪草种子生产技术规程》(GB/T 19368—2003)，2006年颁布了《牧草与草坪草种子认证规程》(NY/T 1210—2006)、《牧草与草坪草种苗评定规程》(NY/T 1238—2006)、《牧草与草坪草种子清选技术规程》(NY/T 1235—2006)、《柱花草种子》(NY/T 1194—2006)，2008年修订颁布了《豆科草种子质量分级》(GB 6141—2008)、《禾本科草种子质量分级》(GB 6142—2008)、《草种子检验规程 检验报告》(GB/T 2930.11—2008)，2009年颁布了《苜蓿种子生产技术规程》(NY/T 1780—2009)、《主要热带草坪草种子种苗》(NY/T 1683—2009)、《柱花草种子生产技术规范》(NY/T 1684—2009)，2010年颁布了《草种子水分测定规程——水分仪法》(GB/T 24867—2010)。从1984年开始，农业部先后与20个省、区(市)合作，共同投资建立了一批牧草种子质量监督检验中心(站)。到2010年，全国共建有牧草和草坪草种子质量监督检验机构47个，其中部级5个，省级18个，地市级13个，县级11个。1989年由中国农业大学牧草种子实验室代表我国的牧草种子检验机构，正式加入了"国际种子检验协会(International Seed Testing Association)"，在我国牧草种子标准与国际标准接轨、牧草种子国际交流和牧草种子对外贸易中发挥重要的作用。

中国草原学会根据牧草种子事业在我国的发展速度和国内牧草种子科研、生产和实践的需求，于1987年正式成立了牧草种子科学与技术专业委员会(原名为牧草种子检验学术委员会，1995年更名)，负责牧草种子的学术交流并协助政府管理牧草种子，在牧草种子质量标准的制定、牧草种子的科学研究、牧草种子国内外学术交流和牧草种子流通中的信息交流与传递中起了积极的推动作用，带动了我国牧草种子科学的发展。

0.5 牧草种子产业的现状与发展

0.5.1 世界牧草种子产业的现状

世界草地畜牧业发达国家，如美国、加拿大、丹麦、荷兰、新西兰、澳大利亚等国都形成了强大的牧草种子产业，成为重要的牧草种子生产和输出国，如美国有27万 hm^2 专业牧草种子生产田，每年生产40多万t牧草种子，其中俄勒冈州2010年有牧草种子生产田17万 hm^2，生产27.8万t豆科和禾本科草种子；丹麦在1997年有牧草种子田5.7万 hm^2，年均生产牧草种子5.17万t，2007年生产牧草种子11.4万t；新西兰在1997年约有3.5万 hm^2 牧草种子田，每年生产2.5万t牧草种子，其中60%～70%用于出口，2007年生产牧草种子3.1万t。2007年，全世界进入国际种子市场的牧草种子每年大约有90万t。

以上各国在长期的牧草种子产业发展过程中积累了大量成功的经验，主要有：①健全的法律制度和完善的种子质量管理机构。凡牧草种子产业发达的国家都有"种子法"、"种子检验规程"、"种子生产认证规程"、"植物新品种保护条例"等法律条规以及相应的执法或监督机构，如种子质量检验中心(站)、种子认证局(站)、植物检疫站等，使牧草种子在生产、贸易和使用中有法可依，依法进行种子质量的管理，保护了育种者、种子生产者和种子消费者的利益，促进了牧草种子市场的繁荣和发展。②区域性牧草种子生产基地的形成。凡牧草种子产量较高并稳定的国家或地区，都根据牧草种子(小种子)生产对气候条件的特殊要求，划定或自然形成牧草种子的集中生产区，集中生产一种或数种牧草种子，以获得最佳牧草种子产量和质量，提高牧草种子生产的经济效益，如美国的俄勒冈州威廉米特(Willamette)谷地，丹麦的珠特兰(Jutland)地区，新西兰南岛的坎特布雷(Canterbury)地区，加拿大艾伯塔(Aberta)省和不列颠哥伦比亚(British Columbia)省的平安(Peace)河地区，荷兰的波德(Polder)地区，澳大利亚北部热带牧草种子生产区等。③建立全国性或跨国性的牧草种子生产经营机构。如种子集团、种子公司、种子贸易协会、种子生产者协会等，负责实施组织和协调牧草种子的生产和贸易，有些机构已成为全球性的，其牧草种子在国际市场上占有很重要的地位。④重视科学研究与成果转化。牧草种子生产技术先进的国家如美国、丹麦、新西兰等，政府和种子公司每年投入大量的资金进行新品种的选育、品种适应性检验、种子田间管理技术、种子收获、加工和清选技术、种子检验和审定技术等方面的研究。研究成果均以最快的速度转化为实用技术应用于实践，大幅度地提高了牧草种子的产量和质量，在国际市场的竞争中处于领先地位，如被称为"禾本科牧草种子之都"的美国俄勒冈州种子生产田多花黑麦草平均种子产量已达 2 080 kg/hm^2，多年生黑麦草的平均产量已达 1 600 kg/hm^2，高羊茅达 1 600 kg/hm^2，草地早熟禾达 1 040 kg/hm^2。

0.5.2 我国牧草种子产业的现状与发展

我国解放初虽然在全国建立了 20 多个草籽繁殖场，但由于对牧草种子生产对气候的特殊要求的认识不足，有些草籽繁殖场的地区选择不太合理，其产量始终不高，严重挫伤了种子生产者的积极性。20 世纪 80 年代以来，我国牧草种子产业有了较快的发展，1989 年全国有兼用牧草种子田 33 万 hm^2，年产牧草种子 2.5 万 t，到 2009 年全国有专业草种田 22.4 万 hm^2，草种田生产种子 14.43 万 t。2000—2009 年，通过国家农业综合开发草种繁育专项，中央投资 1.28 亿元，建成草种繁育基地 78 个，涉及内蒙古等 26 个省区。牧草种子市场有了很大程度的发展，巨大的市场潜力，致使国际上各大牧草种子公司如百绿种子公司、丹农种子公司都在中国设立了业务代表处。

我国牧草种子产业有了长足的发展，但与草地畜牧业发达国家相比还存在着很大的差距。目前，我国牧草种子生产仍采用放牧或刈割利用的人工草地留种生产牧草种子的落后方式，牧草种子仅为牧草生产的副产品，没有大面积以种子生产为目的的牧草种子生产田，缺乏种子田常规的管理技术和方法，造成单位面积牧草种子产量低，质量也差。我国还没有形成高产优质的牧草种子商品化生产区，不能像其他国家那样充分利用气候条件生产优质高产的牧草种子。与牧草种子生产经营有关的法律条款及执法机构还不完善。国内大多数牧草种子公司实行单一买进和卖出的经营方式，缺乏集牧草种子生产、加工、销售于一体的牧草种子龙头企业，也缺乏相应的行业协会等协调牧草种子产、供、销的组织机构。这与我国迅速发展的草地畜牧业和国土治理事业极不适应，我国每年需从国外进口 3 万～4 万 t 优质牧草和草坪种子来满足人工草地建设和绿地建植的需求。因此，健全牧草种子经营组织机构、建立牧草种子区域化生产基地、贯彻执行植物新品种保护条例、制定牧草种子认证规程并建设相应的执行机构、补充和修订牧草种子检验规程、加强牧草种子的教学、科学研究和技术推广工作，是促进我国牧草种子事业的发展，完善牧草种子市场和提高我国草地畜牧业产值的重要措施。

参考文献

[1] 毕辛华，戴心维. 种子学. 北京：农业出版社，1998.
[2] 韩建国. 实用牧草种子学. 北京：中国农业大学出版社，1997.
[3] 韩建国，Rolston M P. 新西兰牧草种子生产. 世界农业，1994，187：18-20.
[4] 韩建国. 欧盟的牧草种子生产. 世界农业，1997，216：38-39.
[5] 韩建国. 加拿大的牧草种子生产. 世界农业，1997，222：37-39.
[6] 韩建国，毛培胜. 我国牧草种子生产中的问题及对策. 中国草原学会第五次代表大会，四川乐山，1998.
[7] 韩建国. 美国的牧草种子生产. 世界农业，1999，240：43-45.
[8] 韩建国. 我国草业的发展现状及前景. 中国农业投资指南，1999，5：5-8.
[9] 洪绂曾. 种子工程与农业发展. 北京：中国农业出版社，1997.
[10] 李青丰，房丽宁，康建军. 我国牧草种子业——问题与展望，中国草地科学进展. 北京：中国农业大学出版社，1997.
[11] 王彦荣. 丹麦种子质量管理体系. 国外畜牧学——草原与牧草，1996，72：47-49.
[12] 张玉发. 美国俄勒冈州的牧草种子生产. 国外畜牧学——草原与牧草，1986(5)：56-59.
[13] Buraon A，Bondesen O B，Verburgt W H，et al. The forage seed trade. In Forage Seed Production I. Fairey D T，Hampton J G ed. p271-286，CAB International，1997.
[14] Coulman B，Kruger G，Murrell D. Forage seed production and research in Canada. IHSPRG Newsletter，1997，26：7-10.
[15] Kley G. Seed production of grass and clover species in Europe. IHSPG Newsletter，1996，24：13-15.
[16] Rowarth J S，Hampton J G，Hill M J. Herbage seed production in New Zealand，1979—1999. IHSPRG Newsletter，1999，30：12-14.
[17] Simon U. The present state of herbage seed production and research in Germany. IHSPRG Newsletter，1993，19：12-15.

Chapter 1

第 1 章

牧草种子的形态与解剖特征

1.1 牧草种子的解剖结构

每种牧草种子都以其各自特有的形态结构而与其他种子相区别。种子的识别和鉴定、牧草种子的收获、清选加工乃至包装运输等，都离不开种子形态结构。在生产上，由于不清楚有关种子形态结构与特征特点，给生产造成重大经济损失的事常有发生。因此，研究和认识草种的形态、结构及特征，是草业工作者的基本任务。

种子一般是由种皮、胚、胚乳等几部分组成。

1.1.1 种皮

种皮是种子外面的保护层。种皮由胚珠的珠被发育而成，分内外两层，内层为内种皮，由内珠被发育而来，薄膜状，并常含有色素。外层为外种皮，由外珠被发育而来，厚且粗糙。所有种子的种皮细胞都不含原生质，是无生命的死细胞。种皮细胞间形成许多孔隙，使种皮形成多孔结构。有些牧草种子的种皮含有脂肪或脂质，或形成角质结构，有些种子种皮由多层厚壁保护细胞构成，如白花草木樨种子(图 1-1)。

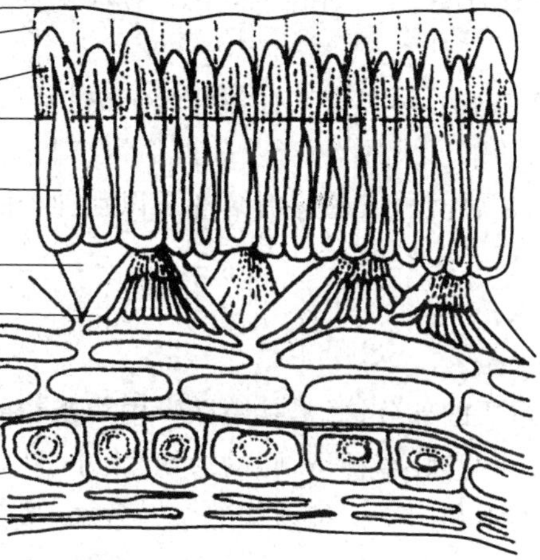

图 1-1 白花草木樨种子种皮径向切面(Hamly,1932)

种皮具有保护种皮内的胚和胚乳、抵御损伤和渗透的作用，并有以下几个特点：①不透性。对于水分、气体具有某种程度的不透性，减少外界环境对胚或胚乳的影响(如豆科、锦葵科等植物中的硬实种子)。②调节性。由于种皮具有限制水分和气体交换的特点，因而起到了调节种子内部组织代谢和生长的作用。③黏着性。某些种子吸水后种子分泌植物胶或产生黏性物质(如沙蒿种子)，有些种子的种皮上着生易于黏着的附属物，有利于种子水分的保持和种子的传播。

成熟的种子，种皮上还残留着许多胚芽时期的痕迹，如种脐、种孔、种脊、疣瘤等(图 1-2)。种脐是胚珠的珠柄脱落后留下的痕迹(它是种皮上较普遍的明显的特征)。种脐的色泽通常与种皮的其余部分不同，和种子陈旧度关系较大，在贸易上常将其作为种子定级的重要标准之一。种脐的形状大小也随牧草种类而不同，有长、短、圆、宽、窄、平、凸、凹之分。种脐的位置也因种而异，有的位于种子的顶端，有的位于种子的侧面，有的位于种子的基部。凡属豆科牧草的种子，种脐一般都很明显，而且种间、品种间的变异较大，它是豆科牧草种子真实性和纯度鉴定的主要依据之一。种孔是珠孔留下的痕迹，一般位于种子较尖的一端，它是种子萌发时吸水膨胀、胚根穿出的部位。某些豆科牧草种子能明显地看到自种脐到合点（邻接于子叶上端的一个小而黑色的区域）之间有一条隆起的棱脊，是种皮上维管束所形成的隆起，叫种脊（脐条）。有些豆科牧草的种脐边上具有数目不等的凸起点，或沿种脊处具有隆起的包，称之为种瘤（疣瘤）。

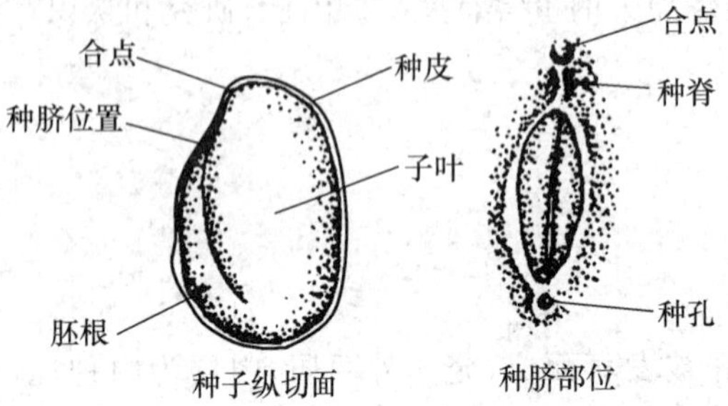

图 1-2　三叶草种子的特征（Musil，1961）

少数牧草的种皮附有毛或翅，它们有助于种子的传播（如草地山萝卜和百合属的某些种）。红三叶和羽扇豆的种皮上还有附属物，如种脐上的疣状凸起物，在控制水分进出方面起重要作用。另有一些种子的种皮附属物还有一层肉质的假种皮，其形状有结节状、带状、脊状或杯盘状，色泽常很鲜明。假种皮是由珠柄、胎座或种子先端发育而成的，常在种皮外形成一层包被。

许多牧草"种子"的种皮上并无上述结构，这是由于这些"种子"并非真种子，而是果实，如禾本科和菊科牧草的种子，这些种子的"种皮"，实际上是果皮或者果种皮。菊科牧草种子为瘦果，禾本科牧草的种子为颖果。大部分禾本科牧草的颖果之外被稃片或颖片所包被，不易与颖果脱离，和颖果一起构成了禾本科牧草的种子。

种皮、果皮或其包被的附属物具有各种复杂的特征，如种皮的质地、厚薄、色泽和斑纹，种皮表面的光滑程度，凹陷形成的沟、脊及表面的钩、刺、突起、翅、毛及其他构造等对种子的生命活动等有重要作用，种属间种皮的解剖结构是识别种子的重要依据。

1.1.2　胚

胚是种子中最重要的部分，通常是由胚囊中的受精卵发育而来的幼小植物体，在种子发芽时发育为种苗。不同种类牧草种子，胚的形状、大小、胚内各器官的分化发育程度以及整个胚在种子上的部位等均不相同。但基本构造是一致的，成熟的胚一般由胚根、胚芽、胚轴及子叶组成（图 1-3，图 1-4）。

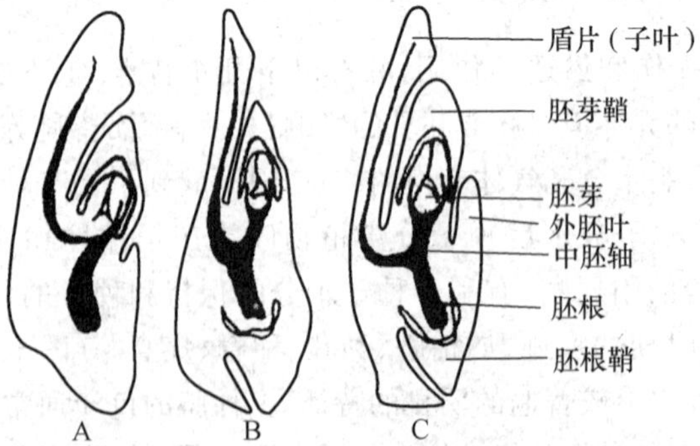

图 1-3　禾本科牧草胚的结构（Reeder，1953）
A. 鸭茅　B. 阔叶臂形草　C. 野牛草

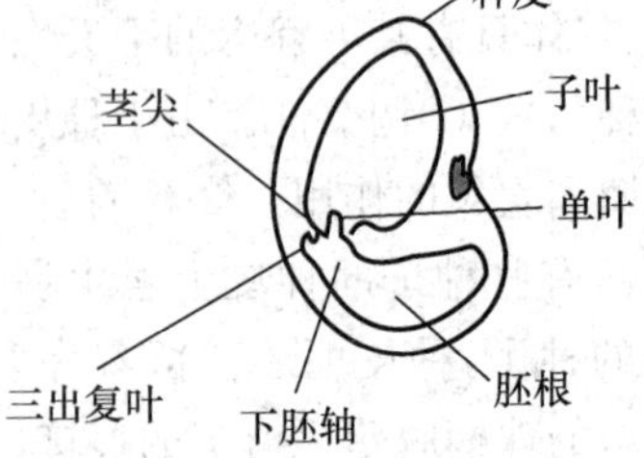

图 1-4　紫花苜蓿种子解剖结构（Heath 等，1985）

1. 胚根

胚根位于胚的基部，是胚的原始主根，在发芽期间穿过种皮发育为初生根。胚根先端是根冠，被根冠包被着的是根尖分生组织，种子萌发时，根尖分生组织的分生细胞迅速分裂分化和生长而产生根的次生组织。豆科牧草的种子只有一条胚根。禾本科牧草种子的胚连同胚根一起可长出 3～5 条初生根，且其胚根外包被一层胚根鞘，当种子萌发时，胚根突破胚根鞘而伸入土中。

2. 胚芽

胚芽位于胚轴的上端，是茎和叶的原始体，其顶端为茎的生长点，胚芽将来发育成植株的地上部分。高度分化的胚中胚芽顶端由初生叶所包被。禾本科牧草种子的胚芽常由胚芽鞘包裹着，里边已分化出 2～3 个幼叶，胚芽鞘起着保护生长锥和幼叶的作用。

3. 胚轴

胚轴又称胚茎，是连接胚芽和胚根的中间部分，由发达的居间分生组织构成。在种子萌发前，胚轴常短缩而不明显，因此胚芽、胚轴和胚根的界限从外部不易分辨，只有通过解剖与观察才能确定。胚轴的生长部位与种子发芽时子叶的出土或留土有关。牧草种子在发芽过程中，子叶着生点之下、胚根之上的胚轴部分——下胚轴伸长，将子叶和胚芽顶出土面，子叶出土发芽，如苜蓿属、红豆草属、三叶草属、百脉根属、草木樨属、柱花草属等。牧草种子在发芽过程中，其子叶着生点之上的胚轴部分——上胚轴（第一真叶或第一真叶之下）和胚芽的伸长及生长使胚芽伸出土面，而子叶仍留在土中，子叶留土发芽，如野豌豆属、山黧豆属的种子。禾本科牧草种子发芽时，其盾片着生点之上、胚芽鞘节之下的胚轴部分——中胚轴和胚芽鞘的伸长及生长将胚芽送出土面。

4. 子叶

子叶为种胚的幼叶，着生在胚轴上，子叶的数目和功能因牧草种类而异，它在植物分类学上有重要意义。凡胚轴上着一片子叶者为单子叶植物，如无芒雀麦、猫尾草和鸭茅等禾本科牧草。在胚轴上着生两片子叶者为双子叶植物，如豆科牧草，其中子叶出土型豆科牧草，其子叶在种子形成种苗后，极易与真叶区分开来，子叶一般比真叶肥厚，叶缘圆滑，叶脉不明显。这种子叶会成为胚的营养物质贮藏器，除含有幼胚萌发生长所需的丰富养分外，还起保护胚芽的作用。特别是在子叶出土型牧草种子的发芽过程中，子叶又是种苗生长初期的营养同化器官，进行光合作用，供种苗生长利用。另外，还有些植物主要是裸子植物具有多枚子叶。

1.1.3 胚乳

真正的胚乳是指由胚囊的中央细胞与一个精核结合发育而来的，也叫内胚乳。由珠心组织发育而成的胚乳称为外胚乳（图 1 - 5C）。胚乳是有胚乳种子的营养贮藏器官（图 1 - 5A），当它被胚吸收利用以后，胚乳就不存在了。禾本科牧草种子有发达的胚乳，如多年生黑麦草的种子，胚乳占种子重量的 67.4%以上。幼胚萌发生长所需的养分都集中存放在胚乳里；而千穗谷等苋科和榆钱菠菜等藜科牧草的种子，胚在发育过程中将内胚乳吸收，养分贮藏在外胚乳中，其外胚乳就成为它们的营养贮藏器官。豆科和菊科牧草种子的胚乳在种子发育过程中被胚所吸收而消耗尽，因此成为无胚乳种子。无胚乳种子中，营养物质贮藏于胚内，尤以子叶为最多，如紫花苜蓿、栽培山黧豆等豆科、菊科牧草的种子（图 1 - 5B）。

禾本科牧草和豆科胡卢巴属牧草以及荞麦属植物种子胚乳的特点是外面有一层糊粉层。当种子开始成熟时，胚乳表面的细胞垂直分裂，形成长方形小细胞，这样的细胞可以有一层或多层，它们的细胞壁加厚，细胞内产生被叫做糊粉粒的蛋白体，故称为糊粉层。糊粉层细胞不同于内部贮藏淀粉的死细胞，而是仍然保持活力的细胞，它既贮藏蛋白质和脂肪等养料，同时又起到分泌各种水解与转化胚乳中贮藏物质的酶。

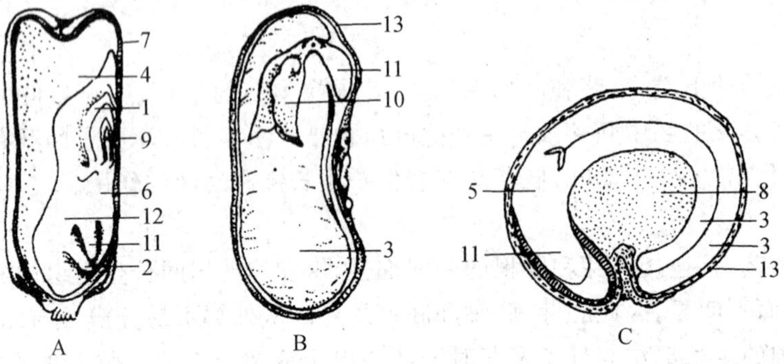

图 1-5　种子的结构(ISTA,1979)

A. 胚乳贮藏营养物质的种子　B. 子叶贮藏营养物质的种子　C. 外胚乳贮藏营养物质的种子

1. 胚芽鞘　2. 胚根鞘　3. 子叶　4. 胚乳　5. 下胚轴　6. 中胚轴　7. 果皮　8. 外胚乳　9. 胚芽　10. 初生叶　11. 胚根　12. 盾片　13. 种皮

1.2 牧草种子的形态特征

种子(果实)形态是植物中最稳定的特征之一，种子(果实)形态千姿百态，但每粒种子又有其独特的、相当稳定的、代表本种的基本特征。牧草种子的外部形态是鉴别各种(品种)牧草种子的真实性以及进行牧草种子清选、分级和检验的重要依据。牧草种子外部的主要特征是形状、大小、颜色，种子表面及其附属物以及种脐的位置、形状、大小、凹凸、颜色等。表面特征包括光滑或粗糙，有无光泽。所谓粗糙，是由皱、瘤、凹、凸、棱、肋、脉或网等引起的。瘤顶可分尖、圆、膨大、周围有无刻饰；瘤有颗粒状、疣状(宽大于高)、棒状、乳头状以及横倒棒状和覆瓦状。网状纹有正网状纹和负网状纹，一个网纹分网脊(网壁)和网眼。半个网脊和网眼称网胞，网眼有深浅和不同形状。种子附属物包括翅、刺、毛、芒、冠毛，禾本科芒着生的位置(在稃尖或稃脊的中部)，芒是挺直、扭曲还是有关节等，基刺的有无、数目、长短、形状等。

1.2.1　禾本科牧草种子形态特征

禾本科牧草的种子通常为颖果，干燥而不裂开。通常颖果的最外层为果种皮，即果皮与种皮相黏着而成。胚位于颖果基部背面(对向外稃的一面)，呈圆形或卵形凹陷。禾本科狐茅亚科的牧草(冷季型)的胚长度常小于颖果长的1/2，禾本科黍亚科牧草(暖季型)的胚长度常大于颖果长的1/2(图 1-6)。胚包括盾片、下胚轴、胚根和胚芽等部分。在胚根和胚芽之外各覆盖着一圆筒形的外鞘，分别称为胚根鞘和胚芽鞘。禾本科牧草种子的种脐为种子与果皮的接触处，呈圆点状或线形，位于与胚相对的一面，亦即对向内稃的一方，称基盘。

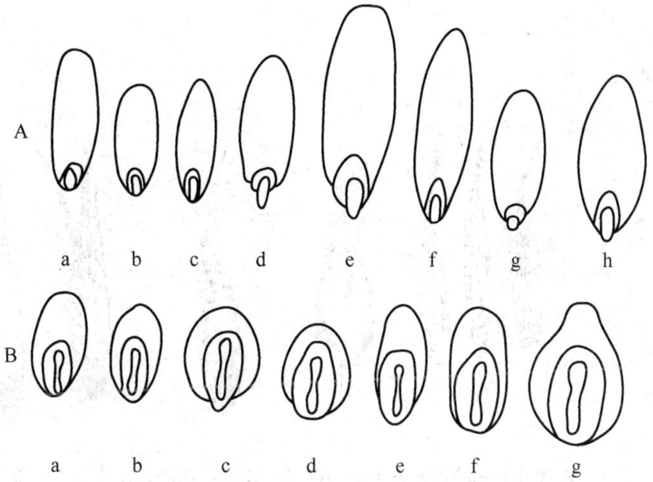

图 1-6　狐茅亚科和黍亚科牧草胚占颖果的比例(Reeder,1957)

A. 狐茅亚科　a. 草地早熟禾　b. 羊茅　c. 鸭茅　d. 短穗大麦

e. 弗吉尼亚披碱草　f. 发草　g. 拂子茅　h. 黄花茅

B. 黍亚科　a. 毛线稷　b. 纤细野黍　c. 稗　d. 粉绿狗尾草

e. 须芒草　f. 阿拉伯高粱　g. 墨西哥摩擦禾

紧包着颖果的苞片叫做稃片(图 1-7)，与颖果紧贴的一片为内稃，对着的一片为外稃。基部有隆起的基盘，外稃质地坚硬，纸质或膜质，内稃膜质或透明、半透明。外稃基本上与颖片相似，其先端完整或具二裂片。外稃顶端或背部可具一芒(图 1-8)，系中脉延伸而成。芒通常直或弯曲；有些种芒膝曲，形成芒柱和芒针两部分。芒柱常螺旋状扭转，有的作二次膝曲，芒柱或芒针上被羽状毛，如长芒草种子。翦股颖属的某些种，看麦娘属、早熟禾属等牧草种子外稃上的芒极为退化或缺失。每小穗仅含一小花或含一枚可孕小花(常为上位小花)和一枚不孕小花(常为下位小花)的禾本科牧草的种子(图 1-9)，含一小花的内外稃外面或含一可孕小花和一不孕小花的 3～4 枚内外稃(部分种不孕小花的内外稃退化)外面的苞片为颖片，颖片多为两枚，外面一片为外颖(第一颖)，里面一片为内颖(第二颖)，二颖片常同质同形，外颖较短，黑麦草属、雀稗属、马唐属、地毯草属和狼尾草属等牧草种子的第一颖退化。在野黍属中，第一颖亦退化，而在两颖之间形成一些硬的棒状体。在大麦属中，颖退化成芒状。

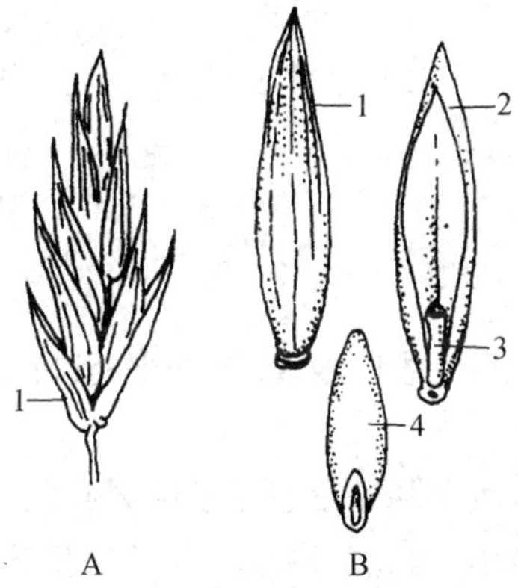

图 1-7　禾本科牧草的小穗及种子(Musil,1961)

A. 小穗(6 个小花，基部为颖片)　B. 小花及种子

1. 外稃　2. 内稃　3. 小穗轴

4. 颖果(基部为胚)

禾本科牧草的种子为单子叶有胚乳种子，多为带稃的颖果，在少数禾草中如鼠尾粟属、隐花草属和䅟属，其果皮薄质脆，易与种皮相分离，称为囊果(胞果)。

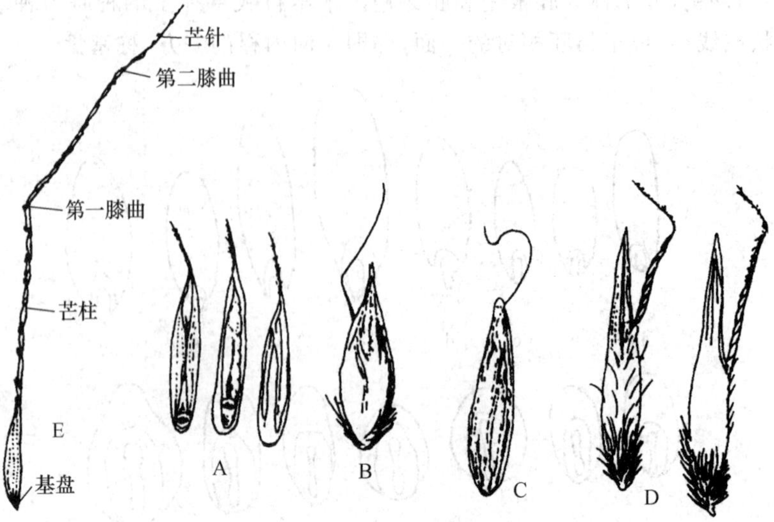

图 1-8　芒着生的位置及其结构(A～D,Musil,1978;E,耿以礼,1959)

A. 冰草　B. 细弱翦股颖　C. 埃氏翦股颖　D. 野燕麦　E. 长芒草

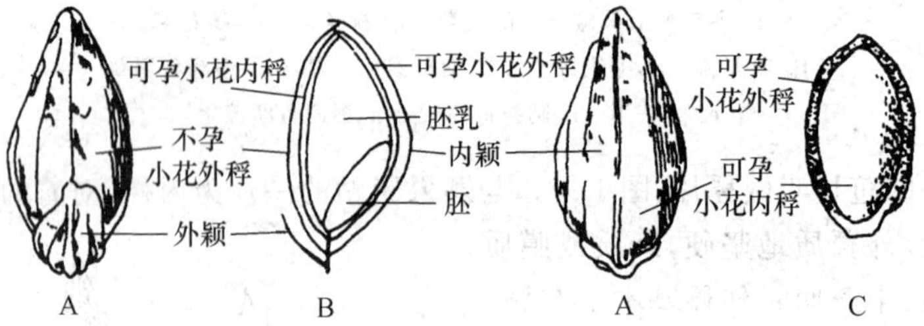

图 1-9　伏生臂形草种子及其附属物形态

A. 小穗　B. 小穗沿背腹纵切　C. 小花及内含的颖果

1.2.2　豆科牧草种子形态特征

豆科牧草的种子属双子叶无胚乳种子。在种子发育过程中,营养物质由内胚乳和珠心转移到子叶中,因此豆科牧草种子的胚较大,有发达的子叶,而内胚乳和外胚乳几乎不存在,只有内胚乳及珠心残留下来的 1～2 层细胞,其余部分完全被成长的胚所吸收。豆科牧草的种子有明显的种脐、种孔、种脊和种瘤(图 1-10)。部分种子种脐中间有一条细长的沟,叫脐沟。种脐的位置和形状、种脐长与种子周长的比率,种瘤与种脐及种瘤与脐条的相对位置,胚根与子叶的关系,脐冠与脐褥的有无,脐的有无和颜色等都是豆科牧草种子较稳定的特征,是种子鉴定的主要依据。种子的形状、大小和表面颜色,晕环或晕轮的有无及种脐与合点位置因不同种变化较大,仅作为种子鉴定时的辅助特征。

胚根与子叶的关系,是指胚根尖与子叶分开与否和胚根长与子叶长的比例(图 1-11)。如用胚根长与子叶长之比可将紫花苜蓿与白花草木樨、黄花草木樨分开。紫花苜蓿种子的胚根长为子叶长的 1/2 或略短,白花草木樨和黄花草木樨种子的胚根长为子叶长的 2/3～3/4 或更长。

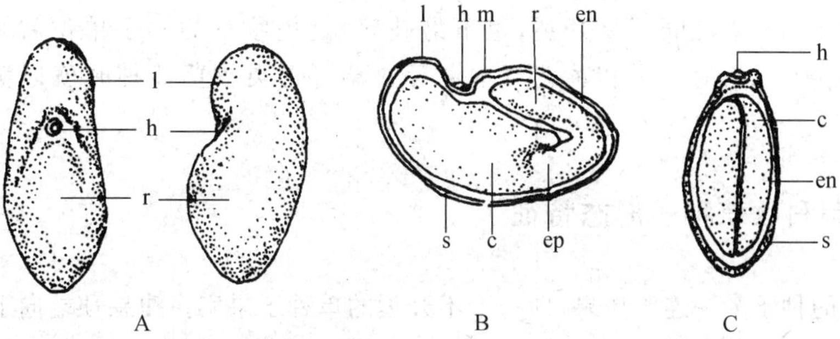

图 1-10　紫花苜蓿种子的结构(Gunn,1971)

A. 外形　B. 去掉一片子叶的内部结构　C. 横切面

c. 子叶　en. 胚乳　ep. 上胚轴　h. 种脐　l. 合点

m. 珠孔　r. 胚根(下胚轴)　s. 种皮

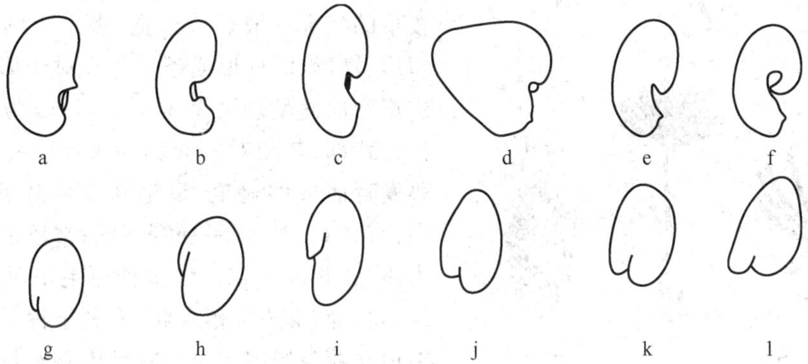

图 1-11　胚根与子叶关系示意图

a～f. 胚根尖与子叶分开　g、h. 胚根尖不与子叶分开

i. 胚根长约为子叶的 1/2　j. 胚根稍短于子叶

k. 胚根约与子叶等长　l. 胚根稍长于子叶长

种瘤与种脐,或与脐条之间的相对位置大致有四种类型(图 1-12)。

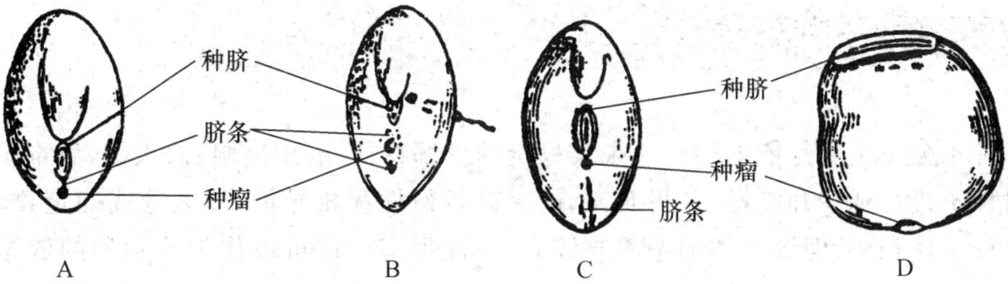

图 1-12　种瘤与种脐或脐条的相对位置示意图

A. 表示种瘤在脐条的远端(或末端)　B. 表示种瘤在脐条的中间

C. 表示种瘤在脐条的近端,接近种脐　D. 表示种瘤在脐条相反的一边,即在种子的脊背上

豆科牧草种子成熟后,有些种荚果常沿背腹线开裂,种子落地,如百脉根属、羽扇豆属、锦鸡儿属牧草的种子,常随成熟荚果炸裂。有些种种子成熟时荚果并不开裂,必须经

加工后果皮才易于剥落，如苜蓿属、紫穗槐等牧草的种子。另外，还有一些豆科牧草种子的荚果含一粒种子，果皮既不易开裂，也不易破碎，这类牧草的种子单位就是一个完整的荚果。如红豆草、二色胡枝子和黄花草木樨等牧草。这类牧草播种时就以荚果作为播种材料。

1.2.3 菊科牧草种子形态特征

菊科牧草的种子为一连萼瘦果，即一个不开裂的单种子果实。瘦果顶端向上变窄，延伸成喙，或平截，或具衣领状环，沿花柱的基部凹入，许多种围着凹陷外边有许多细刚毛或鳞片形成的冠毛（图 1-13）。

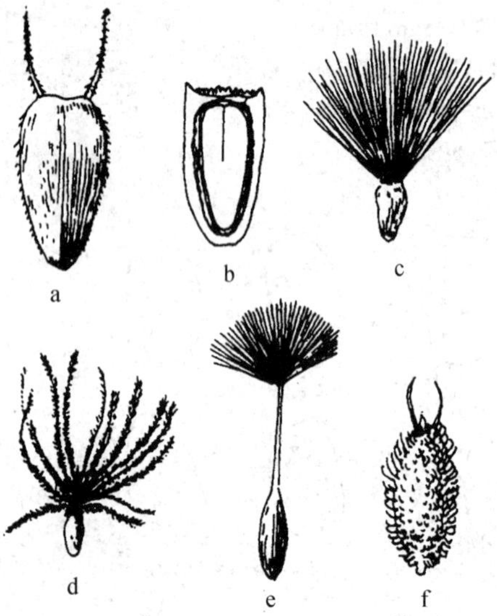

图 1-13　菊科牧草果实（崔乃然，1980）

a. 鬼针草　b. 菊苣　c. 飞廉
d. 蓟　e. 蒲公英　f. 苍耳

成熟的种子中，胚直，两枚子叶发达，并充满整个种子腔。胚根及下胚轴较短，无胚乳。菊科牧草的瘦果一般长大于宽，多呈矩圆形、椭圆形、卵形、楔形、圆柱形或条形等。对于那些瘦果稍扁或略弯曲而呈现两个不同面时，较为凸出的一面称为背部，其相对一面称为腹面。瘦果顶端由花萼发育而成的冠毛，呈毛状或鳞片状，一层或数层；有直立、斜展、平展等不同；常较果实表面颜色为浅，脱落或宿存。许多种冠毛下具连接果实顶端的长喙，形成降落伞状，有利于种子的传播。瘦果顶端冠毛周围的衣领状环中常有长短粗细不等的花柱残留物。瘦果表面有棱、沟、皱、突起、刺和毛等附属物。脐一般位于瘦果基部，但也有一侧近基部者，如矢车菊属。蒿属牧草的种子其顶部的喙、冠毛、衣领状环常常退化。

1.3 牧草种子的分类

牧草种子分类主要是依据种子或果实稳定的外部特征，利用肉眼、放大镜、解剖镜或量尺，在室内对种子进行观察和测量、分析对比，研究其相似性和相异性，以区分或确定牧草种子种类。牧草种子体积小，但解剖和形态差异较大，因此很多特征可以作为鉴别种的依据，如种子的形状、大小、凹、凸、颜色及着生部位；其刺的有无、长短、形状、数目；种子其他附属物的特征及解剖特征等。

牧草种子分类前应正确描述或鉴定种子。为此，必须准确地掌握牧草种子的解剖和形态特征，搞清鉴定种子的各部位特征，依据种子解剖和形态述语的概念，对照种子实物和参考资料，细致地进行剖析与核对，做出确切的判断，最终确定牧草种子的名称。

1.3.1 重要牧草种子的形态解剖特征

1.3.1.1 主要禾本科牧草种子特征

1. 冰草(*Agropyron cristatum*)

小穗轴节间圆柱形,具微毛,先端膨大,顶端凹陷较深,与内稃紧贴。外稃呈舟形,具不明显的3脉,长6～7 mm,极狭,被短刺毛,先端渐尖成芒,芒长2～4 mm;内稃短于外稃,先端2裂,具2脊,中上部具短刺毛;内外稃与颖果相贴,不易分离。颖果矩圆形,长3.5～4.5 mm,宽约1 mm,灰褐色,顶部密生白色毛茸;脐具绒毛,脐沟较深呈小舟形;胚卵形,长占颖果的1/5～1/4,色稍浅。

2. 无芒雀麦(*Bromus inermis*)

小穗轴节间矩圆形,具短刺毛。外稃宽披针形,长8～10 mm,宽2.5～3.0 mm,褐黄色,具5～7脉,无毛或中下部微粗糙,无芒或具1～2 mm短芒;内稃短于外稃,脊上具纤毛;内外稃与颖果相贴,不易分离。颖果宽披针形,长7～9 mm,宽约2 mm,棕色,顶端具淡黄色的毛茸;胚椭圆形,长占颖果的1/8～1/7,具沟,色与颖果同。

3. 狗牙根(*Cynodon dactylon*)

小穗含1花,稀为2花,两侧扁;小穗长2～2.5 mm,灰绿色或带紫色。颖具一中脉形成背脊,两侧膜质,长1.2～2.0 mm,等长或第二颖稍长。外稃草质,与小穗等长,具3脉,中脉成脊,脊上具短毛,背脊拱起为二面体,侧面为近圆形;内稃约与外稃等长,具2脊。颖果矩圆形,紫黑色;胚矩圆形,凸起,长占颖果的1/3～1/2。

4. 鸭茅(*Dactylis glomerata*)

小穗轴节间圆柱形,顶端膨大,平截,微粗糙。外稃披针形,长3.8～6.5 mm,宽0.8～1.2 mm,具5脉,脊上粗糙或具短纤毛,顶端具长约1 mm的短芒;内稃成舟形,先端渐尖成芒状尖头,约与外稃等长,具2脊,脊上具纤毛。颖果长椭圆形或具3棱,长2.8～3.2 mm,宽0.7～1.1 mm,米黄色或褐黄色,顶端不具毛茸;脐圆形,淡紫褐色;腹面凹陷;胚矩圆形,长占颖果的1/4～1/3。

5. 苇状羊茅(*Festuca arundinacea*)

小穗轴节间圆柱形,先端膨大,平截或微凹,具短刺毛。外稃矩圆状披针形,长6.5～8 mm,顶部膜质,具5脉,脉上及脉的两边向基部均粗糙,先端渐尖,边缘膜质,具短芒,长约2 mm,或稀无芒;内稃具点状粗糙,纸质,具2脊,脊上粗糙。颖果与内稃贴生,不易分离,矩圆形,长3.4～4.2 mm,宽1.2～1.5 mm,深灰色或棕褐色,顶端平截,具白色或淡黄色毛茸;脐不明显;腹面具沟;胚卵形或广卵形,长约占颖果的1/4,色稍浅于颖果。

6. 紫羊茅(*Festuca rubra*)

小穗轴节间圆柱形,顶端稍膨大,平截或微凹,稍具短柔毛。外稃披针形,长4.5～5.5 mm,宽1～2 mm,淡黄色或先端带紫色,具不明显的5脉,先端具1～2 mm的细弱芒,边缘及上半部具微毛或短刺毛;内稃与外稃等长,脊上部粗糙,脊间被微毛。颖果与内外稃相贴,不易分离,矩圆形,长2.5～3.2 mm,宽约1 mm,深棕色,顶部钝圆,具毛茸;脐不明显;腹面具宽沟;胚近圆形,长占颖果1/6～1/5,色浅于颖果。

7. 多花黑麦草(*Lolium multiflorum*)

小穗轴节间矩形,两侧扁,具微毛。外稃宽披针形,长4～6 mm,宽1.3～1.8 mm,淡黄色或黄色,顶部膜质透明,具5脉,中脉延伸成细弱芒,芒长5 mm,直或稍向后弯曲;内稃与外稃等长,边缘内折,脊上具细纤毛;内外稃与颖果相贴,但易分离。颖果倒卵形或矩圆形,长2.5～3.4 mm,宽1～1.2 mm,褐色至棕色,顶部钝圆,具毛茸;脐不明显;腹面凹陷,中间具沟;胚卵形至圆形,长占颖果的1/5～1/4,色同于颖果。

8. 多年生黑麦草(*Lolium perenne*)

小穗轴节间近多面体或矩圆形,两侧扁,无毛,不与内稃紧贴。外稃宽披针形,长5～7 mm,宽1.2～1.4 mm,淡黄色或黄色,无芒或上部小穗具短芒;内稃与外稃等长,脊上具短纤毛;内外稃与颖果相贴,不易分离。颖果矩圆形,长2.8～3.4 mm,宽1.1～1.3 mm,棕褐色至深棕色,顶端具毛茸,腹面凹;胚卵形,长占颖果的1/5～1/4,色同于颖果。

9. 苏丹草(*Sorghum sudanense*)

小穗孪生,无柄小穗为两性,有柄小穗为雄性或中性;穗轴节间及小穗柄线形,两侧具纤毛。无柄小穗,椭圆形,长6～8 mm,宽约3 mm,紫黑色或黄褐色。颖革质,具光泽,基部及边缘具柔毛,有的中部或顶部具稀疏柔毛。第一颖上部具2脊,脊上具短纤毛;第二颖具1脊,脊近顶端具短纤毛。稃薄膜质,透明,稍短于小穗。第二外稃先端2裂,芒从裂齿中间伸出,膝曲扭转,芒长8.5～12 mm。有柄小穗披针形,与无柄小穗等长或稍长。颖果倒卵形或矩圆形,长约4 mm,宽约2.5 mm,褐黄色,顶端钝圆,具宿存花柱;脐倒卵形,紫黑色;腹面扁平;胚椭圆形,长占颖果的1/2～2/3,色浅于颖果。

10. 结缕草(*Zoysia japonica*)

小穗含1花,两性,单生,脱节于颖下;小穗卵形,长3～3.5 mm,紫褐色;小穗柄弯曲,长达4 mm。第一颖退化,第二颖为革质,无芒或仅具1 mm的尖头,两侧边缘在基部联合,全部包被膜质的外稃,具1脉成脊;内稃通常退化。颖果近矩圆形,两边扁,长1～1.2 mm,深黄褐色,稍透明,顶端具宿存花柱;脐明显,色深于颖果,腹面不具沟;胚在一侧的角上,中间突起,长占颖果的1/2～3/5,色较颖果深。

11. 沙生冰草(*Agropyron desertorum*)

小穗轴节间圆筒形,先端膨大,顶端凹陷较深,具微毛,不与内稃紧贴,稍弯曲。外稃呈舟形,长5～7 mm,具明显的5脉,背面具短柔毛,基盘钝,圆形,先端渐尖成1～2 mm的短芒;内稃等长于外稃,先端2裂,脊中上部具刺毛;内外稃与颖果相贴,不易分离。颖果矩圆形,长3～3.5 mm,宽约1 mm,深褐色,顶部密生黄色毛茸;脐圆形;腹面具沟,呈舟形;胚椭圆形,长占颖果的1/5～1/4,色淡。

12. 西伯利亚冰草(*Agropyron sibiricum*)

小穗轴节间喇叭筒形,极短,疏生短毛,与内稃紧贴。外稃呈舟形,长5～7 mm,具7～9脉,背面具短刺毛,先端渐尖成1～2 mm的短芒;内稃稍短于外稃,脊上具纤毛;内外稃与颖果相贴,不易分离。颖果矩圆形,长3～4 mm,宽约1 mm,褐色至深褐色,顶部具黄色毛茸;脐明显,圆形、突出;腹面具宽沟,呈舟形;胚椭圆形,突出,长占颖果的1/5～1/4,色淡。

13. 毛花雀稗(*Paspalum dilatatum*)

小穗含2小花,高位小花两性,小穗卵形,背腹扁,长3～4 mm,宽2.5～3 mm,先端尖,边缘具长丝状毛,两面贴生短毛。第一颖缺如;第二颖与第一外稃相同,膜质,内稃缺失。孕花外稃革质，近圆形，背面凸起，边缘内卷，包卷同质而凹陷的内稃。颖果卵形，长约 2 mm，浅褐色或乳白色及乳黄色；脐明显，矩形，棕色；腹面扁平，稍凹陷；顶端稍下方具 2 枚宿存花柱；胚卵形，长约占颖果的 1/2，色同颖果。

14. 猫尾草(*Phleum pratense*)

小穗含 1 花，两侧扁，椭圆形，长约 3 mm，宽约 1.3 mm，淡黄褐色。颖膜质，具 3 脉，中脉成脊，脊上具硬纤毛，顶端具长 0.5～1 mm 之尖头。外稃薄膜质，长约 2 mm，宽约 1 mm，淡灰褐色，先端尖，具小芒尖，具 7～9 脉，脉上具微毛；内稃略短于外稃，具 2 脊，易与颖果分离。颖果卵形，长约 1.5 mm，宽约 1.8 mm，褐黄色，稍透明，表面具不规则的突起；脐圆形，深褐色；腹面不具沟；胚长椭圆形，突起，长约占颖果的 1/3，色稍深于颖果。

15. 草地早熟禾(*Poa pratensis*)

小穗轴节间较短，但也长短不一，先端稍膨大，具柔毛。外稃卵圆状披针形，长 2.3～3 mm，宽 0.6～0.8 m，草黄色或带紫色，纸质，先端膜质，脊及边缘中下部具长柔毛，基盘具稠密而长的白色棉毛；内稃稍短于外稃或等长，脊上粗糙或具短纤毛。颖果纺锤形，具 3 棱，长 1.1～1.5 mm，宽约 0.6 mm，红棕色，无光泽，顶端具毛茸；脐不明显；腹面具沟，呈小舟形；胚椭圆形或近圆形，突起，长约占颖果的 1/5，色浅于颖果。

16. 虉草(*Phalaria arundinacea*)

小穗含 1 两性花及 2 枚附于其下的退化外稃，两侧压扁，长 4～5 mm，宽 3～4 mm。孕花外稃软骨质，宽披针形，长 3～4 mm ，宽约 1 mm，淡黄色或灰褐色，有光泽，具 5 脉，上部具柔毛；内稃披针形，具 1 脊，脊的两边疏生柔毛。不孕花外稃 2 枚，退化为线形，具柔毛。

部分禾本科牧草种子形态特征见图 1 - 14。

1.3.1.2 主要豆科牧草种子特征

1. 沙打旺(*Astragalus adsurgens*)

种子近方形、近菱形或肾状倒卵形，两侧扁，有时微凹。长 1.56～2.0 mm，宽 1.2～1.5 m，厚 0.6～0.9 mm。胚根粗，尖突出呈鼻状，尖与子叶分开，胚根长为子叶长的 1/2～2/3，两者之间界限不明显，或有一浅沟。表面褐色或褐绿色，具稀疏的黑色斑点或无；具微颗粒，近光滑。种脐靠近种子长的中央，圆形，直径 0.1 mm，呈一白圈，中间有一黑点；晕轮隆起，黄褐色。种瘤在种脐的下边，与脐条连生，色亦同，不明显，距种脐 0.4 mm；脐条突状，黄褐色。有胚乳，很薄。

2. 鹰嘴紫云英(*Astragalus cicer*)

种子心状椭圆形，扁，不扭曲。长 2.2～3.0 mm，厚 1～1.3 mm。胚根粗，长为子叶长的 2/3或稍短，两者明显地分开，两者之间有一白色、近楔形的线。表面浅黄色，黄褐色或绿黄色；光滑，微有光泽。种脐靠近种子长的中央，圆形，直径约 0.25 mm，较种皮色深，呈白色小圈；晕轮较种皮色深，距种脐 0.5 mm；脐条明显。胚乳极薄。

3. 紫云英(*Astragalus sinicus*)

种子倒卵形。长 2.5～3.3 mm，宽 2～2.2 mm，厚 0.7～0.9 mm。胚根尖呈钩状，与子叶明显地分开，与子叶构成圆形的凹陷。表面红褐色；具微颗粒，近光滑；无光泽。种脐靠近种子长的中央，短圆形，长约 0.77 mm，宽约 0.3 mm，随着凹洼而弯曲，白色；具脐沟；晕环隆起，较种皮色深，距种脐 0.3～0.7 mm；脐条不明显。有胚乳。

4. 栽培山黧豆(*Lathyus sativa*)

种子斧头形,斧背长 4~8 mm,宽 4~5 mm,斧身高约 8 mm。表面黄色、黄白色或褐色,深色者常带灰黑色花斑;光滑,无光泽。种脐多在斧背上,宽椭圆形,长约 2 mm,宽 1 mm,与种皮同色;脐沟黄白色;脐边凹洼,晕轮隆起。种孔明显。种瘤褐色,距种脐 1.5~1.8 mm,脐条明显。无胚乳。

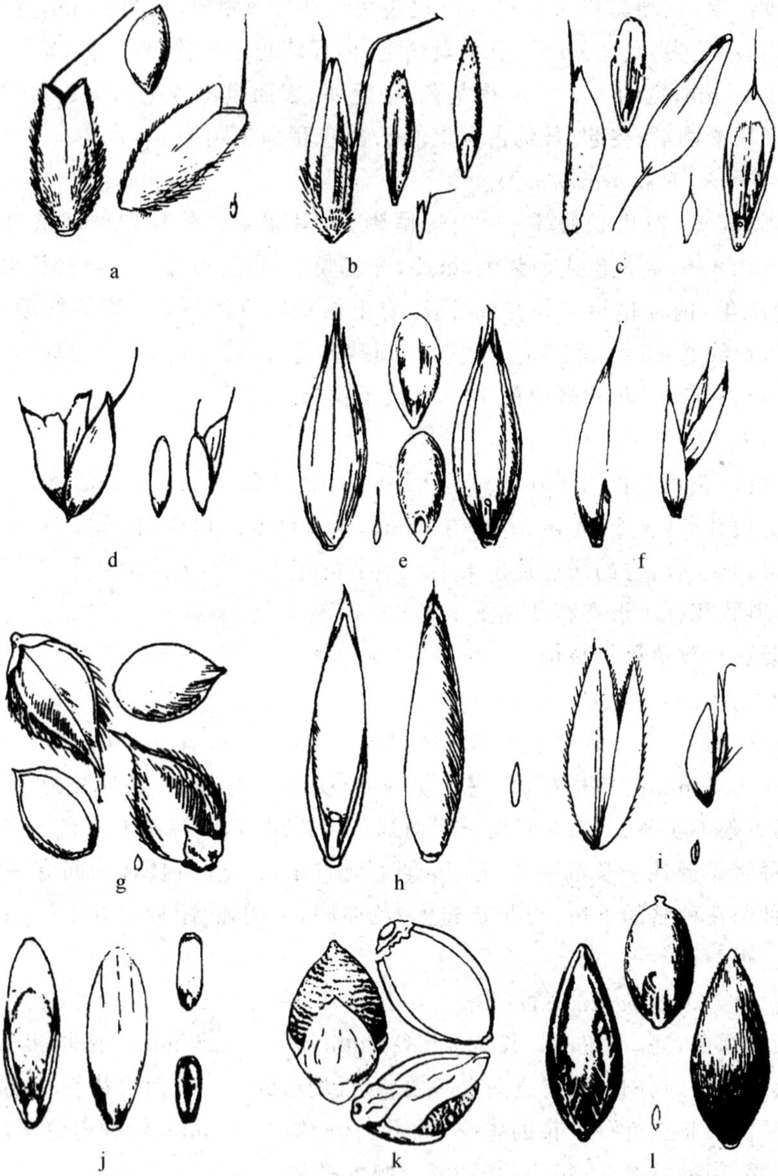

图 1-14 部分禾本科牧草种子形态特征(MAF,1990)

a. 曲节看麦娘 b. 燕麦草 c. 毛雀麦 d. 无芒虎尾草
e. 洋狗尾草 f. 鸭茅 g. 湖南稷子 h. 苇状羊茅
i. 绒毛草 j. 多年生黑麦草 k. 金狗尾草 l. 阿拉伯高粱

5. 二色胡枝子(*Lespedeza bicolor*)

种子三角状倒卵形,两侧扁,长 3～4 mm,宽 2.3～3 mm,厚 1.5～2 mm。胚根尖突出,尖不与子叶分开,长约为子叶长的 1/2,两者之间界线不明显。表面为黑紫色或底色为褐色且具密的黑紫色花斑。表面近光滑,具微颗粒;无光泽。种脐位于种子长的 1/2 以下,圆形,直径约 0.23 mm(不包括脐冠),黄色;脐沟与种脐同色;环状脐冠白色。种瘤在种脐下边,距种脐约 0.55 mm;脐条呈沟状。无胚乳。

6. 百脉根(*Lotus corniculatus*)

种子椭圆状肾形、宽椭圆形或近球形。长 1.1～1.8 mm,宽 0.8～1.6 mm,厚 0.7～1.4 mm。胚根粗,突出,尖不与子叶分开,长约为子叶的 1/2 或以上。表面暗褐色或橄榄绿色,有的具灰褐色斑点;稍粗糙,或近光滑;无光泽。种脐在种子长的 1/2 以下,圆形,直径约 0.17 mm,白色,凹陷;环状脐冠色浅;晕轮由小瘤组成,褐色。有的种脐浅褐色,脐冠由一圈小瘤组成。种瘤在种脐下边,突出,深褐色,距种脐约 0.4 mm;脐条明显,与种瘤连生。有胚乳。

7. 紫花苜蓿(*Medicago sativa*)

种子肾形或宽圆形,两侧扁,不平,有棱角,正视腹面时两侧呈波浪状,种子稍弯曲或扭曲。长 2～3 mm,宽 1.2～1.8 mm,厚 0.7～1.1 mm。胚根长为子叶的 1/2 或略短,两者分开或否,之间有 1 条白线。表面黄色到浅褐色;近光滑,具微颗粒;有光泽。种脐靠近种子长的中央或稍偏下,圆形,直径 0.2 mm,黄白色,或有一白色环;晕轮浅褐色。种瘤在种脐下边,突出,浅褐色,距种脐 1 mm 以内。有胚乳。

8. 白花草木樨(*Melilotus albus*)

种子倒卵形或肾状椭圆形,在宽端有时多少呈截形,一侧扁平,另一侧圆。长 1.5～2.5 mm,宽 1.3～1.7 mm,厚 0.8～1.2 mm。胚根比子叶薄,尖突出,不与子叶分开,为子叶长的 2/3～3/4(或更长),两者间有 1 条白线。表面黄色、红黄色或黄褐色;近光滑,具微颗粒;无光泽。种脐在种子长的 1/2 以下,圆形,直径 0.13 mm,凹陷,白色;脐周围有一圈不明显的褐色小瘤;脐条呈斑状,种瘤突出,褐色,距种脐 0.5 mm。胚乳极薄。

9. 红豆草(*Onobrychis viciaefolia*)

种子肾形,两侧稍扁。长 4.1～4.8 mm,宽 2.7～3.2 mm,厚 2～2.2 mm。胚根粗且突出,但尖不与子叶分开,长约为子叶长的 1/3,两者间有一条向内弯曲的白线。表面浅绿褐色、红褐色或黑褐色,前两者具黑色斑点,后者具麻点;近光滑。种脐靠近种子长的中央或稍偏上,圆形,直径 0.99 mm,褐色;脐边色深,脐沟白色;晕轮褐黄色至深褐色。种瘤在种脐下边,突出,深褐色,距种脐 0.65 mm;脐条中间多有 1 条浅色线。无胚乳,子叶外围平滑。每荚 1 籽,荚的腹缝线直,背缝线拱凸,呈半圆形;背缝线的上半部具 5～7 个锯齿;长 6～8 mm,宽 5～5.5 mm。表面黄绿色或黄褐色,具网状凹陷,网壁上有刺;有密的白柔毛。

10. 红三叶(*Trifolium pratense*)

种子倒三角形、倒卵形或宽椭圆形,两侧扁。长 1.5～2.5 mm,宽 1～2 mm,厚 0.7～1.3 mm。胚根尖突出呈鼻状,尖与子叶分开明显,构成 30°～45°角,长为子叶长的 1/2。表面多为上部紫色或绿紫色,下部黄色或绿黄色;少为纯一色者,即呈黄色、暗紫色或黄褐色。表面光滑;有光泽。种脐在种子长 1/2 以下,圆形,直径 0.23 mm,呈白色小环,环心褐色;晕轮浅褐色。种瘤在种子基部偏向具种脐的一边,呈小突起,浅褐色,距种脐 0.5～0.7 mm。胚乳极薄。

11. 白三叶(*Trifolium repens*)

种子多为心脏形,少为近三角形,两侧扁。长 1～1.5 mm,宽 0.8～1.3 mm,厚 0.4～0.9 mm。胚根粗,突出,与子叶等长或近等长,两者明显分开,之间成一明显小沟;也有胚根短于子叶的,约为子叶长的 2/3。表面黄色,黄褐色;近光滑,具微颗粒;有光泽。种脐在种子基部,圆形,直径 0.12 mm,呈小白圈,圈心呈褐色小点;具褐色晕环。种瘤在种子基部,浅褐色,距种脐 0.12 mm;脐条明显。胚乳很薄。

12. 箭筈豌豆(*Vicia sativa*)

种子近球形或近凸镜状。长 3～6 mm,宽 2.5～5.5 mm,厚 2～5 mm。因品种繁多,表面颜色多变,一般可分为两类:①红褐色,似天鹅绒,近光滑,无光泽;②绿色和褐色,具黑色花斑,且具微颗粒,近光滑,微具光泽。种脐线形,长 2～3 mm,宽约 0.5 mm,长占种圆周长的 20%,浅黄色或白色;脐边稍凹陷;脐沟黄白色,有的脐沟隆起。种瘤黑色,褐色或麦秸秆黄色,均较种皮色深,距种脐 0.5～1 mm。无胚乳。

13. 毛苕子(*Vicia villosa*)

种子近球形,稍扁,长 3～5.0 mm,宽 3.4～5.0 mm,厚 3.2～5.0 mm。表面为深褐色、黑色或为黄褐色,具褐色花斑。表面似天鹅绒,近光滑。种脐长卵形,长 2 mm,宽 0.75～1 mm,长占种子圆周长的 13%～15%,褐色或较种皮色深,脐边凹陷;脐沟白色,种瘤较种皮色深,距种脐 1～1.3 mm。无胚乳。

14. 广布野豌豆(*Vicia cracca*)

种子球形或矩圆形,长 3.0～4.5 mm,宽和厚相等,3.0～4.0 mm。表面黄褐色或红褐色,皆具密的黑色花斑,或为黄绿色花斑,或为黑色和浅黑色。表面近光滑,无光泽。种脐线形,长 2.5～4.0 mm,宽 0.4～0.5 mm,长占种子周长的 20%～35%,黄褐色或黑色;脐边微凹,脐沟白色。种瘤与种皮同色或稍深,距种脐 0.4～1.0 mm。无胚乳。

部分豆科牧草种子形态特征见图 1-15。

1.3.2 主要牧草种子检索表

1.3.2.1 主要禾本科牧草种子分种检索表(中国科学院植物研究所,1980)

1. 颖果顶端具毛茸。
 2. 颖果具长柔毛。
  3. 小穗轴节间无毛,基盘密生髯毛 ………………………… 髯毛燕麦 *Avena barbata*
  3. 穗轴节间有毛,基盘有毛或无毛。
   4. 外稃无毛,基盘无毛。
    5. 外稃无芒 ……………………………………………………… 燕麦 *A. sativa*
    5. 外稃有芒,膝曲扭转,芒柱黑棕色 ………………………… 毛燕麦 *A. strigosa*
   4. 外稃有毛,茎盘密生髯毛。
    6. 小穗轴节间披针形,密生淡棕色或白色硬毛;芒长约 30 mm ……… 野燕麦 *A. satua*
    6. 小穗轴节间矩圆形,具棕黄色的长硬毛;芒长约 50 mm 以上 … 不实燕麦 *A. sterilis*
2. 颖果不具长柔毛。
 7. 颖果与内外稃相贴,不易分离。

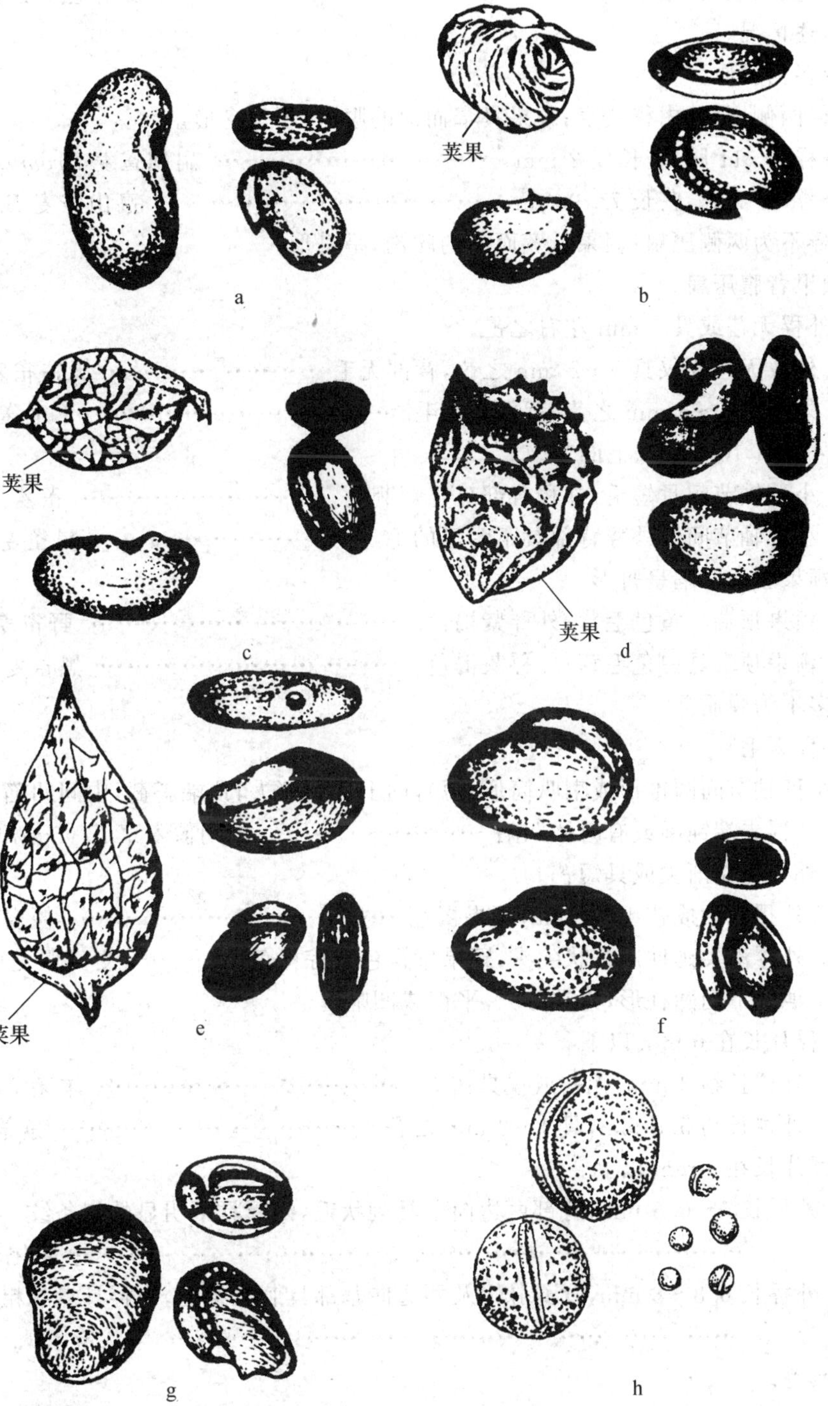

图 1-15　部分豆科牧草种子形态特征(a～g,西力布等,1994;h,Musil,1961)

a. 紫花苜蓿　b. 天蓝苜蓿　c. 白花草木樨　d. 红豆草　e. 二色胡枝子　f. 红三叶　g. 百脉根　h. 广布野豌豆

8. 第一颖缺如,奇数外稃的背对向穗轴。

9. 芒长在 5 mm 以上…………………………………… 多花黑麦草 *Lolium multiflorum*

9. 无芒或具短芒 ………………………………………………… 多年生黑麦草 *L. perenne*
8. 不为上述情况。
10. 内稃多为膜质。
11. 外稃两侧压扁，内稃狭窄；颖果具窄而深的腹沟，不呈舟形。
12. 外稃 9～11 脉，芒长仅 2 mm ……………………………… 扁穗雀麦 *Bromus catharticus*
12. 外稃 7～9 脉，芒长 7～9 mm ………………………………… 高山雀麦 *B. marginatus*
11. 外稃不为两侧压扁；颖果具宽而浅的腹沟，呈舟形。
13. 颖果背腹压扁。
14. 外稃无芒或具 5 mm 左右之芒。
15. 外稃无芒或仅具 1～2 mm 之芒，背部无毛 ………………… 无芒雀麦 *B. inermis*
15. 外稃具 4～6 mm 之芒，背部具柔毛 ………………………… 毛雀麦 *B. mollis*
14. 外稃具 10 mm 以上的芒。
16. 小穗轴节间具短毛；外稃背部疏生短刺毛 ………………… 雀麦 *B. japonicus*
16. 小穗轴节间及外稃背部具不明显的毛 ……………………… 旱雀麦 *B. tectorum*
13. 颖果腹面凹陷呈舟形。
17. 颖果顶端具黄色毛茸；外稃紫褐色 ………………………… 野雀麦 *B. arvensis*
17. 颖果顶端具白色毛茸；外稃灰褐色 ………………………… 黑雀麦 *B. secalinus*
10. 内稃多不为膜质。
18. 外稃无毛。
19. 小穗轴节间圆锥形或喇叭筒形(短)，向上逐渐膨大，顶端斜截，中间凹陷。
20. 外稃先端钝圆或有时微凹陷 ……………………… 中间偃麦草 *Elytrigia intermedia*
20. 外稃先端渐尖或具短芒。
21. 外稃锐尖成芒 1～2 mm；颖果褐色 ………………………… 偃麦草 *E. repens*
21. 外稃渐尖延伸成芒状尖头，颖果紫褐色或棕褐色 ………… 史氏偃麦草 *E. smithii*
19. 小穗轴节间圆柱形，先端膨大，平截或凹陷。
22. 稃片长在 6 mm 以下。
23. 外稃长约 3 mm，无芒或仅具芒尖 ………………………… 羊茅 *Festuca ovina*
23. 外稃长约 5.5 mm，具 1～2 mm 之芒 ……………………… 紫羊茅 *F. rubra*
22. 稃片长在 6 mm 以上。
24. 外稃长 6～6.5 mm，背部两边向上具刺状毛，内稃具不明显的细条纹
……………………………………………………………… 牛尾草 *F. elatior*
24. 外稃长 6.8～8 mm，背部脉上及两边向基部具刺状粗糙，内稃具点状粗糙
……………………………………………………… 苇状羊茅 *F. arundinacea*
18. 外稃具毛。
25. 芒向后弯曲，芒长 20 mm 以上；外稃上部具明显的 5 脉。
26. 内稃长为外稃的 2/3，颖果长圆状卵形 ……………… 纤毛鹅冠草 *Roegneria ciliaris*
26. 内外稃等长；颖果矩圆形 ……………………………… 加拿大披碱草 *Elymus canadensis*
25. 芒不向后弯曲，芒长在 20 mm 以下，外稃 3 脉至多脉。

27. 颖果长在 5 mm 以上；小穗 2 至数枚着生每节。外稃土红色，芒长仅 2 mm ………………………………………………………… 灯心草野麦 *Elymus junceus*

27. 颖果长在 4 mm 以下；小穗 1 枚着生每节。

28. 外稃具 7～9 脉，具 1～2 mm 短芒；小穗轴节间喇叭筒形，极短，与内稃紧贴 ………………………………………………… 西伯利亚冰草 *Agropyron sibiricum*

28. 外稃具 3～5 脉。

29. 外稃具不明显的 3 脉，芒长 2～4 mm；小穗轴节间与内稃紧贴 … 冰草 *A. cristatum*

29. 外稃具明显的 5 脉，芒长 1～2 mm；小穗轴节间稍弯曲…… 沙生冰草 *A. desertorum*

7. 颖果与内外稃易分离。

30. 内稃不为外稃所包，外稃具不明显 5 脉………………………… 细洽草 *Koeleria gracilis*

30. 内稃为外稃所包。

31. 基盘具棉毛。

32. 脐不明显，具腹沟。

33. 颖果三棱形，腹面呈明显小舟形 ……………………… 草地早熟禾 *Poa pratensis*

33. 颖果长椭圆形，腹面稍凹陷 ………………………………… 普通早熟禾 *P. trivialis*

32. 脐明显，腹面略凹陷或平坦 …………………………………… 泽地早熟禾 *P. palustris*

31. 基盘无毛或只具少量棉毛。

34. 小穗轴节间无毛；脐明显，黑紫色 ……………………… 加拿大早熟禾 *P. compressa*

34. 小穗轴节间具毛；脐不明显 ………………………………… 林地早熟禾 *P. nemoralis*

1. 颖果顶端不具毛茸。

35. 小穗含 1 花，颖等长或近等长，具 1～3 脉，具脊，脊上具纤毛。

36. 颖下部 1/3 连合，具 3 脉；内稃缺失。

37. 小穗长约 3.5 mm；颖果深褐色，长约 1.5 mm … 膝曲看麦娘 *Alopecurus geniculatus*

37. 小穗长约 6 mm；颖果深黄褐色，长约 2.6 mm ……………… 大看麦娘 *A. pratensis*

36. 颖不连合，具 1～3 脉；内稃发育正常。

38. 颖果三棱形或椭圆形，胚和脐不清晰 ………………………… 绒毛草 *Holcus lanatus*

38. 颖果卵形，褐黄色，胚和脐清晰 ……………………………… 猫尾草 *Phleum pratense*

35. 小穗含 1 至多花，颖等长或不等长，具 1 至多脉，具脊或否。

39. 可孕花两侧具 2 个不孕花(个别为 1 枚或无)。

40. 不孕花为线形，具长柔毛 ………………………………… 虉草 *Phalaris arunclinacea*

40. 不孕花为鳞片状，具短柔毛。

41. 不孕小花 1 枚，较狭窄；颖果长约 2.5 mm ……………………… 小子虉草 *P. minor*

41. 不孕小花 2 枚，较宽，颖果长约 4 mm ………………… 金丝雀虉草 *P. canariensis*

39. 不为上述情况。

42. 小穗含 1～2 花，只 1 孕花，背腹压扁呈圆筒形，稀为两侧压扁。

43. 内外稃通常质地坚韧，较其颖为厚。

44. 具不孕小穗(枝)所成之刚毛。

45. 刚毛互相连合，以形成刺苞 ……………………… 沙丘蒺藜草 *Cenchrus tribuloides*

45. 刚毛互相分离，不形成刺苞。

46. 孕花外稃具明显的皱纹，背部隆起 ………………… 金色狗尾草 *Setaria lutescens*

46. 孕花外稃不具皱纹，背部不隆起。

47. 总梗长 2～3 mm；颖果卵圆形，胚长约占颖果的 1/2 …………………………………………………… 狼尾草 *Pennisetum alopecuroides*

47. 总梗长约 0.5 mm，颖果长圆形，胚长约占颖果的 2/3 ……………………………………………………………… 白草 *P. flaccidum*

44. 不具不孕小穗（枝）所成的刚毛。

48. 第一颖长为小穗的 1/3～1/2，不为膜质，基部包卷小穗。

49. 小穗长 2.5 mm，无芒；可孕小花外稃淡黄 ……………… 芒稷 *Echinochloa colonum*

49. 小穗长 3 mm，具粗壮芒；可孕小花外稃淡灰褐色 …………………… 稗 *E. crusgalli*

48. 第一颖微小或缺如，膜质，基部不包卷小穗。

50. 第一颖微小，可孕小花外稃具透明膜质边缘覆盖着内稃。

51. 第一外稃具 5 脉，脉间及边缘具棒状柔毛，可孕小花外稃为黑褐色，颖果卵形，乳白色 ……………………………………………… 止血马唐 *Digitaria ischaemum*

51. 第一外稃 5～7 脉，脉间较宽而无毛，侧脉间贴生柔毛，颖果长圆形，淡黄色。

52. 第一外稃侧脉无毛或于脉间贴生柔毛 …………………………… 马唐 *D. sanguinalis*

52. 第二颖及第一外稃两侧具丝状毛 ……………………………………… 毛马唐 *D. ciliaris*

50. 第一颖缺如，可孕小花外稃边缘内卷。

53. 小穗基部具珠状或环状基盘；可孕小花外稃背部为离轴性（背着穗轴而生） ……………………………………………………… 野黍 *Eriochloa villosa*

53. 小穗基部无上述基盘；可孕小花外稃背部为向轴性（对着轴穗而生）。

54. 小穗边缘具丝状柔毛；颖果长约 2 mm，脐棕色 …… 毛花雀稗 *Paspalum dilatatum*

54. 小穗无毛；颖果长约 1.5 mm，脐橘黄色 ………………… 圆果雀稗 *P. orbiculare*

43. 内外稃膜质或透明，较其颖为薄。

55. 第一颖微小或退化而缺如。

56. 第二颖不具肋，只是 1 脉成脊，两侧边缘在基部连合 …… 结缕草 *Zoysia japonica*

56. 第二颖具 5 肋，肋上具钩状刺。

57. 小穗长 4～4.5 mm，第二颖顶部具明显伸出刺外的头；颖果不透明 ……………………………………………………… 锋芒草 *Tragus racemosus*

57. 小穗长 2～3 mm，第二颖顶部无明显伸出刺外的尖头；颖果透明 ……………………………………………………… 虱子草 *T. berteronianus*

55. 第一、二颖具在，等长或不等长。

58. 第一颖长于第二颖；小穗轴节间及柄等具毛。

59. 无柄可孕小穗第二外稃退化成线形，先端延伸成膝曲扭转之芒 ……………………………………………… 白羊草 *Bothriochloa ischaemum*

59. 无柄可孕小穗第二外稃发育正常，先端 2 裂，芒自裂间伸出 …………………………………………………… 苏丹草 *Sorghum sudanense*

58. 第一颖短于第二颖；无毛 …………………………… 洋狗尾草 *Cynosurus cristatus*

42. 小穗含 1 至多花，背腹不压扁，稀为两侧压扁。

60. 外稃具 3 脉。
61. 外稃具芒。
62. 芒易落;颖果中上部分不为内外稃所包 ················ 黍落芒草 *Oryzopsis miliacea*
62. 芒宿存;颖果全被内外稃所包。
63. 3 脉只中脉成芒,芒长 9～15 mm;不孕花包卷成小球状······ 虎尾草 *Chloris virgata*
63. 3 脉都成芒状尖头;颖果胚、脐不明显 ··················· 格兰马草 *Bouteloua gracilis*
61. 外稃不具芒。
64. 外稃背脊拱起为二面体,侧面为半圆 ························ 狗牙根 *Cynodon dactylon*
64. 外稃卵形,内稃作拱形弯曲,宿存。
65. 颖果球形,小穗具腺点 ································· 大画眉草 *Eragrostis cilianensis*
65. 颖果矩圆形,小穗不具腺点。
66. 第一颖具 1 脉;外稃侧脉明显而突起 ··························· 秋画眉草 *E. autumnalis*
66. 第一颖常无脉;外稃侧脉不明显 ·· 画眉草 *E. pilosa*
60. 外稃具 5～9 脉。
67. 外稃具 5 脉。
68. 小穗不具小穗轴节间。
69. 内稃自基部全被外稃所包,内外稃不为膜质或透明质,等长;芒两回膝曲,粗糙无毛,芒基关节处围一圈短毛 ··· 长芒草 *Stipa bungeana*
69. 内稃不全被外稃所包;内外稃膜质或透明质,不等长。
70. 小穗长 2～2.5 mm,基部两侧具短毛 ························· 小糠草 *Agrostis alba*
70. 小穗长 1.5～1.9 mm,基盘无毛 ······························ 细弱翦股颖 *A. tenuis*
68. 小穗具小穗轴节间。
71. 内稃不为外稃所包,外稃芒膝曲扭转;颖果淡黄色,胚、脐不明显 ·· 黄三毛草 *Trisetum pratense*
71. 内稃为外稃边缘所包,外稃仅具芒尖;颖果黄色,胚明显,脐淡紫褐色 ··· 鸭茅 *Dactylis glomerata*
67. 外稃具 7～9 脉。
72. 外稃具芒,膝曲扭转,芒柱两色 ······················· 燕麦草 *Arrhenatherum elatius*
72. 外稃不具芒,脉隆起 ··· 枪草 *Melica scabrosa*

1.3.2.2 主要豆科牧草种子分种检索表(中国科学院植物研究所,1980)

1. 种脐为圆形。
2. 种脐靠近种子长的中央。
3. 脐部具白色环状脐冠。
4. 种子圆柱形。
5. 表面红褐色或红褐色,具黑褐色斑点 ··························· 田菁 *Sesbania cannabina*
5. 表面绿色或浅褐色,密布黑色花斑 ································ 大果田菁 *S. exaltata*
4. 种子肾状椭圆形 ··· 野葛 *Pueraria lobata*
3. 脐部不具脐冠。
6. 种皮具斑纹或有色斑点。

7. 胚根尖与子叶分开，具胚乳。
8. 种子长在 2.5 mm 以上（肾形） …………………………… 骆驼刺 *Alhagi pseudalhagi*
8. 种子长在 2.5 mm 以内。
9. 两侧扁而不平。表面深褐色，具黑色斑点；近光滑，具微颗粒
………………………………………………………………… 二色棘豆 *Oxytropis bicolor*
9. 两侧扁，微凹。表面深褐色、褐色或褐绿色，具黑色斑点；近光滑，具微颗粒。
10. 种子长 1.5～2 mm，种瘤距种脐 0.4 mm …………… 直立黄芪 *A. adsurgens*
10. 种子长 1.1～1.5 mm，种瘤距种脐 0.2 mm ……… 糙叶黄芪 *A. scaberrimus*
7. 胚根尖不与子叶分开，不具胚乳 …………………… 红豆草 *Onobrychis viciaefolia*
6. 种皮不具花斑或斑点。
11. 胚根尖与子叶分开。
12. 种子长在 3 mm 以上。 ………………………………… 褐斑苜蓿 *Medicago arabica*
12. 种子长在 3 mm 以内。
13. 种子表面黑色 …………………………………… 草木樨状黄芪 *A. melilotoides*
13. 种子表面黄褐色、黄色、褐色或红褐色。
14. 正视种子腹面时，两侧呈波浪状，种子纵轴稍弯曲或扭曲…… 紫花苜蓿 *M. sativa*
14. 正视种子腹面时，两侧鼓出，但不呈上述情况 ……………… 南苜蓿 *M. hispida*
11. 胚根尖不与子叶分开。
15. 种子长 2～3 mm，表面为黄褐色、黄色、褐色或红褐色 ………… 紫花苜蓿 *M. sativa*
15. 种子长 3～6 mm。
16. 种子圆柱形，表面红紫色至黑紫色。
17. 种子圆柱形，长 3.5～5 mm …………………………… 多变小冠花 *Coronilla varia*
17. 种子弯月矩圆形，长 5～6 mm …………………… 蝎子小冠花 *C. scorpioides*
16. 种子为肾形，表面橄榄绿色或褐色。
18. 种子长 4.1～4.8 mm，厚～2.2 mm，种脐直径 0.5 mm，脐条有一条浅色线，子叶表面多皱 ………………………………………………… 红豆草 *Onobrychis viciaefolia*
18. 种子长 3.2～4.5 mm，厚 1.7～2 mm，种脐直径 0.36 mm，脐条隆起无浅色线，子叶表面平滑 ……………………………………………… 匈牙利红豆草 *O. arenaria*
2. 种脐不靠近种子长的中央。
19. 种脐具环状脐冠
20. 胚根长为子叶长的 3/4 或以上。
21. 表面紫色或具紫色花斑 ………………………………… 硬毛百脉根 *Lotus hispidus*
21. 表面为黄色、褐色或橄榄绿色。
22. 种子倒卵形，表面黄绿色至红褐色，无斑纹或具灰褐色斑纹，具胚乳
…………………………………………………………… 湿地百脉根 *L. uliginosus*
22. 种子宽椭圆形或球形，稍扁，表面黄色，褐色或橄榄绿色，无胚乳
………………………………………………………… 细荚百脉根 *L. angustissimus*
20. 胚根长为子叶长的 3/4 以内。
23. 无胚乳。

24. 表面绿色或黄绿色，具紫色花斑 ……………… 短梗胡枝子 *Lespedeza cyrtobotrya*

24. 表面黑紫色或褐色具黑紫色花斑 ……………………………… 二色胡枝子 *L. bicolor*

23. 具极薄的胚乳。

25. 种子长 2～2.5 mm。

26. 种脐之晕轮白色，晕轮与胚根尖相对处宽大，且微隆起 …… 毛胡枝子 *L. tomentosa*

26. 种脐之晕轮浅绿白色或黄白色，晕轮两侧窄，上下端较宽 ……………………………………………… 达乌里胡枝子 *L. davurica*

25. 种子长 1.5～2 mm(尖叶铁扫帚种子有的长达 2.5 mm)

27. 种子椭圆状肾形、宽椭圆形或近球形，表面暗褐色或橄榄绿色，有的具灰褐色斑点 ……………………………………………… 百脉根 *L. corniculatus*

27. 种子倒卵形，绿色、黄色或黄褐色，具红紫色斑纹。

28. 种子为绿色或黄褐色或底色为浅绿色，具红紫色花斑，其晕轮为褐色或白色 ………………………………………… 尖叶铁扫帚 *L. hedysaroides*

28. 种子为浅绿色或浅黄色，具红紫色花斑，其晕轮为红褐色或红紫色 ……………………………………………… 截叶铁扫帚 *L. cuneata*

19. 种脐不具脐冠。

29. 种子表面粗糙，具小瘤或硬毛。

30. 胚根长为子叶长的 3/4 以上。

31. 种子形状多变，心状圆形或心状椭圆形，一侧扁，一侧稍圆，种子长 2～3 mm ……………………………………………… 蓝花胡芦巴 *Trigonella caerulea*

31. 种子窄长椭圆形，两侧扁，长 1.8～2.2 mm ………… 多角胡芦巴 *T. polyceratia*

30. 胚根长为子叶的 3/4 以内。

32. 种子长 4.5～6 mm ……………………………… 胡卢巴 *T. foenum-graecum*

32. 种子长 2 mm ……………………………………… 印度草木樨 *Melilotus indicus*

29. 种子表面光滑或近光滑，具微颗粒。

33. 胚根长为子叶长的 3/4 或以上。

34. 种子表面具花斑或斑点。

35. 种子长 1.5～2 mm，表面黄色或红褐色，具紫色花斑 …………………………………………… 草莓三叶草 *Trifolium fragiferum*

35. 种子长 1～1.5 mm，暗绿色或暗褐色，具黑色花斑 ……………………………………………… 杂三叶 *T. hybridum*

34. 种子表面不具条纹、花斑或斑点。

36. 种子长 1.5～3 mm ……………………………… 黄花苜蓿 *M. falcata*

36. 种子长 1～1.5 mm ……………………………………… 白三叶 *T. repens*

33. 胚根长为子叶长的 3/4 以内。

37. 胚根尖与子叶分开。

38. 种脐在种子长的 1/2 以上，种瘤在脐条的中间 ………………………………………… 冠状岩黄芪 *Hedysarum coronarium*

38. 种脐在种子长的 1/2 以下，种瘤在脐条远端。

39. 种子长 1.5～2.5 mm，表面多为上下两色，上部黄色或绿黄色，下部紫色，一色者罕见 …………………………………………………………………… 红三叶 *T. pratense*

39. 种子表面不为上下两色 ……………………………………………… 天蓝苜蓿 *M. lupulina*

37. 胚根尖不与子叶分开。

40. 表面具花斑或不具花斑，种子长 2 mm，常一侧扁，另一侧稍圆，晕环褐色 ……………………………………………………………………… 黄花草木樨 *M. officinalis*

40. 表面不具花斑，表面黄色或黄褐色，种子长 1.5～3 mm。

41. 种子一侧扁平，另一侧圆 ………………………………………… 白花草木樨 *M. albus*

41. 种子两侧扁或微凹。

42. 表面有很亮的光泽，光滑，种瘤浅褐色，晕轮隆起，褐色，胚根与子叶间界线不明 ………………………………………………………………… 绛三叶 *T. inaarnatum*

42. 表面有光泽，近光滑，具微颗粒，种瘤黑色，晕环褐色，胚根与子叶间有 1 条白线 ……………………………………………………………… 鸟足豆 *Ornithopus sativus*

1. 种脐不为圆形。

43. 具胚乳。

44. 种脐靠近种子长的中央，种子表面光滑。

45. 胚根与子叶分开，不具环状脐冠。种子长 2.5 mm 以上，倒卵形 …………………………………………………………………… 紫云英 *Astragalus sinicus*

45. 胚根尖不与子叶分开，种子长 3～4 mm，具环状脐冠 ……………………………………………………… 加拿大山蚂蝗 *Desmodium canadense*

44. 种脐在种子突尖上。种子表面粗糙，具瘤状小突起，两面中央各有一个环。种子矩状菱形，长 5～6 mm …………………………………………………………………… 决明 *Cassia tora*

43. 无胚乳。

46. 种脐线形。

47. 种瘤在脊背上。

48. 种脐限制在种子的边缘上，长占种子圆周长的 60%以上，种子近球形，稍扁 ……………………………………………………………………… 野豌豆 *Vicia sepium*

48. 种脐不限制在种子的边缘。

49. 种子表面黄褐色或黄绿色，且具黑色花斑，种脐长占种子圆周长的 30%～40% …………………………………………………………………… 山野豌豆 *V. amoena*

49. 种子表面红褐色，具黑色花斑，种脐长占种子圆周长的 25%～30% ……………………………………………………………………… 歪头菜 *V. unijuga*

47. 种瘤不在脊背上 ……………………………………………… 箭筈豌豆 *Vicia sativa*

46. 种脐不为线形。

50. 种瘤在脊背上，表面为黄白色，具灰褐色或黑色花斑 … 多年生羽扇豆 *Lupinus perennis*

50. 种瘤不在脊背上，种脐为椭圆形或卵形，种子表面光滑或粗糙。

51. 种子近球形，种子直径在 3 mm 以上。

52. 种脐卵形，种子长 3.5～5 mm ……………………………………… 毛苕子 *Vicia villosa*

52. 种脐椭圆形。

53. 种子较小，长 3～4 mm，具紫色花斑 ………………………… 草原山黧豆 *L. pratensis*

53. 种子较大，直径 4～6 mm ………………………………… 紫花豌豆 *Pisum arvensis*

51. 种子不为球形，为斧形，种脐在斧背上，为宽椭圆形 ……………… 栽培山黧豆 *L. sativus*

参考文献

[1] 毕辛华，戴心维. 种子学. 北京：农业出版社，1995.

[2] 查善曼·G P，友特·W E，等. 禾本科植物导论. 北京：科学出版社，1996.

[3] 崔乃然. 植物分类学. 北京：农业出版社，1980.

[4] 耿以礼. 中国主要植物图说——禾本科. 北京：科学出版社，1959.

[5] 韩建国. 实用牧草种子学. 北京：中国农业大学出版社，1997.

[6] 怀特·R O，莫伊尔·R G，库珀·J P. 禾本科牧草. 联合国粮农组织，农业研究文集. 北京：中国农业科技出版社，1988.

[7] 聂朝相，陈宝书. 牧草种子学. 甘肃农业大学自编教材，1988.

[8] 西力布，李青丰，石凤翎. 牧草种子学. 内蒙古农牧学院自编教材，1994.

[9] 张义君. 怎样识别种子. 牧草种子科学与技术资料汇编(一)，1980，58-61.

[10] 中国科学院植物研究所. 杂草种子图说. 北京：科学出版社，1980.

[11] Gunn C R. Seed characteristics. In Alfalfa Science and Technology American Society of Agronomy. Hanson C H ed. Madison，Wisconsin，1972.

[12] Hamly D H. Softening of the seeds of *Melilotus alba*. Bot Gaz，1932，93：345-375.

[13] Heath M E，Barnes R F，Metcalfe D S. Forages. Iowa State University Press，1985.

[14] ISTA. Handbook for seedling evaluation. The International Seed Testing Assciation，Zurich，1979.

[15] MAF. Seed in New Zealand Agriculture. MAF Seed Testing Station，Palmerston North，1990.

[16] Musil A F. Testing seeds for purity and origin. In Seeds：The Yearbook of Agriculture. Washington D C. 1961，417-432.

[17] Reeder J R. The embryo of streptochaeta and its bearing on the homology of the coleoptile. Amer J Bot，1953，40：77-80.

[18] Reeder J R. The embryo in grass systematics. Amer J Bot，1957，44：756-768.

Chapter 2

第 2 章

牧草种子的化学成分和组成

牧草种子中贮藏着丰富的营养物质，是种子萌发和种苗初期生长发育所必需的养料和能量的唯一来源。种子中所贮藏营养物质的种类、性质、数量和分布，不仅直接影响种子的生理特性和物理特性，而且与种子的加工、运输、贮藏和萌发均有极为密切的关系。因此，深入了解不同牧草种子的化学成分，是研究种子生理机能的基础，是选育高产优质品种，识别、鉴定牧草种(品种)，指导种子安全贮藏，为草业生产中人工草地建植和退化草地改良提供优质播种材料的依据。

牧草种子的化学成分比较复杂，其中主要是水分、糖类、脂类、蛋白质及其他含氮物质，此外还含有少量的矿物质、维生素、酶和色素等。种子的营养价值也可以根据所含的成分做出近似的判断。

2.1 牧草种子中的营养成分

2.1.1 牧草种子内化学成分的种类

如前所述，成熟的种子是由种皮、胚、胚乳或子叶等几部分组成。胚乳或子叶是幼胚的营养“库”，在库中积累了种子萌发所必需的丰富营养物质。这些营养物质，大致可分为碳水化合物、蛋白质(大部分是淀粉)、脂肪、生理活性物质(主要是各种酶类、维生素、生长素等)及水分。凡种子都含有这五大类物质，但不同类型的种子，其所含各类物质的比例却有很大差异。有的种子中含有丰富的碳水化合物，有的种子中主要是蛋白质和脂肪。

禾本科牧草种子如无芒雀麦、苏丹草、燕麦、狼尾草、狗尾草等，种子中主要是以淀粉形式存在的碳水化合物，一般含量在60%～62%。这些种子，也含有蛋白质和脂肪，但量很少。一般含蛋白质10%～14%，脂肪1.7%～5.4%。

豆科牧草种子如紫花苜蓿、红豆草、箭筈豌豆、白花草木樨、毛苕子、花棒等，其化学组成的特点是蛋白质比较丰富，一般均在20%～30%。但是，豆科牧草种子除蛋白质外有的含有较多的脂肪，如花棒、紫花苜蓿种子；有的含有较多的淀粉，如箭筈豌豆种子。

牧草种子中形成的物质在数量上是以无氮浸出物、蛋白质、脂肪和灰分占优势的。同一科牧草的不同种之间，成分含量也有一定的差异(表2-1)。如禾本科牧草种子中，苏丹草的蛋白质含量较低(10.64%)，无氮浸出物的含量较高(64.35%)，而狗尾草的蛋白质含量较高(14.40%)。豆科牧草种子和禾本科牧草种子相比，蛋白质多达2～3倍，脂肪多2～10倍，无氮浸出物则减少约1/3。

表2-1 牧草种子的化学成分(李敏，1985；聂朝相等，1985；陈宝书，1987；西力布等，1994) %

牧草种类	水分	粗蛋白	粗脂肪	粗纤维	灰分	无氮浸出物
紫花苜蓿	3.62	27.87	9.83	2.35	6.03	50.30
红豆草	4.54	20.75	4.48	11.90	5.04	63.20
箭筈豌豆	6.51	22.37	0.63	0.93	3.06	66.50
白花草木樨	4.41	31.56	5.37	10.64	8.79	37.23

续表 2-1

牧草种类	水分	粗蛋白	粗脂肪	粗纤维	灰分	无氮浸出物
毛苕子	5.48	28.75	4.87	7.25	3.69	49.96
花棒	4.10	20.75	10.88	18.37	5.47	40.65
柠条	4.16	28.59	9.31	9.85	4.99	43.10
无芒雀麦	5.68	10.69	1.76	13.70	7.77	60.40
苏丹草	7.83	10.64	4.48	6.07	6.63	64.35
燕麦	6.77	11.91	5.66	9.50	3.42	62.74
狼尾草	10.20	10.70	4.70	16.00	5.60	52.80
狗尾草	10.70	14.40	5.40	17.20	6.60	45.70

牧草品种不同，其种子中的化学成分差异显著（表 2-2）。以无氮浸出物而言，箭筈豌豆西牧 324 含量较高，达 60.65%，333/A 则为 46.89%，粗脂肪含量西牧 333 为 1.91%，333/A 仅为 1.23%。

表 2-2　箭筈豌豆几个品种种子化学成分的比较（占全干的百分比）　　%

品种名称	水分	粗脂肪	粗纤维	粗蛋白	粗灰分	无氮浸出物	钙	磷
西牧 333	10.83	1.91	4.70	31.47	3.49	48.60	0.26	0.50
西牧 324		1.35	4.96	30.35	2.67	60.65		
333/A	10.71	1.23	5.10	32.40	3.67	46.89	0.31	0.39

2.1.2　牧草种子各部位化学组成的特点

1. 豆科牧草种子

豆科牧草种子的化学组成在种子不同部位的差异甚大。胚占整个种子干物质重量的 3%～15%，栽培山黧豆种子的胚仅占整个种子干重的 1.5%，而紫花苜蓿高达 18%。豆科牧草种子子叶占种子重为 39%～87%。豆科牧草胚中蛋白质含量较高，为 50%左右，子叶中以无氮浸出物含量较高，为 40%～60%，其次是蛋白质，为 30%～40%（表 2-3）。豆科牧草种皮以纤维素和无氮浸出物含量最高。

表 2-3　豆科牧草种子各组成部分的化学成分（陈宝书，1987）　　%

种　名	吸附水	粗脂肪	粗纤维	粗灰分	粗蛋白质	无氮浸出物	钙	磷
红豆草								
种皮	9.043	0.431 2	43.45	2.543	8.075	45.50	0.712	0.025
子叶	6.378	8.450	3.074	4.018	42.40	42.06	0.201	0.042
胚	6.272	10.28	3.535	4.280	44.66	38.25	0.217	0.700
紫花苜蓿								
种皮	8.245	4.415	18.58	3.148	15.40	61.45	0.660	0.387
子叶	5.098	12.16	2.875	3.642	26.45	54.17	0.238	0.141
胚	5.517	12.00	3.554	3.754	51.27	30.10	0.318	0.754

续表 2-3

种　名	吸附水	粗脂肪	粗纤维	粗灰分	粗蛋白质	无氮浸出物	钙	磷
白花草木樨								
种皮	10.30	1.216	24.28	4.621	13.41	56.47	0.770	0.146
子叶	6.761	6.276	3.496	4.816	53.96	31.45	0.296	0.826
胚	7.869	4.742	4.126	4.372	52.60	34.15	0.234	0.740
栽培山黧豆								
种皮	8.016	0.297 0	50.42	2.652	3.998	42.63	0.718	0.044
子叶	7.678	0.920 0	1.138	2.826	30.75	64.37	0.173	0.457
胚	6.377	3.686	2.797	4.417	50.60	38.50	0.282	0.557
毛苕子								
种皮	8.278	0.542 0	38.56	3.314	9.328	48.26	0.961	0.079
子叶	6.802	0.836 8	1.291	2.739	34.92	60.21	0.164	0.475
胚	6.905	3.098	0.231 8	3.402	43.76	49.51	0.200	0.660
箭筈豌豆(白皮)								
种皮	7.086	0.293 2	44.78	3.824	7.470	43.64	0.920	0.032
子叶	8.108	1.000	1.249	2.698	30.94	64.12	0.082	0.412
胚	6.731	3.207	1.837	3.294	40.48	51.19	0.146	0.502

注:本表中的“胚”是指胚去除子叶所余的部分。

2. 禾本科牧草种子

禾本科牧草种子的胚占种子重的 4%～17%,而胚乳比率则高达 44.0%～80.5%(表 2-4),说明胚乳是种子养分的贮藏库。禾草种子种类不同,其所含可溶性碳水化合物的百分比各异(表 2-5)。此外,种子大小与幼苗活力间存在着正相关关系,胚乳大且碳水化合物高者形成的幼苗高大且生长迅速,这是因为为幼苗生长提供了较多的营养贮备所致。

表 2-4　禾本科牧草种子各组成部分的比率(1 000 粒)(陈宝书,1987)

种子名称	稃		胚		胚　乳		千粒重/g
	重量/g	百分比/%	重量/g	百分比/%	重量/g	百分比/%	
无芒雀麦	0.885 4	39.0	0.387 0	17.0	1.000 0	44.0	2.272 4
苇状羊茅	0.672 6	23.7	0.263 8	9.3	1.902 4	67.0	2.840 4
多年生黑麦草	0.651 1	25.0	0.195 2	7.6	1.733 0	67.4	2.579 3
鸭茅	0.340 4	26.6	0.110 7	8.7	0.827 9	64.7	1.278 9
紫羊茅	0.407 7	28.9	0.153 6	10.9	0.848 9	60.2	1.410 4
加拿大早熟禾	0.658	31.9	0.031 5	15.2	0.109 2	52.9	0.206 5
河岸冰草	0.945 8	33.2	0.195 7	6.9	1.702 7	59.9	2.844 2
大麦	4.000 0	12.2	2.389 7	7.3	26.279	80.5	32.668 6
扁穗雀麦	3.419 7	30.5	0.446 6	4.0	7.330 6	65.5	11.196 9

表 2-5　3 种禾本科牧草的种子特性

特　性	扁穗雀麦	多年生黑麦草	鸭茅
单粒种子重/mg	9.87	2.13	0.92
胚重/mg	0.24	0.06	0.04
胚乳重/mg	7.689	1.538	0.567
胚：胚乳	1：32.0	1：25.6	1：14.1
可溶性碳水化合物/%	22.2	35.5	19.6

2.1.3　牧草种子中的主要营养成分

2.1.3.1　糖类

种子中所有的糖类物质又称为碳水化合物，种子中碳水化合物大致分为：组成植物组织的，如纤维素、半纤维素、果胶等；以游离态存在于种子中，成为各种代谢作用的能源及物质合成基础材料的，如葡萄糖、果糖、蔗糖、淀粉、果浆糖等。前者称为结构性碳水化合物，后者称为非结构性碳水化合物，它是种子中重要的三大贮藏营养物质之一，也是最主要的呼吸基质。在种子萌发过程中，糖类便供给胚生长发育所必需的养料和能量。牧草种子中糖类的总量占干物质重量的百分比随种类而异，一般在25%～70%，其存在形式有多种多样，包括可溶性糖和不溶性的淀粉、纤维素、半纤维素、果胶质和木质素等多糖类。

1. 可溶性糖

种子中的可溶性糖的种类和含量在种子发育、成熟、成熟后的贮藏及种子的萌发过程中都有很大的变化。成熟的种子中几乎不含还原糖，而主要以蔗糖的状态存在。未成熟、发育中的种子或处在发芽过程中的种子，可溶性糖的含量很高，而且含有大量还原糖。在不良条件下，贮藏种子中可溶性糖的含量增加，是种子衰老的象征和贮藏条件不良的结果。

（1）单糖　单糖是组成糖类的基本单位，单糖主要有核糖、脱氧核糖、葡萄糖和果糖。核糖和脱氧核糖属五碳糖，是核酸的组成成分，在种子的发育和萌发过程中，常出现游离的核糖和脱氧核糖，在成熟种子中存在于核酸中。葡萄糖和果糖是植物的绿色部分通过光合作用而形成的可溶性六碳糖，之后转运到种子中。葡萄糖和果糖在种子的成熟过程中很快被转化为双糖或其他较复杂的形式，在种子的萌发过程中是淀粉水解的最终产物，可进入糖酵解—三羧酸循环或磷酸戊糖途径，为种苗的生命活动提供能量和合成代谢所需的低分子化合物。

（2）双糖　双糖主要包括蔗糖和麦芽糖。蔗糖是由一个α-D-葡萄糖和一个β-D-果糖，通过1,2-糖苷键聚合而成；麦芽糖是由两个α-D-葡萄糖聚合而成。麦芽糖、葡萄糖和果糖属还原性糖，在成熟的种子中含量极少。正常成熟种子中的可溶性糖主要以非还原性的蔗糖形式存在。蔗糖是种子发芽时重要的养料，在种子的胚部蔗糖浓度很高，可达10%～23%；其次是种子外围部分，如果皮、种皮、糊粉层及胚乳外层；胚乳中含量最低。大多数禾本科牧草种子中的可溶性糖的含量为2.0%～2.5%，其中绝大部分是蔗糖。

2. 不溶性糖

种子中不溶性糖主要是多糖类，是由多分子单糖失水缩合而成的，是主要的贮藏形式。主要包括淀粉、纤维素、半纤维素、果胶等,完全不溶于水或吸水而成黏性胶溶液。

(1)淀粉　淀粉是各种植物种子中分布最广的化学成分,也是禾本科牧草和饲料作物种子中最主要的贮藏物质。淀粉是以 α-葡萄糖为单位聚合成的多糖,主要以淀粉粒的形式贮藏于成熟种子的胚乳中(禾本科)或子叶中(豆科),种子的其他部位极少,或完全不存在。淀粉由两种物理性质和化学性质不同的多糖即直链淀粉和支链淀粉组成。

①直链淀粉　为直链的线形聚合体,由 α-D-葡萄糖经 α-1,4-糖苷键连接而成,螺旋形构型,由 200～980 个葡萄糖单体构成,分子质量为 1 万～10 万 u。可溶于热水(70～80℃),形成黏稠性较低的胶溶液。遇碘液产生蓝色反应。

②支链淀粉　为高度分枝的淀粉分子,分子质量为 100 万 u,由 600～6 000 个葡萄糖单体构成,主链和支链的葡萄糖间都为 α-1,4-糖苷键连接,支链与主链间为 α-1,6-糖苷键连接,构成树枝状。每一支链中有 20～25 个葡萄糖单位。支链淀粉不溶于热水,只有在加温加压时才能溶解于水,形成黏稠的胶溶液。遇碘液产生红棕色反应。

淀粉的特性主要取决于直链淀粉和支链淀粉的比例,通常淀粉含 20%～25%的直链淀粉和 75%～80%的支链淀粉。

③淀粉粒　淀粉是以淀粉粒的形式沉积于种子细胞中的,淀粉粒有圆形的、带棱角的或椭圆形的,大小变幅常很大,直径在 2～100 μm。棱角少而圆的淀粉含直链淀粉多。许多淀粉粒围绕一个中心或偏心形成脐点,多糖的“壳层”围绕着脐点沉积,这些壳层反映了淀粉合成与沉积中的昼夜周期性。淀粉粒的大小、形状、外壳和脐点的位置是由牧草的遗传因素决定的。Tateoka(1962)曾对禾本科植物 244 属中 766 种的种子胚乳淀粉粒类型进行了研究,将禾本科植物胚乳淀粉粒归并为 4 个类型(图 2-1):类型Ⅰ(小麦型),单粒,形状为阔椭圆形、椭圆状球形或肾形,雀麦属、冰草属、披碱草属牧草种子的淀粉粒属此种类型。类型Ⅱ(黍属),单粒,六角、五角形,少数圆或矩形,臂形草属、类雀稗属、红毛草属、稗属、球米草属、马唐属、地毯草属、雀稗属、狼尾草属、假俭草属、黄茅属、孔颖草属、双花草属等牧草种子的淀粉粒属此种类型。类型Ⅲ(芒型),单粒和复粒同时出现,复合淀粉粒由少数亚颗粒构成,菅属、金茅属、香茅属牧草种子的淀粉粒属此种类型。类型Ⅳ(狐茅-画眉草型),复合淀粉粒,由 5 个以上的亚颗粒构成,针茅属、燕麦草属、绒毛草属、剪股颖属、猫尾草属、虉草属、羊茅属、鸭茅属、黑麦草属、早熟禾属、三芒草属、虎尾草属、穇属、龙爪茅属、鼠尾栗属、结缕草属、锋芒草属、扁芒草属、猫鼠刺属等牧草种子胚乳中的淀粉粒属此种类型。

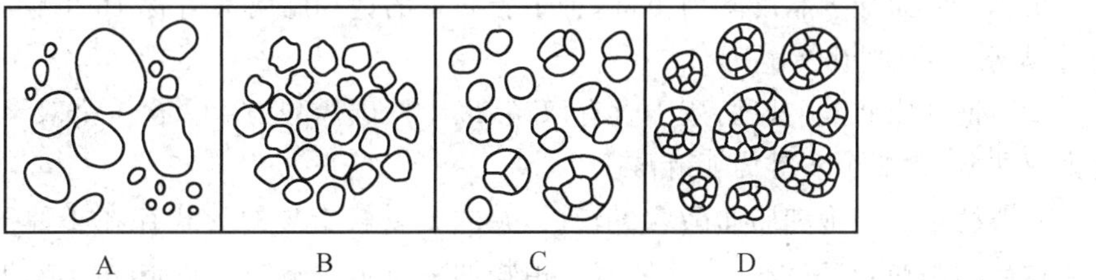

图 2-1　禾本科牧草胚乳淀粉粒类型(放大 400 倍)

A. 小麦型　B. 黍型　C. 芒型　D. 狐茅-画眉草型

(2)纤维素和半纤维素　纤维素 $(C_6H_{10}O_5)_n$ 是组成细胞壁的基本成分。它和木质素、矿质盐类及其他物质结合在一起,成为果皮和种皮最重要的组成部分。纤维素是 β-D-葡萄糖由 1,4-糖苷键连接而成的，分子质量为 100 万～200 万 u，由 1 000～10 000 个葡萄糖单体构成。葡萄糖单体交替倒置构成纤维素分子。纤维素在纤维素酶的作用下能水解为中间产物纤维二糖和最终产物葡萄糖。

半纤维素也是构成种子中细胞壁的主要成分，它和纤维素同样具有机械支持的功能，和纤维素不同的是可以在种子发芽时被半纤维素酶水解而被种子吸收利用。半纤维素是戊聚糖和己聚糖，它可以水解为葡萄糖、甘露糖、果糖、阿拉伯糖、木糖和半乳糖等。种子中所含的半纤维素主要是由戊聚糖所组成的，它是种皮和果皮的重要成分之一。

羽扇豆的子叶膨大的细胞壁内、马莲胚乳膨大的细胞壁内半纤维素成为其重要的贮藏物质。这类半纤维素中，许多实际上是甘露聚糖，在甘露糖基的主要直链聚合体上，有少量葡萄糖、半乳糖和阿拉伯糖作为侧链存在。用半乳糖取代以增加甘露糖链上的侧链，就产生了半乳甘露糖，半乳甘露糖是豆科牧草种子中的主要贮藏成分，美国皂荚半乳甘露糖占种子干重的 18.5%，紫花苜蓿占种子干重的 9%(McCleary 和 Matheson，1974)。半乳糖化程度随牧草而异，鸡距皂荚种子中半乳甘露糖中含 21%的半乳糖，白三叶种子中含 49%。

禾本科牧草未成熟的种子中含有较多的果聚糖，易溶于水，含量达干物质的 33%，随成熟度的增加，逐渐转化为淀粉。此外种子中还有少量果胶(为甲基戊糖，构成细胞壁的中胶层)和木质素。

2.1.3.2 脂类

脂类是所有类似于脂肪物质的统称。不溶于水，可溶解在醚、氯仿或其他有机溶剂中，大多数植物的种子都含有油脂，各种固醇类、磷脂及甘油酯都属于此类。脂类物质可分为两大类，即脂肪和磷脂(拟脂)，前者以贮藏物质的状态存在于种子细胞中，后者是构成种子原生质的必要成分。

1. 脂肪

种子中贮存的脂类多数是中性脂肪，或在常温下是液体油类。脂肪是疏水胶体，不溶于水，但溶于乙醚、石油醚、苯、四氯化碳等有机溶剂，可用这些溶剂来测定种子中的脂肪含量。

(1)脂肪的结构　脂肪是由高级脂肪酸和甘油结合形成的甘油三酯(或三酰甘油)。其成分中脂肪酸占 90%，甘油占 10%，脂肪的物理性质和类别取决于所含脂肪酸的种类。大多数脂肪酸含 14～20 个碳原子，为直链、偶数。脂肪酸的种类比较复杂，可分为饱和脂肪酸和不饱和脂肪酸。

①饱和脂肪酸　脂肪酸为单键，种子脂肪中的饱和脂肪酸有含 16 个碳原子的软脂酸和含 18 个碳原子的硬脂酸。

②不饱和脂肪酸　脂肪酸中含有双键，以十八碳烯酸为主。含 1 个双键为油酸，含 2 个双键为亚油酸，含 3 个双键为亚麻酸。

一般植物油中饱和脂肪酸含量较低，并主要以软脂酸的形式存在于种子中。不饱和脂肪酸含量高的脂肪，在室温下为液体状。植物油主要是由不饱和脂肪酸构成的脂肪。

(2)种子中脂肪的酸败　种子在贮藏期间，内部的脂肪受湿、热、光和空气的氧化作用，产生醛、酮、酸等物质，散发出不良的气味，使种子生活力丧失，种用品质显著降低，为种子中脂肪的酸败现象。脂肪的酸败包括水解和氧化两个过程，但水解和氧化又是两个独立的过程，当种子水分高时，才有可能发生水解酸败。水解是在脂酶的作用下，使脂肪分解为脂肪酸和甘油，酸值随之升高。氧化有非酶促作用(氧存在时)和脂肪氧化酶催化的氧化，种子中不饱和脂肪酸的氧化要比饱和脂肪酸的氧化容易。不饱和脂肪酸的氧化可分为两个阶段，第一阶段是不饱和脂肪酸氧化为氢过氧化物；第二阶段是由氢过氧化物分解为羰基化合物、醇类、羧酸及其他物质。氧化一经发生，就会连续加速进行，导致脂肪的变质和种子的劣变。

脂肪氧化的结果，促使种子中细胞膜结构改变，因为细胞膜的重要组分是脂类物质。经氧化的细胞膜在发芽过程中失去其正常的功能，发生严重的渗漏现象，从而影响种子的萌发。另外，脂肪氧化的产物醛类物质尤其是丙二醛，对种子有严重的毒害作用，它可以与 DNA 结合，形成 DNA-醛，使染色体发生突变，而且还能抑制蛋白质合成，使发芽过程不能正常进行。

种子本身的情况和贮藏条件，都会影响种子的酸败过程。如果种子的油脂含量高或不饱和脂肪酸含量高，种子含水量也高，而且种皮的保护性能差，尤其是种皮破裂的种子，容易在贮藏中发生酸败。禾本科牧草种子中油脂含量虽然不高(1.5%～2.0%)，但集中在胚部和糊粉层内，且脂肪中含有大量的不饱和脂肪酸，果皮和种皮中存在脂肪酸酶，一旦果皮和种皮破裂，糊粉层内的脂肪与脂肪酶接触，就会促进脂肪的酸败变质。脂肪酸败使种子品质变劣，是由于脂肪分解后，脂溶性维生素无法存在，导致细胞膜结构的破坏，而且脂肪的分解产物都对种子有毒害作用，使种子丧失种用、饲用价值。种子贮藏时要尽量减少破损种子入库。

2. 磷脂

种子中除含有脂肪外，还含有物理性质与脂肪相同、化学结构与脂肪相似的磷脂。磷脂的构造与脂肪不同之处，仅在于磷酸代替脂肪酸，而与甘油的一个羟基结合，并且磷酸又与含氮碱基结合。含氮碱基有胆碱和胆胺，由甘油、磷酸根和胆碱等所组成的磷脂称卵磷脂；由甘油、磷酸根和胆胺所组成的磷脂称脑磷脂。卵磷脂和脑磷脂是种子中的两种普通磷脂。磷脂分子与蛋白质共同组成细胞膜，脂溶性物质可通过双层分子的磷脂层扩散出入细胞内外，极性分子或离子可通过镶嵌的蛋白质出入细胞。卵磷脂容易和各种物质化合成复合物，对呼吸时发生的氧化作用及合成作用都有重要的意义。

植物中的磷脂在根、叶、种子中均有分布，但以种子中含量较多，一般达 1.6%～1.7%，种子内部胚芽的含量较胚乳为多。

2.1.3.3 蛋白质

蛋白质是构成细胞质、细胞核、质体等的基础物质。催化、调节机体代谢活动的酶和某些激素等都是蛋白质或蛋白质的衍生物。蛋白质在种子的生命活动和遗传机理中起着重要的作用。种子中蛋白质的含量差异很大，豆科牧草种子的蛋白质一般为干重的 20%～40%，禾本科牧草种子的蛋白质含量一般不超过 15%，但部分野生禾本科牧草种子蛋白质的含量可达 20%以上。

1. 种子中蛋白质的种类

蛋白质可分为简单蛋白质和复合蛋白质两大类。简单蛋白质是由许多不同的氨基酸组成的，而复合蛋白质是由简单蛋白质与其他物质结合而成的。种子中复合蛋白质的种类不多，和核酸结合者属于核蛋白类，和脂类物质结合者属于脂蛋白类。种子中的大部分蛋白质是简单蛋白质，只有极少数才是复合蛋白质(主要存在于胚中)。

简单蛋白质按其在各种溶剂中溶解度的差异(Osborne，1924)，可分为清蛋白、球蛋白、醇溶蛋白和谷蛋白 4 种。

(1)清蛋白(Albumin)　在中性或弱酸性情况下能溶解于水，经加热或在某种盐类的饱和溶液中发生沉淀。在禾本科种子的胚乳中含量很少，在胚体中占干物质的 10%以上，主要为酶蛋白。

(2)球蛋白(Globulin)　不溶于水,但溶于盐类溶液,加热后不像清蛋白那样容易凝固。是豆科植物种子所含的主要蛋白质,禾本科植物种子中含量很少,但燕麦蛋白质中80%是球蛋白。

(3)醇溶蛋白(Prolamin)　不溶于水和盐类溶液,但能溶于70%~90%的酒精。是禾本科植物种子中的特有蛋白质,所有禾本科植物种子中都含有这类蛋白质,如大麦种子中的大麦胶蛋白,黑麦种子中的黑麦胶蛋白,燕麦种子中的燕麦胶蛋白等。

(4)谷蛋白(Glutelin)　不溶于水、盐和酒精溶剂,溶于0.2%的碱溶液或酸溶液。谷蛋白在禾本科植物种子中含量较高。

2. 种子贮藏蛋白的氨基酸组成

种子中贮藏蛋白质水解后的最终产物是氨基酸。在种子从胚开始萌发生长并逐渐发育成一株植物的过程中,能够形成所有的氨基酸。在牧草开花结实和种子逐渐发育的过程中,也是各种氨基酸变化、合成和贮存的过程。

氨基酸作为蛋白质的结构单位,是以氨基($—NH_2$)和羧基(—COOH)与R—CH结合而成,R基团在各种氨基酸上是不同的。一般蛋白质是由20种左右的氨基酸组成的,蛋白质是各种氨基酸通过肽键缩合在一起的。

禾本科牧草及饲料作物种子中谷氨酸含量最高,含量较高的氨基酸还有亮氨酸、脯氨酸、苯丙氨酸、丙氨酸和天门冬氨酸,色氨酸含量很低(表2-6)。豆科牧草及饲料作物种子中谷氨酸的含量最高,其次有天门冬氨酸、亮氨酸、精氨酸、丝氨酸和赖氨酸,色氨酸、蛋氨酸含量最少(表2-7)。

表2-6　禾本科牧草种子中的氨基酸含量(占总氨基酸的百分比)(Yeoh和Watson,1981)　%

种名	天门冬氨酸 Asp	苏氨酸 Thr	丝氨基 Ser	谷氨酸 Glu	脯氨酸 Pro	甘氨酸 Gly	丙氨酸 Ala	胱氨酸 Cys	缬氨酸 Val	蛋氨酸 Met	异亮氨酸 Ile	亮氨酸 Leu	酪氨酸 Tyr	苯丙氨酸 Phe	组氨酸 His	赖氨酸 Lys	色氨酸 Trp	精氨酸 Arg	总氨基酸(蛋白质含量)(鲜重)
细弱翦股颖	4.6	3.6	5.2	30.0	7.3	3.9	4.5	2.4	3.4	2.1	2.5	7.7	3.7	7.7	2.1	2.8	0.3	4.3	17.8
绒毛草	8.3	3.3	5.6	26.1	7.1	3.9	5.6	2.0	3.7	1.3	2.9	7.7	3.8	8.6	2.2	3.6	0.0	4.4	11.0
虉草	7.4	3.4	5.7	29.7	6.4	4.1	5.1	2.6	3.8	2.1	3.0	7.9	3.7	5.9	3.4	2.1	0.9	3.0	12.2
鸭茅	10.1	3.3	6.3	24.2	6.0	4.9	4.9	1.8	4.0	1.5	2.7	7.3	4.1	7.4	2.5	3.7	0.0	5.2	11.4
高羊茅	7.8	3.7	5.0	25.6	9.3	5.0	4.7	2.2	3.1	1.7	2.7	7.2	4.3	7.1	2.4	4.9	0.0	3.5	11.4
紫羊茅	5.5	3.1	4.4	27.8	1.2	5.3	4.2	2.7	3.6	1.6	2.9	6.8	3.3	8.1	2.2	3.8	0.2	3.2	10.7
草地早熟禾	5.5	3.5	4.9	30.6	7.1	3.8	4.0	2.2	3.6	2.0	2.9	7.7	4.1	8.5	2.2	3.1	0.0	4.2	12.4
无芒虎尾草	6.9	3.9	5.1	30.5	5.8	3.0	5.9	1.7	4.8	3.6	3.7	8.3	3.7	6.0	2.0	3.1	0.2	2.0	13.9
多年生黑麦草	6.6	3.7	4.5	24.0	9.8	5.4	4.6	2.4	4.0	1.6	3.2	7.6	4.3	7.0	2.2	4.6	0.2	4.2	6.0
大画眉草	6.0	3.4	5.5	31.4	6.2	2.6	6.1	1.2	4.0	3.9	3.4	8.6	5.6	6.5	1.9	1.8	0.0	1.7	11.1

续表 2-6

种名	天门冬氨酸 Asp	苏氨酸 Thr	丝氨基 Ser	谷氨酸 Glu	脯氨酸 Pro	甘氨酸 Gly	丙氨酸 Ala	胱氨酸 Cys	缬氨酸 Val	蛋氨酸 Met	异亮氨酸 Ile	亮氨酸 Leu	酪氨酸 Tyr	苯丙氨酸 Phe	组氨酸 His	赖氨酸 Lys	色氨酸 Trp	精氨酸 Arg	总氨基酸(蛋白质含量)(鲜重)
地毯草	6.9	3.2	5.4	22.2	7.6	2.3	8.2	5.8	4.2	2.6	2.9	11.6	4.6	6.3	1.8	1.9	0.0	2.2	15.2
稗	6.7	3.6	5.5	22.8	7.2	3.2	9.4	1.7	4.4	2.7	3.7	10.6	4.5	6.4	2.1	2.7	0.1	2.7	7.2
毛花雀稗	6.8	3.1	5.6	22.7	7.3	2.2	10.0	1.0	4.8	2.0	3.0	9.3	7.1	8.1	1.8	2.1	0.2	2.8	12.0
狼尾草	9.5	3.4	5.1	23.9	7.1	2.7	8.9	1.3	4.2	1.9	2.7	13.1	3.3	5.2	1.9	2.7	0.1	3.0	22.0
黄茅	8.8	2.8	5.3	18.4	5.9	2.9	14.7	1.1	4.0	3.3	3.4	5.8	2.6	5.3	2.2	1.4	0.6	1.6	23.0
玉米	5.9	3.2	5.6	22.9	9.5	2.6	8.1	1.5	3.5	2.3	3.7	16.0	5.0	5.5	2.1	1.9	0.0	1.8	12.4

表 2-7 豆科牧草种子中各部分的氨基酸含量(占干物质的百分比)(陈宝书,1987) %

氨基酸		天门冬氨酸	苏氨酸	丝氨酸	谷氨酸	甘氨酸	丙氨酸	胱氨酸	缬氨酸	蛋氨酸	异亮氨酸	亮氨酸	酪氨酸	赖氨酸	色氨酸	苯丙氨酸	组氨酸	精氨酸	脯氨酸
红豆草	胚	4.60	1.85	2.13	7.95	2.19	1.62	0.89	2.10	0.55	1.65	2.92	1.37	1.91	0.92	1.73	1.88	4.60	1.85
	子叶	4.44	1.57	2.08	8.53	1.90	1.62	0.83	1.84	0.56	0.78	2.83	1.15	2.42	0.93	1.68	1.70	4.95	1.86
	种皮	0.66	0.32	0.55	0.78	1.09	0.34	0.20	0.41	0.10	0.31	0.49	0.27	0.46	0.36	0.35	0.22	0.38	0.30
紫花苜蓿	胚	5.19	2.03	1.21	4.35	2.38	2.12	0.86	2.30	0.56	1.91	1.83	1.65	2.88	1.06	2.28	1.44	5.03	2.19
	子叶	5.51	1.96	2.46	9.37	2.21	2.17	1.03	2.33	0.43	1.94	3.87	1.59	2.57	1.11	2.33	1.51	5.52	2.30
	种皮	1.70	0.60	1.01	1.94	1.91	0.64	0.36	0.76	0.21	0.62	0.97	0.62	0.86	0.50	0.92	0.39	0.93	0.59
栽培山黧豆	胚	5.45	2.17	2.41	8.06	2.14	2.52	1.10	2.42	0.34	1.99	3.32	1.46	3.56	1.01	2.13	1.26	3.86	1.94
	子叶	3.79	1.27	1.58	5.90	1.33	1.42	0.69	1.57	0.27	1.36	2.21	1.03	2.17	0.76	1.52	0.84	2.76	1.32
	种皮	0.59	0.25	0.29	0.58	0.27	0.26	0.13	0.34	0.13	0.25	0.36	0.21	0.36	0.37	0.32	0.16	0.25	0.24
箭筈豌豆	胚	4.29	1.20	1.53	6.65	1.37	1.39	0.47	1.56	0.22	1.34	0.22	1.00	2.09	0.91	1.41	2.73	1.34	—
	子叶	5.10	1.66	1.96	7.88	1.84	1.85	0.58	2.00	0.39	1.68	2.95	1.28	2.86	1.17	1.77	1.05	3.31	1.66
	种皮	0.70	0.25	0.30	0.84	0.32	0.29	0.11	0.37	0.08	0.26	0.40	0.19	0.32	0.48	0.29	0.12	0.29	0.23
白花草木樨	胚	5.70	2.11	2.63	9.95	2.40	2.33	1.27	2.44	0.65	2.06	3.98	1.73	3.54	1.10	2.55	1.60	5.38	2.30
	子叶	5.77	1.82	2.66	10.35	2.09	2.01	1.50	2.22	0.61	2.01	4.08	1.56	3.29	1.05	2.42	1.63	5.82	2.35
	种皮	1.45	0.45	0.76	1.59	1.01	0.48	0.42	0.60	0.17	0.60	0.75	0.47	0.80	0.49	0.68	0.55	0.87	0.45
毛苕子	胚	4.05	1.58	1.84	7.21	1.62	1.64	0.84	1.88	0.28	1.59	2.81	1.22	2.73	1.01	1.74	0.97	2.93	1.44
	子叶	3.37	1.18	1.48	6.33	1.19	1.21	0.60	1.44	0.21	1.27	2.27	0.98	2.02	0.73	1.39	0.79	2.48	1.18
	种皮	0.73	0.35	0.41	0.83	0.50	0.36	0.14	0.48	0.09	0.35	0.57	0.33	0.49	0.35	0.39	0.21	0.36	0.33

注:本表中的“胚”指胚去除子叶所余的部分。

3. 种子中的核蛋白

核蛋白是种子活细胞中最重要的成分，不仅存在于细胞核中，也存在于细胞质中。核蛋白是种子的生命和遗传物质的基础，核蛋白的变性意味着种子的衰老，甚至死亡。

核蛋白是蛋白质与核酸组成的一种复合蛋白，主要存在于种子的胚部。核蛋白具有一定的分子结构和特有的理化性质，如果它受到高温、紫外线、射线、酸、碱等外界环境和生理代谢过程所产生的有毒物质的影响，其分子结构就会发生变化，理化性质也会随着改变。这种蛋白变性其速度和程度受温度、水分等因素的影响。因此，在种子清选、干燥、贮藏过程中应防止高温、高湿对核蛋白的不良影响。

4. 非蛋白含氮物质

种子中所含的非蛋白含氮物质主要是氨基酸类和酰胺类。这两类物质集中在种子的胚部和糊粉层中。它们的含量取决于种子的生理状态。在未成熟或受过冻害的种子以及发芽的种子中含量特别高，而在正常成熟种子中含量很少。

2.1.3.4 矿物质

种子中含有 30 多种矿物质元素。矿物质元素对生物体内的新陈代谢起着很大的作用，在种子中的含量要比在绿色植物体内低得多。种子中的这些无机物质多数是与有机物质结合存在的，随着种子的发芽转化为无机状态。通常用“灰分率”来表示种子内的矿物质含量。它是指种子样品在高温下灼烧而残留的灰分占样品总重量的百分率。灼烧后残留下的灰分实际上是各种矿物元素的氧化物。

1. 不同种类牧草种子的矿物质元素

牧草种子中矿物质含量的变化受许多因素的影响，其中之一就是牧草种类。陈宝书等(1991)通过测定 11 种豆科牧草种子中矿物质元素含量，结果表明(表 2 - 8)K 是矿物质元素含量最高的一种，其次是 P。而在一年生豆科牧草种子中的 Na、S、Ca、Mg 含量变化同二年生和多年生豆科牧草种子中相应的矿物质元素含量变化不同，并且豆科牧草种子中 Al、Fe、Cu、Zn 含量明显低于其他矿物质元素含量。在禾本科牧草种子中矿物质元素仍以 K 和 P 含量最高，但均低于豆科牧草种子中 K 和 P 元素的含量。猫尾草、加拿大早熟禾、鸭茅和沙生冰草种子中 P 较 K 多，中间偃麦草、长穗偃麦草、扁穗冰草、老芒麦、无芒雀麦和多年生黑麦草则 K 多于 P。在牧草不同种间，有些元素含量差异变化较大，如 Ca 的含量，黄花草木樨高达24.291 mg/kg，而红三叶仅为 2.382 8 mg/kg，相差约 11 倍。

表 2 - 8 牧草种子矿物质元素含量(陈宝书等，1991) mg/kg

品种	P	K	Ca	Mg	Na	S	Al	Fe	Cu	Zn
春箭筈豌豆(881)	10.151	16.971	3.473 5	3.576 9	7.052 9	6.888 0	0.231 15	0.116 85	0.129 05	0.109 30
春箭筈豌豆(324)	10.611	16.897	4.056 5	3.079 6	7.014 6	6.489 7	0.177 96	0.139 95	0.116 47	0.141 98
栽培山黧豆	8.996 0	19.273	3.445 3	3.017 5	7.180 4	5.760 5	0.182 79	0.191 94	0.115 42	0.103 67
圆形苜蓿	17.980	22.642	7.215 8	7.095 3	7.824 5	6.871 2	0.211 81	0.232 37	0.168 89	0.166 77
蜗牛苜蓿	19.449	21.594	5.288 2	6.274 7	7.397 3	7.589 2	0.231 15	0.082 19	0.126 95	0.212 97
黄花草木樨	17.217	25.823	24.291	8.512 6	7.225 1	11.140	1.425 7	1.347 2	1.102 84	1.181 42
红三叶	19.325	24.027	2.382 8	8.475 3	6.982 8	7.364 9	0.163 24	0.070 64	0.109 13	0.256 92

续表 2-8

品种	P	K	Ca	Mg	Na	S	Al	Fe	Cu	Zn
紫花苜蓿	17.239	20.396	5.852 4	5.193 1	6.982 8	8.217 5	0.526 16	0.463 42	0.114 37	0.178 04
小冠花	12.820	18.038	17.493	5.988 8	7.008 3	7.864 1	0.439 11	0.087 97	0.113 32	0.191 56
白三叶	17.935	21.463	10.693	5.379 6	7.748 0	6.299 0	0.202 14	0.498 08	0.122 76	0.163 39
百脉根	22.185	24.064	8.409 9	6.971 0	7.186 8	9.524 6	0.211 81	0.082 19	0.111 22	0.170 15
苏丹草	8.614 7	8.381 6	2.486 3	4.472 0	6.912 6	2.860 3	0.434 27	0.469 20	0.103 88	0.086 76
旱雀麦	10.633	13.227	5.965 2	5.392 0	6.957 3	4.330 0	0.429 43	0.544 29	0.109 13	0.092 46
猫尾草	11.576	10.852	5.269 4	3.925 0	7.040 2	5.777 3	0.482 63	0.128 40	0.115 42	0.166 77
中间偃麦草	9.220 3	13.041	7.789 3	3.875 3	7.346 3	6.444 9	0.738 94	0.480 75	0.110 17	0.260 30
长穗偃麦草	10.746	11.881	5.363 4	3.104 5	7.416 4	5.104 2	0.448 78	0.128 40	0.111 22	0.182 55
加拿大早熟禾	12.529	10.983	4.902 7	3.005 0	7.021 0	6.888 0	0.182 79	0.111 07	0.113 32	0.140 85
扁穗冰草	7.773 6	12.648	10.178	2.918 0	7.161 3	5.390 3	0.811 49	0.590 50	0.100 74	0.119 44
老芒麦	12.170	13.098	6.501 2	3.713 7	6.995 5	4.975 1	0.395 58	0.186 16	0.097 59	0.099 16
无芒雀麦	7.212 8	16.878	6.529 4	3.601 8	6.950 9	5.452 0	0.772 80	1.249 0	0.116 47	0.096 91
多年生黑麦草	10.690	10.871	7.817 5	4.422 3	6.912 6	6.831 9	0.758 29	2.346 5	0.109 13	0.139 73
鸭茅	13.617	12.068	6.698 6	5.168 3	7.027 4	6.854 4	0.540 66	0.463 42	0.122 76	0.175 79
沙生冰草	7.762 3	5.948 8	13.675	0.614 2	7.339 9	5.917 6	1.962 5	1.693 8	0.108 08	0.190 43

另外，牧草不同品种间矿物质含量也有一定差异，麦斯罗红豆草和柯蒙红豆草种子中 S、Cu、Fe、Mn、Na、K 元素含量相差较大，而 2174 红豆草同柯蒙红豆草、春箭筈豌豆 881 同春箭筈豌豆 324 种子中各元素含量差异较小（表 2-8，表 2-9）。

表 2-9　红豆草不同品种种子中的矿物元素含量（陈宝书等，1991）　　mg/kg

品种	S	Cu	Fe	Mn	Mo	Zn	Na	K
埃斯基	3.418 9	0.109 02	5.857 3	2.120 5	0.867 65	0.431 63	12.455	108.51
麦罗斯	1.512 6	0.056 14	2.824 7	0.999 35	0.074 32	0.338 48	5.832 4	104.03
2 174	5.105 6	0.138 64	7.146 9	3.500 2	0.078 76	0.441 91	19.708	110.08
柯蒙	6.005 2	0.121 72	7.840 4	3.689 6	0.079 50	0.429 26	19.537	114.94
雷蒙特	3.346 3	0.076 95	5.102 8	2.297 7	0.083 94	0.332 08	12.630	96.208

2. 牧草种子中几种主要矿物质的生理作用

（1）磷　磷是种子中最重要的矿物质元素，植物体内种子中含磷量最多。许多种子中大部分磷是以植酸盐的形式存在，占种子中磷的 50%左右。植酸-肌醇六磷酸酯贮藏在成熟的种子中，常与钾、钙、镁结合形成植酸盐。在种子的发芽过程中，贮藏态的植酸盐在植酸酶的作用下开始水解，把磷释放出来供萌发和种苗生长之用。种子中还存在游离态的磷，可直接参与物质的代谢。种子中的其余磷则包含在核苷酸、糖-磷酸酯、核蛋白及其他化合物中。

(2)钾　钾以离子状态存在于原生质中，种子中胚的胚芽和胚根尖端含钾量最高。钾参与酶的活化、蛋白质的合成等过程。豆科种子中钾的含量高于禾本科种子。

(3)硫　种子中的硫是胱氨酸和蛋氨酸的组成成分，并构成蛋白质。硫又是载氢体谷胱甘肽的组成者，参与氧化还原过程。

(4)铁　种子中都含有铁，除简单的铁盐外，还含有复杂的络铁。铁是氧化酶类如细胞色素氧化酶、过氧化氢酶、过氧化物酶的成分，参与呼吸代谢。

(5)镁　种子中的镁对种子发芽后磷酸和蛋白质的代谢起着重要的作用，可活化各种酶类，如磷酸葡萄糖转移酶、三磷酸腺苷酶、脱氧核糖核酸酶，促进呼吸作用，促进种苗对磷的吸收。

(6)钙　钙构成种子细胞壁及胞间层的果胶钙。作为植酸盐的组成成分与磷一起贮藏于种子中。

(7)锰　锰是糖酵解和三羧酸循环中某些酶的活化剂，能提高呼吸速率，促进种子萌发和淀粉水解。

2.2 牧草种子的酶、激素及色素

牧草种子中除含有贮藏的营养物质外，还含有激素、维生素、酶、色素等物质，这些物质含量虽少，但在种子的成熟和萌发过程中起着非常重要的作用。

2.2.1　种子中的酶

每个种子的活细胞中都含有各种酶类，酶作为种子生命活动中生理生化反应的生物催化剂，能够引起种子内部的氧化、还原、脱氨基以及水解和合成等生化作用。

2.2.1.1　种子中酶的特性

酶由活性基和载体组成，载体是酶的蛋白部分，叫酶蛋白，活性基称为辅酶。辅酶作为辅助因子，参与化学反应而不消耗掉。辅酶通常是非蛋白的有机化合物或金属离子，附着在酶蛋白上。许多辅酶是B族维生素的衍生物。Cu^{2+}、Fe^{2+}、Co^{2+}、Zn^{2+}、Ca^{2+}等金属离子可能是通过配价键连接成酶蛋白复合物。

酶在种子中的分布很不平衡，它们主要分布在胚内和种子的外围部分。成熟度较差的种子中酶的含量较完全成熟的种子为高。各种酶的催化作用有很强的专一性，即一种酶只能作用一定的底物而生成一定的产物。如淀粉酶只能作用于淀粉，使其水解成糊精和麦芽糖，蛋白酶只能作用于蛋白质使其水解成氨基酸。根据它们所催化的反应可分为许多类，如水解酶、磷酸酶、羧化酶、氧化还原酶等(表2-10)。水解酶在种子中分布很普遍，其中包括淀粉酶、蛋白酶和酯酶。这些酶在正常成熟的干种子中含量极低或处于钝化状态，但种子在适宜的条件下发芽时，其含量及活性迅速增高。

酶对温度极为敏感，酶在高温条件下容易引起变性，干燥状态的酶对温度不太敏感，因此干种子可忍受短时间的高温。在一定范围内，随着温度的提高，酶的催化作用增强。植物体内，酶作用的最适温度为35～40℃；温度超过40～50℃，酶(蛋白质)的结构会因高温而遭到

表 2-10　种子的主要酶类及其作用

	酶类名称			酶的作用和产物
水解酶	碳水化合物	淀粉酶	α-淀粉酶	将淀粉水解,生成糊精
			β-淀粉酶	将淀粉水解,生成麦芽糖
			Q 酶	能形成支链淀粉
			麦芽糖酶	水解麦芽糖,生成葡萄糖(可逆反应)
			蔗糖酶	水解蔗糖,生成葡萄糖、果糖(可逆反应)
	脂酶		脂肪酶	水解脂肪,生成甘油和脂肪酸(可逆反应)
			磷脂酶	水解磷脂,生成甘油、脂肪酸、磷酸
	蛋白质水解酶		蛋白酶	水解蛋白质,生成多肽(可逆反应)
			多肽酶	水解多肽,生成氨基酸(可逆反应)
磷酸酶	磷酸化酶		淀粉磷酸化酶	淀粉$+nH_3PO_4 \rightleftharpoons n$ 葡萄糖-1-磷酸
	磷酸转移酶			把磷酸根从一种化合物转移到另一种化合物上去(可逆反应)
	磷酸变位酶			磷酸根在同一分子中变换位置(可逆反应)
	磷酸异构酶			磷酸化合物磷酸根不动,其他部分形成异构体(可逆反应)
羧化酶				脱去或固定 CO_2 $CH_3COCOOH \xrightarrow{\text{脱去 } CO_2} CH_3CHO + CO_2$ $CH_3COCOOH + CO_2 \xrightarrow{\text{固定 } CO_2} HOOCCH_2COCOOH$
氧化还原酶	氨基转换酶			把氨基酸上的氨基移到酮基上
	需氧脱氢酶			脱氧过程需氧参加
	厌氧脱氢酶			脱氧过程不需氧参加
	呼吸黄酶			使有机酸脱氢氧化,起传递氢的作用,将氢传递给细胞色素氧化酶,然后吸收空气中的氧生成水

破坏,催化活性显著降低或消失;当温度接近 70～80℃时致使整个生命活动停止。在一定温度下,酶促反应的方向主要决定于底物和产物的浓度。

根据酶起作用的部位不同,可分为细胞内酶和细胞外酶。某些酶只能在产生它们的细胞内才能起作用,为细胞内酶。凡能在产生它们的细胞以外起作用的酶类,为细胞外酶。禾本科牧草种子盾片和糊粉层细胞,可分泌能分解胚乳淀粉的淀粉酶,为细胞外酶。

2.2.1.2　种子中的水解酶类

水解酶有两种不同的状态,一种是溶解的游离态,另一种是吸附在细胞结构上的结合态。游离态酶起水解作用,而结合态酶起合成作用。游离态酶和结合态酶在种子中存在着一定的转化和平衡关系,因而在合成作用最强的灌浆时期,游离态酶也是存在的。相反,在种子萌发营养物质进行旺盛的水解过程中,也会出现少量的结合态酶。

种子成熟的不同时期,不同状态的酶起着主导作用。种子成熟初期,水解作用的比例相对大一些,随着成熟的加强,合成作用逐渐占优势。相反,种子萌发的过程中水解作用渐渐增强。

在种子贮藏上常采用低温、干燥的方法，抑制种子中结合态酶向游离态酶的方向转化，可防止种子变质和活力下降。尚未成熟或受冻的种子中含有较多的游离态酶，呼吸作用较强，因而贮藏时必须清除这些种子。

1. 淀粉酶

淀粉酶催化淀粉的水解使其变成麦芽糖，作用过程可分为 3 个阶段，即液化、糊精化和糖化。第一阶段主要使淀粉或淀粉糊精变成较小的分子，均匀分布于水中。第二阶段使淀粉或大糊精分子水解成愈来愈小的糊精分子。在糊精化的最初阶段，糊精分子遇碘呈蓝色，当糊精分子变小时，遇碘呈紫色，然后呈现褐色，至最后对碘不呈现颜色反应。第三阶段是淀粉的糖化，这一过程中，糊精分子发生水解作用，分解为麦芽糖，然后在麦芽糖酶的作用下使麦芽糖进一步水解为葡萄糖。

淀粉酶有 α-淀粉酶和 β-淀粉酶两种，在成熟的禾本科牧草种子中，只含 β-淀粉酶，并且存在于胚乳中。成熟干燥的种子中不存在 α-淀粉酶，只存在于发芽的种子和未成熟的种子中，一般种子萌发后由糊粉层产生通过盾片运往胚乳。

α-淀粉酶和 β-淀粉酶对淀粉的水解作用存在着一定的差异。β-淀粉酶能使直链淀粉完全分解成麦芽糖，但在作用于支链淀粉时，只能分解葡萄糖链的游离链端，而不能分解支链淀粉的支链，这种情况下，它分解的产物除麦芽糖外，还有红糊精和 α-紫糊精。α-淀粉酶能分解直链淀粉和支链淀粉，但作用过程产生大量的糊精，且生成糖的作用较慢。只有当两种酶共同作用时，分解作用才能在较短的时间内完成，使 95%的淀粉转化为麦芽糖。

除上述差别外，α-淀粉酶和 β-淀粉酶对环境条件的要求和反应也是不同的。α-淀粉酶作用时要求的最适温度比 β-淀粉酶为高，在耐高温的能力上也比 β-淀粉酶强。在 pH 值 3～4 的条件下，β-淀粉酶可保持较高的活性，而 α-淀粉酶则失去活性。

淀粉酶在分解淀粉粒的时候，淀粉粒逐渐被侵蚀而改变形状，最后完全溶解消失。淀粉酶分解淀粉的速度不仅取决于酶的数量及活性，而且还取决于作用物质的可分解性，淀粉粒体积愈小，可分解性愈大。β-淀粉酶缺乏将整粒淀粉粒水解的能力，或水解作用进行的极其缓慢，α-淀粉酶却能水解整粒淀粉粒。

种子中淀粉酶的活性以盾片部分为最强，胚的其余部分糊粉层和胚乳部分的淀粉酶活性都很小，靠近糊粉层的胚乳外层含有大量的活性淀粉酶。

2. 蛋白酶

蛋白质分解酶类能将蛋白质分解为肽及氨基酸等简单的含氮物质。蛋白质分解酶可分为蛋白酶（肽链内切酶）和肽酶（肽链端解酶）。蛋白酶能将复杂的蛋白质分解为可溶性的肽类，而肽酶能水解蛋白质的分解产物肽类。肽酶可以分为多肽酶和二肽酶，前者能分解多肽类，后者只能分解二肽。

$$\text{蛋白质}\xrightarrow{\text{蛋白酶}}\text{多肽}\xrightarrow{\text{多肽酶}}\text{二肽}\xrightarrow{\text{二肽酶}}\text{氨基酸}$$

蛋白质分解酶的可逆性及其合成能力，不仅决定于酶作用时所处的氧化还原条件和基质的浓度，而且还决定于基质的分子结构。当木瓜蛋白酶和各种具有某些原子团的氨基酸混合作用时，即使在最有利于木瓜蛋白酶进行水解作用的温度和酸度条件下，也很容易合成肽类。

休眠的禾本科牧草种子内，蛋白酶和肽酶主要集中在糊粉层细胞内，而胚乳中的含量极少。种子内的蛋白酶含量随种子的成熟而降低，同时种子内的蛋白质对蛋白酶的抗性也增大。种子萌发时，蛋白酶随着种子的萌发过程逐渐增加。新收获的种子在萌发前经预冷处理，种子内的蛋白酶数量有所增加，转至温暖处发芽则增加更多。

种子中蛋白酶的活性因所处的部位而异，胚部的蛋白酶的活性比盾片中强得多，而盾片部分的蛋白酶的活性又较胚乳部分强。二肽酶和多肽酶同样在胚部最活跃。

3. 脂肪酶和磷脂酶

脂肪酶的专一性不强，凡是由醇及有机酸构成的酯和脂肪都能被它分解，但不一定作用得很完全。脂肪水解后形成甘油和游离脂肪酸。

各种不同来源的脂肪酶在性质和作用特性方面有很大差别，经济作物蓖麻种子中所含的脂肪酸和蛋白质牢固地结合在一起，呈不溶状态，但却能起催化作用，作用的最适 pH 值为 3.6。而禾本科牧草种子和某些豆科牧草种子中所含的脂肪酶却是可溶性的，作用的最适 pH 值为 8。

脂肪酶的活性也是胚部最强，胚乳和糊粉层中的较弱。干种子中不一定都含有脂肪酶，有些植物种子中的脂肪酶要在萌发的过程中才能产生。

磷脂酶是能将含磷的脂类物质分解为酸的酶类，它分为磷酸一酯酶、磷酸二酯酶和植酸酶三大类。各种磷脂酶其功能和化学性质都是不同的，磷酸一酯酶和磷酸二酯酶是呼吸过程中起重要作用的酶。磷酸一酯酶能分解卵磷脂。植酸酶存在于禾本科种子的糊粉层内，能使可溶性的含磷有机化合物发生水解。

2.2.2 种子中的维生素

维生素是具有生理活性的一类低分子有机物，种子中存在着多种维生素，有些维生素作为酶的组成部分，或者是酶的活化剂。维生素在细胞代谢中起着重要的作用。

维生素分为脂溶性维生素和水溶性维生素两大类。种子中属于脂溶性的维生素有维生素 A 和维生素 E，属于水溶性的维生素有维生素 C，以及维生素 B 族的维生素 B_1、维生素 B_2、维生素 B_6、维生素 PP、泛酸等。

植物体内并不存在维生素 A，但含有形成维生素 A 的物质——胡萝卜素。胡萝卜素在酶的作用下能分解为维生素 A，被称为维生素 A 原。一般禾本科牧草种子中几乎不含胡萝卜素，豆科牧草种子中含有胡萝卜素。当它与维生素 A、不饱和脂肪酸等易被氧化的物质同时存在时，它易代替维生素 A、不饱和脂肪酸等先被氧化。因而它可保护维生素 A 及不饱和脂肪酸不被氧化，或者减缓这些物质过氧化的速度。

维生素 E 是一种阻氧化剂，对于防止油脂的氧化及变味有显著作用，它在油质种子中大量存在，禾本科牧草种子的胚部含量也很丰富。维生素 E 在新种子中的含量较高，随着贮藏时间的延长而降低，衰老的种子缺乏产生维生素 E 的能力。

属于水溶性维生素 B 的有多种，在禾本科牧草种子和豆科牧草种子中含量非常丰富。禾本科种子中的 B 族维生素主要存在于胚部和糊粉层，胚乳中含量很少。

维生素 C 是葡萄糖经过强烈氧化的衍生物，一般干种子中均缺乏这种维生素，但在种子发芽过程中却能大量形成，因此在发芽种子中含量丰富。发芽的禾本科牧草种子中的维生素 C 全部集中在幼芽中，豆科牧草的发芽种子能在子叶中合成维生素 C。

维生素在种子发育的不同阶段其含量和种类均有很大的变化，如玉米种子中核黄素、烟碱酸、泛酸、促生素在发育初期呈增加趋势，但后来随成熟度而下降。维生素 B_6 在成熟种子中含量最高。如前所述干种子中不含维生素 C，一旦种子萌发时就可形成大量的维生素 C，且全部集中在幼芽中。种子萌发的早期，烟碱酸、维生素 C、核黄素及维生素 B_6 增加。

维生素对种子所起的重要作用是和酶密切相关的，许多酶是由维生素和酶蛋白结合而成(表 2-11)，缺乏维生素时，酶的形成就受到影响，如使相应的酶类失调或失活而引起代谢紊乱，甚至患维生素缺乏症。

表 2-11　维生素 B 的作用

维生素	与酶的关系(所属辅酶种类)
PP(烟酸)	辅酶Ⅰ、Ⅱ(参与呼吸)成分
B_1(硫胺素)	羧化酶(也能脱羧)成分
B_2(核黄素)	脱氢酶成分
生物素(维生素 H)	羧化酶(脂肪合成中起关键作用的羧化反应所必需)成分
泛酸	辅酶 A(CoA)(在呼吸和脂肪代谢中转移酰基)成分
吡哆醛	磷酸吡哆醛(在蛋白质代谢中起转氨作用)成分

2.2.3　种子中的激素

激素是在植物体内合成的、是对植物的生长发育起调节控制作用的微量有机物质。种子的休眠、萌发以及种苗的发育受各种激素的调节。按激素的生理效应或化学结构，可把激素分为具有不同特性及作用的以下几类。

2.2.3.1　赤霉素(GA)

大多数植物的种子中赤霉素的浓度比植物体其他部分高。目前已知的赤霉素有 70 多种，常见的是赤霉酸(GA_3，$C_{19}H_{22}O_6$)。赤霉素可促进种子的萌发和种苗的生长。

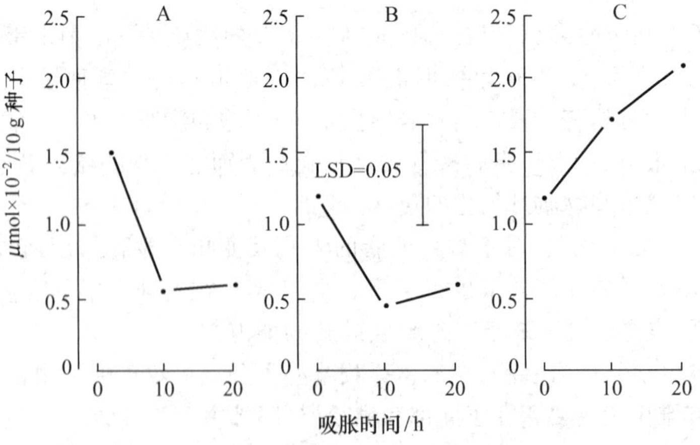

图 2-2　不同后熟期野燕麦种子吸胀过程中赤霉酸活性变化(Taylor 和 Simpson，1980)

A. 未沉积深休眠　B. 干沉积 5 个月休眠　C. 干沉积 22 个月非休眠

赤霉素可诱导 α-淀粉酶的形成。当禾本科牧草种子吸水后，胚中的赤霉素开始活动，随后进入糊粉层，在糊粉层内赤霉素诱发 α-淀粉酶的合成，合成后的 α-淀粉酶进入胚乳中。细胞核中形成 α-淀粉酶的起始密码原来是被抑制的，赤霉素解除了这种抑制。

赤霉素在糊粉层内还可诱发蛋白酶和核糖核酸酶、植酸酶的合成。

赤霉素对种苗发育过程中胚芽和胚根的细胞伸长具有促进作用。主要原因是赤霉素提高了萌发种子中的生长素含量，进而使生长素调节细胞的伸长。

植物体内赤霉素有两种存在形式，一种是游离型，一种是束缚型。游离型赤霉素具有生理活性，它可与糖或乙酸结合形成酯，从而转变为束缚型。束缚型赤毒素不具生理活性，是一种贮藏或运输形式。游离型赤霉素随着种子的发育成熟含量下降，转化为束缚型赤霉素贮藏起来；当种子萌发时，束缚型的赤霉素转化为具有生理活性的游离型赤霉素，促进种子的萌发和种苗的生长。深休眠种子中束缚型的赤霉素转化为具有生理活性的游离型赤霉素的过程受到了限制。野燕麦种了通过 22 个月的干贮藏已完全打破休眠，吸胀过程中的赤霉素活性呈上升趋势，而未贮藏和仅贮藏 5 个月的种子在吸胀过程中赤霉素的活性呈下降趋势(图 2 - 2)。

2.2.3.2　生长素(IAA)

种子中富含生长素，特别是在发育的种子和萌发的种子中，生长素的含量都很高。生长素是吲哚-3-乙酸及其各种衍生物，是由色氨酸衍生而来的。

生长素在种子的萌发过程中，具有促进种苗细胞伸长的作用。生长素可解除细胞壁中纤维素酶的抑制作用，因而使细胞壁变得松弛，有利于细胞壁的扩展，于是细胞的体积就随着细胞的吸水膨胀而伸长。

生长素在种子中的萌发过程中，具有控制胚芽和胚根向性运动的作用，使胚芽向上生长，胚根向下生长。

种子中的生长素分为游离型和束缚型，随种子的完全成熟，游离型生长素在种子中的含量迅速减少，成熟的种子中生长素常与肌醇和阿拉伯糖结合成束缚型生长素，种子发芽时从束缚态中释放出来的生长素控制种苗的早期生长。

2.2.3.3　细胞分裂素(CK)

自从由未成熟的玉米种子中分离出玉米素之后，已鉴定出多种细胞分裂素。大多数细胞分裂素是腺嘌呤的衍生物。

细胞分裂素能促进细胞的分裂和细胞体积的增大。种子的发育过程中，细胞分裂素的含量前期呈增加趋势，后期下降。在未成熟的种子内细胞分裂素是与种子的生长和发育相关联的，一般种子生长速度最快的时期，细胞分裂含量最高。

2.2.3.4　脱落酸(ABA)

许多植物种子的胚、胚乳及种皮中含有发芽的抑制物质——脱落酸。脱落酸是以异戊二烯为基本结构单位组成的。种子中的脱落酸或者来自于母株，或者由种子本身合成。

种子中的脱落酸可促进种子的休眠，深休眠种子中的脱落酸含量往往很高，结缕草种子和羊草的种子中含有大量的脱落酸。

种子中脱落酸和赤霉素的含量平衡对种子的休眠和萌发起着很大的作用。种子成熟时由于植物体所接收的日照长度的变化，产生大量的脱落酸，这些脱落酸进入种子，使种子中脱落酸的浓度大于赤霉素的浓度，种子进入休眠状态。当种子吸水后在胚体内开始合成赤霉素或将束缚型赤霉素转化为游离型赤霉素，其浓度超过了脱落酸的浓度，种子内开始合成水解贮藏物质的酶类，贮藏营养物质水解，种子开始萌发。

2.2.3.5 乙烯

乙烯在常温下为气体，很容易在组织间扩散。乙烯的前体是*L*-蛋氨酸，对种子的休眠和发芽有一定的调控作用。乙烯在种子吸胀后迅速产生，可促进种子的萌发。野燕麦种子的发芽过程中，休眠种子放出的乙烯近于零；而非休眠种子中，萌发 0～10 h 内，放出大量的乙烯（图 2-3）。种子萌发过程中，乙烯产生于胚部，产生的量一般在豆科牧草种子的胚根伸出时达到高峰。乙烯能解除脱落酸和其他抑制物质对种子萌发的抑制作用。

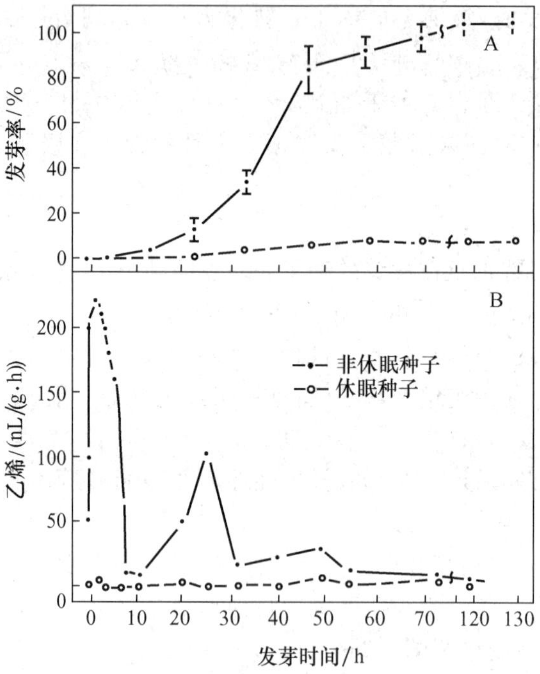

图 2-3 休眠(5℃条件下干沉积 18 个月)和非休眠(25℃条件下干沉积 18 个月)野燕麦种子在发芽过程中的发芽率(A)及乙烯释放量(B)的变化（Adkins 和 Ross，1981）

2.2.4 种子中的色素

种子的色泽能表示出种子的成熟度和种子的特性，是品种差异和品质优劣的标志之一。种子的色泽可以根据种皮（或果皮）、糊粉层、胚乳或子叶的颜色来确定。种子内所含的色素决定着种子颜色的种类、颜色的深浅及颜色的分布。种子内所含的色素有叶绿素、类胡萝卜素、黄素酮及花青素等。

叶绿素主要存在于禾本科牧草的稃片和果皮中，某些豆科牧草的种皮中也含有叶绿素。种子中的叶绿素也具有吸收光能进行碳素同化的作用。种子发育过程中，随着成熟度的推移，种子中的叶绿素逐渐消失。但某些植物种子如黑麦、蚕豆，成熟后仍含有大量的叶绿素。

存在于种子中的黄色素都属于类胡萝卜素，类胡萝卜素中最重要的是胡萝卜素和叶黄素。某些禾本科牧草和某些豆科牧草种子中含有这类物质，使胚乳或子叶呈黄色。

花青素是水溶性的细胞液色素，主要存在于豆科牧草的种皮中，因存在部位的酸度不同，使种皮具有各种各样的颜色或斑纹。

种子的颜色会因外界环境条件的改变而变化，如新鲜的紫花苜蓿种子为黄色，贮存时间长的陈种子变为紫黄色。此外，光照不足、冻害或高温损害以及发霉种子，其颜色有别于正常种子。

参考文献

[1] 陈宝书. 牧草种子各部分的分布及其化学成分的研究. 中国草业科学，1987，4(3)：44-50.

[2] 陈宝书，倪景宝，王玲英，王慧中. 牧草种子中矿物元素含量的研究. 草业科学，1991，8(4)：10-15.

[3] 陈宝书. 沙地草场 10 种饲用植物的营养成分. 中国沙漠，1993，13(1)：50-56.

[4] 陈宝书，聂朝相，王慧中. 牧草及草坪草种子学(讲义)，1995.

[5] 陈哲忠. 春箭筈豌豆新品种 333/A. 中国草地，1991，1：21-23.

[6] 傅家瑞. 种子生理. 北京：科学出版社，1985.

[7] 韩建国. 实用牧草种子学. 北京：中国农业大学出版社，1997.

[8] 李敏. 牧草种子学. 北京农业大学自编教材，1985.

[9] 聂朝相，曹纯华. 不同贮藏年限的牧草种子营养物质变化与生活力的关系. 中国草原，1985，1：30-36.

[10] Sangakkara R 等. 三种饲用禾草种子特性与幼苗生长间的关系. 国外畜牧学-草原与牧草，1987，2：29-32.

[11] 田村良文. 二年生禾本科牧草非结构碳水化合物的积累. 国外畜牧学-草原与牧草，1989，1：41-42.

[12] 王景升. 种子学. 北京：中国农业出版社，1994.

[13] 西力布，李青丰，石凤翎. 牧草种子学. 内蒙古农牧学院自编教材，1994.

[14] 杨守仁，郑丕尧. 作物栽培学概论. 北京：中国农业出版社，1996.

[15] Adkins S W，Ross J. Role of ethylene in dormancy breakage and germination of wild oat seeds (*Avena fatua* L.). Plant Physiol，1981，67：358-362.

[16] McCleary B V，Matheson N K. *α-D*-galactosidase activity and galactomannan and galactosylsucrose oligosaccharide depletion in germinating legume seeds. Phytochemistry，1974，13：1747-1757.

[17] Osborne T B. The Vegetable Proteins. 2nd ed. New York：Longmans Green，1924.

[18] Tateoka T. Starch grains of endosperm of grass systematics. Bot Mag Tokyo，1962，75：377-383.

[19] Taylor J S，Simpson G M. Endogenous hormones in afterripening wild oat (*Avena fatua* L.) seed. Can J Bot，1980，58：1016-1024.

[20] Yeoh H H，Watson L. Systematic variation in amino acid compositions of grass caryopses. Phytochemistry，1981，20：1041-1051.

chapter 3

第3章 牧草种子的形成发育

牧草生长发育到一定时期，在光、温度等因素及其诱导的某些激素作用下，植株就进入了生殖生长阶段，在一定部位上形成花芽，然后开花、受精、结实产生种子。只有充分地了解牧草种子的发育特点、原理及其相关的环境因素，才能有效地提高种子产量和提出科学的种子丰产栽培措施。由于在花序中，可生产种子的有效花朵比率较低，牧草种子的实际产量大大低于它应有的潜在种子产量。因此，了解牧草花序和小花的分化，牧草的开花、传粉和受精过程，牧草种子的形成和发育规律，牧草种子发育过程中的物质变化规律及环境因素的影响，对更深入地认识牧草种子产量的形成及提高牧草种子的产量和质量都具有重要的意义。

3.1 牧草开花、传粉、受精

牧草进入生殖生长时，茎尖的分生组织不再形成叶原基和腋芽原基，而形成花或花序原基，并逐渐形成花或花序。

禾本科牧草花序的形成一般称为幼穗分化。幼穗分化过程以茎尖生长锥伸长开始，经过春化和光周期的诱导，生长锥表面一层或数层细胞分裂加速，细胞小而原生质浓，中部一些细胞则分裂减慢，细胞变大，原生质稀薄，有的出现了液泡。许多禾本科牧草幼穗分化时生长锥顶端从半球形显著伸长，扩大成圆锥体，渐渐在两侧由下向上分化苞叶原基，在苞叶原基的叶腋处分化出小穗原基。

豆科牧草在其营养生长阶段，茎尖最幼的腋芽原基常出现于从顶端数第三叶原基的叶腋处，通常第一和第二叶原基的叶腋处不会出现腋芽原基。从营养生长到生殖生长阶段转变的第一个形态上的变化就是第一叶原基的叶腋处出现了类似于腋芽原基的突起，第一叶原基与其叶腋处的突起构成了形态上的“双峰结构”。第一叶原基叶腋处的突起实质上就是花序原基，很快发育为花序。

3.1.1 开花

牧草花芽分化中雄蕊的花药发育成熟或雌蕊的胚囊发育成熟后，包被雌雄蕊的花器官展开，使雄蕊或雌蕊(或二者同时)暴露出来称为开花。即指花器官发育完全至成熟花粉从花药中释放出来的过程。不同类型的牧草开花具有一定的规律性。

1. 花期

一株牧草从第一朵花开放到最后一朵花开毕所用的时间称为花期。一般禾本科牧草花期较短，为 5～15 d(表 3-1)，豆科牧草花期较长，如苜蓿可延续 1～2 个月的时间(表 3-2)。花期的长短取决于物种特点，如无限花序的植物花期则长。每个花序上的小花每日开放的数量也决定花期的长短，如红豆草通常每天开 5～6 朵花。

2. 每日开花时间

很多牧草在一个昼夜的循环中仅占某一段时间开花，具有开花的昼夜周期性和开花高峰。如草地早熟禾、多年生黑麦草、猫尾草等夜间开花；披碱草、鸭茅、草地羊茅等清晨或上午开花；羊草、冰草、无芒雀麦、草木樨等下午开花；紫花苜蓿、红豆草、红三叶等整个白天都开花；红豆草在一天开花中上午和下午为高峰期(表 3-1，表 3-2)。

表 3-1　禾本科牧草的开花习性(内蒙古农牧学院,1987)

种类	开花期	单序开放期	一日内开花的时期
羊草	返青后 50 d 左右	16 d,以第 6 天达最高峰	14～18 时,以 15～16 时达最高峰
冰草	返青后 65～66 d	13 d,以第 8 天为最高峰	14～18 时,以 14～15 时达最高峰
无芒雀麦	返青后 60 d 左右	16 d,以第 3～4 天为高峰	14～19 时,以 18～19 时为高峰
猫尾草	6 月中、下旬	4～6 d	2～4 时,以 3～4 时开花最多
草地羊茅	6 月中、下旬	6～8 d,第 5～6 天达高峰	3～9 时,以 5～8 时为高峰
高燕麦草	6 月中、下旬	6～8 d,以第 2～5 天达高峰	3～7 时,以 4～7 时开花最多
鸭茅	6 月上、中旬	7～8 d,第 3～7 天大量开放	3～9 时,以 3～7 时开花最多
虉草	6 月上、中旬	6～8 d,以第 3～5 天达高峰	3 时以后
看麦娘	5 月下旬至 6 月上旬	8～10 d,第 4～7 天大量开放	2～6 时,以 3～5 时最盛
多年生黑麦草	6 月中、下旬	7～8 d,大量开花为第 3～5 天	3～5 时
草地早熟禾	6 月上、中旬	6～8 d	3～4 时
披碱草	8 月上旬	7～8 d,大量开花为第 4～6 天	9～11 时
苏丹草	出苗后 80～90 d	7～8 d,大量开花为第 4～5 天	3～4 时

表 3-2　豆科牧草开花习性(内蒙古农牧学院,1987)

种类	开花顺序	一日内开花的时间	全序开花持续的时间
紫花苜蓿	下部腋生花序先开,上部依序后开;在一个花枝上,下部的花先开	5～17 时,其中 9～12 时开花最盛	40～60 d,一个总状花序 2～6 d
草木樨	无限花序,一个总状花序下部先开,向上延及	14～15 时	一个总状花序 8～10 d
红豆草	最早从茎生枝的下部先开,自下而上,侧生枝在主茎花序开放一半时开放	4～21 时均开放,9～10 时和 15～17 时开花最盛	一花序为 10～30 d
红三叶	总状花序下部花先开,并向上延及,每日开 2～3 层,下部花先开	早 8 时开始	3～10 d,全株 1 个月左右
箭筈豌豆	下部花先开,两花一先一后	10～20 时	1 d
毛苕子	无限花序,下部花先开,并向上延及	整日	20～28 d
山黧豆	下部花先开	10～20 时	

3. 每朵花开花时间

各种牧草每朵小花开放的时间也各不相同,有的牧草只开 5～20 min,有的牧草开 1～2 h,有的牧草小花开花时间可长达 1～2 d。

3.1.2　传粉

成熟的花粉粒借助于外力从雄蕊开裂的花药传到雌蕊的柱头上称为传粉。

1. 自花传粉

成熟的花粉粒传到同一朵花的柱头上和同株异花间的传粉称为自花传粉,最典型的自花传粉为闭花受精,即在花蕾开放之前已完成了传粉和受精作用,如地三叶、南苜蓿、加拿大披碱草、弯叶画眉草等。自花传粉牧草自然异交率应低于4%。

2. 异花传粉

成熟的花粉粒传到同一朵花或同一植株花的柱头上不能萌发，或能够萌发但不能受精，而传到另一植株花的柱头上可以萌发并受精，称异花传粉。异花传粉自然异交率大于50%，主要借助于风、昆虫、水、鸟、蚂蚁等作为传粉媒介。以昆虫作为传粉媒介的牧草属虫媒花植物，而以风为传粉媒介的牧草属风媒花植物。豆科牧草属虫媒花植物，昆虫的数量和活动直接影响传粉和结实。同时，花的颜色、分泌物等均影响传粉结实情况。像紫花苜蓿只有当龙骨瓣被弹开后才能提高传粉率，不同种类的蜂对这种弹开能力有很大的差异，切叶蜂(*Megachile rotundata*)、碱蜂(*Nomia melanderi*)和蜜蜂(*Apis mellifera*)对紫花苜蓿的传粉最为有效。为了提高豆科牧草的结实率，在种子生产田配置一定数量的传粉昆虫是非常必要的。

禾本科牧草属于风媒花植物，开花期集中，天气晴朗、无雨、有微风均有利于异花传粉。在农业生产上，常在开花期辅之以人工辅助授粉，可增加结实率，如无芒雀麦、多年生黑麦草、冰草等。

3.1.3 受精

受精是指到达柱头的花粉粒借助于花粉管将精细胞送入胚囊中，使精子和卵子结合，形成合子的过程。

3.1.3.1 花粉粒的萌发及花粉管的生长

1. 花粉粒的萌发

花粉粒到达柱头后，经过“识别”，只有同种或亲缘很近的花粉粒才能萌发，形成花粉管。而亲缘关系较远的异种花粉往往不能萌发；在异花授粉牧草中，由于自交不亲和性，也会造成自花传粉的花粉粒不能萌发，这是花粉粒与柱头相互“识别”的结果。

2. 花粉管的生长

经过相互“识别”，亲和的花粉粒开始在柱头上吸水，呼吸作用增强，合成作用加快，细胞内部物质增多，花粉粒的内部压力增加，使内壁在萌发孔处向外突出形成花粉管，在角质酶、果胶酶的作用下，花粉管穿过柱头乳状突起的角质层、细胞壁被局部溶解的胞内层，经由细胞间隙或穿过柱头细胞，伸向花柱。

花粉管进入花柱后，或沿花柱沟表面上的黏性分泌物生长(空心花柱)，或穿过充满分泌物的传递组织细胞间隙生长(实心花柱)。如果由于其他因素的刺激作用导致不亲和的花粉粒萌发，在花粉管通过花柱沟或传递组织时，花柱沟或传递组织将分泌有害物质或胼胝质阻止花粉管的生长。如白三叶在花柱向下的3/4处，抑制不亲和花粉产生花粉管的生长。

花粉管穿过花柱，到达子房后，一般经珠孔穿过珠心进入胚囊，有些牧草花粉管是从合点进入胚囊的，有些是穿破珠被进入胚囊的。

花粉粒在柱头上萌发、花粉管在花柱中的生长以及花粉管最后进入胚囊所需的时间，随牧草种类和外界环境而异，如白三叶从花粉萌发到花粉管穿过花柱沟进入子房需1～2 h，到达第二个胚珠需4 h，到达第四个胚珠需6 h。白三叶亲和的异花花粉粒在15℃条件下萌发需20 h到达子房，35℃条件下仅需2 h。

3.1.3.2 双受精过程

当花粉管生长时，如果是属于三核花粉粒，1 个营养细胞核和 2 个精细胞都流入花粉管；如为二核花粉粒，则营养核和生殖细胞流入花粉管，生殖细胞在花粉管中有丝分裂 1 次，形成 2 个精细胞，如白三叶。

花粉管到达子房后，通常从珠孔经珠心进入胚囊(图 3-1A)。当花粉管穿过胚囊的壁后，大多进入助细胞，或在助细胞与卵细胞的附近进入胚囊。之后花粉管在向着卵细胞的顶端侧壁上或先端开一个小孔，将精细胞释放到卵细胞和中央细胞之间的位置。

两个精细胞中的一个与卵细胞渐渐相接，另一个与中央细胞接近(图 3-1B)。在精细胞和卵细胞之间的质膜发生融合，精细胞的核进入卵细胞。另一精细胞进入中央细胞的过程也与此相似(图 3-1C)。

进入卵细胞的精核与卵核紧密接触，接触处的外核膜首先融合，接着内核膜融合，精核和卵核的核质相连，并开始融合，核仁随之融合，精子和卵细胞的受精完成，形成二倍体合子(受精卵)，将来发育为胚。中央细胞的次生核和精核的融合过程也与此相似。中央细胞受精后形成三倍体的初生胚乳核，将来发育成胚乳。

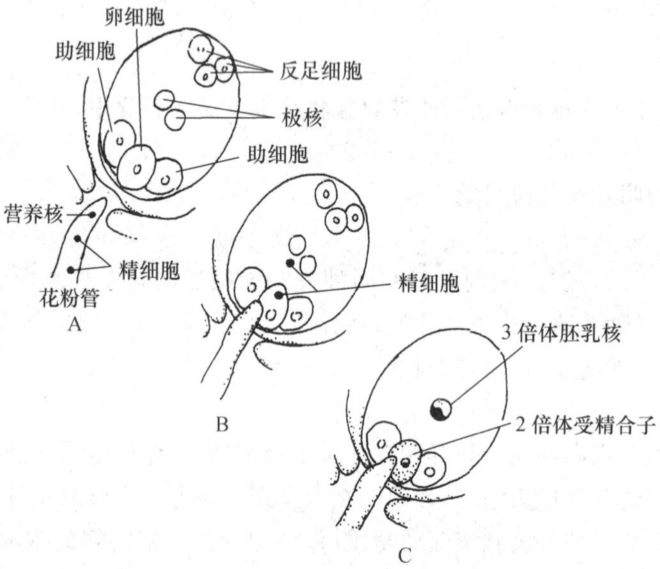

图 3-1 双受精过程

A. 携带两个精核和一个营养核的花粉管进入珠孔

B. 精细胞与卵细胞和中央极核接近 C. 双受精完成

3.2 牧草种子的发育过程

牧草通过双受精之后，受精卵发育成胚，初生胚乳核发育为胚乳，珠被发育为种皮。大多数牧草在种子发育过程中珠心组织被吸收而消失，少数牧草在种子发育过程中珠心组织继续发育或保存到种子成熟，称之为外胚乳。

3.2.1 禾本科牧草种子发育模式

3.2.1.1 种子发育的一般模式

完成受精之后，种子发育有3个独立的过程，即胚的发育、胚乳的发育和种皮的发育。

大多数有关冷季型禾草种子发育的研究集中在水分含量、干重与种子发育阶段的关系上。种子发育的生理成熟是指种子干重最大积累的发育阶段，Hyde等(1959)认为禾本科牧草种子的发育分3个阶段(表3-3)。

表3-3 禾本科牧草种子发育的一般模式(Hyde等，1959)

发育阶段	生长模式	种子含水量(占鲜重)/%	对于多年生黑麦草大致的时间/d
1	鲜重和干重快速增加	保持在75～80	大约10
2	干重持续线性增加，而鲜重增加缓慢或停止	种子含水量下降至约40	10～14
3	干重保持稳定，鲜重下降	种子含水量下降至与环境相对湿度平衡	3～7

这3个阶段(图3-2)概括了种子发育的不同形态学和代谢过程。在第一阶段，生长主要依靠细胞的分裂，胚还没有发育完全；在种子发育进入第二阶段时，种子才有充分的活力(图3-3)，在第二阶段末期种子达到形态学、功能性和生理学的成熟；第三阶段是种子完成完全成熟的过程，有研究表明在第三阶段种子仍有生理学的活动，并且影响种子的质量。

3.2.1.2 种子形态学和生理学发育

1. 胚发育

以草地早熟禾为例，合子第一次分裂是横向的，形成一个小的顶细胞和一个大的基细胞。基细胞斜向分裂产生两个细胞，顶细胞进行一次纵向分裂，形成一个"T"形的四细胞原胚。4个细胞再分裂一次，形成八分体。以后八分体向不同方向分裂，胚体增大，使胚呈梨形(图3-4 c～e)，并开始出现器官分化。在胚的一侧(腹面)出现一个凹沟，使两侧不对称，开始盾片的分化(图3-4 f～h)，进一步分化，明显地出现与盾片相对的胚其余部分，接着进行胚芽鞘的分化，然后分化胚芽、胚轴、胚根、胚根鞘和外胚叶等。在禾本科牧草中胚的发生类型是较多的，存在多样性。

2. 胚乳发育

在种子发育的第一阶段，胚乳通过细胞分裂的方式生长最快，而第二阶段，由于胚乳细胞要积累养分，主要表现为细胞增大。

截止细胞分裂末期，胚乳成为一个被充满和无光泽的结构。但是，由于细胞增大起始于第二阶段，胚乳横向部分迅速发生卷曲形成腹沟或折缝。

胚乳的原外层分生组织层将变为糊粉层组织，一般有一层或几层细胞，糊粉层主要为种子萌发提供营养。

3. 种皮的发育

有 4 个不同的组织与禾本科牧草种皮形成有关，它们是珠心残余部、珠被、子房壁（果皮）和两个小花苞片（外稃和内稃）。在禾本科种子中种皮的明显变异均是这 4 种组织不同形式的变换。Cochrane 和 Duffus（1981）发现禾本科饲用植物大麦开花后 23 d 珠被表皮细胞仍存在，但是在 10 d 后该层细胞退化成了一个紧实的壁质内层（透明层）。该层导致大麦糊粉层细胞与种皮的紧密结合。在两层种皮细胞高度分化的同时，其外层比内层变得更薄，当颖果成熟时，这两层细胞通常变成结皮，其内层常呈谷色。

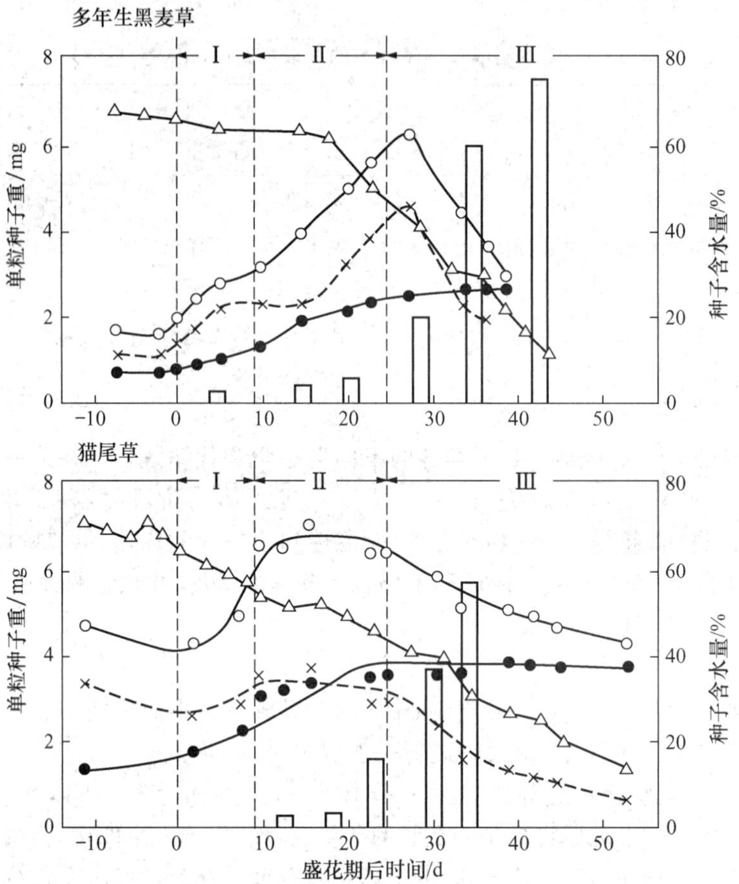

○平均种子鲜重变化 ●平均种子干重变化 ×种子绝对含水量 △种子含水率

柱形图表示不同时期花序落粒率，Ⅰ、Ⅱ和Ⅲ表示三个发育阶段的划分。

图 3-2　多年生黑麦草（品种为 Grasslands Ruanui）和猫尾草（品种为 Grasslands Kahu）的种子发育模式（Hill，1971）

3.2.2　豆科牧草种子发育模式

一旦可育的花成熟，种子成熟取决于从授粉到受精、胚乳形成和胚发生各过程的发育完全性。豆科牧草与禾本科牧草不同，它属于虫媒花，因此种子的结实性还受传粉昆虫和环境的影响。在大多数种中，限制种子产量的主要因素是小花结实率。

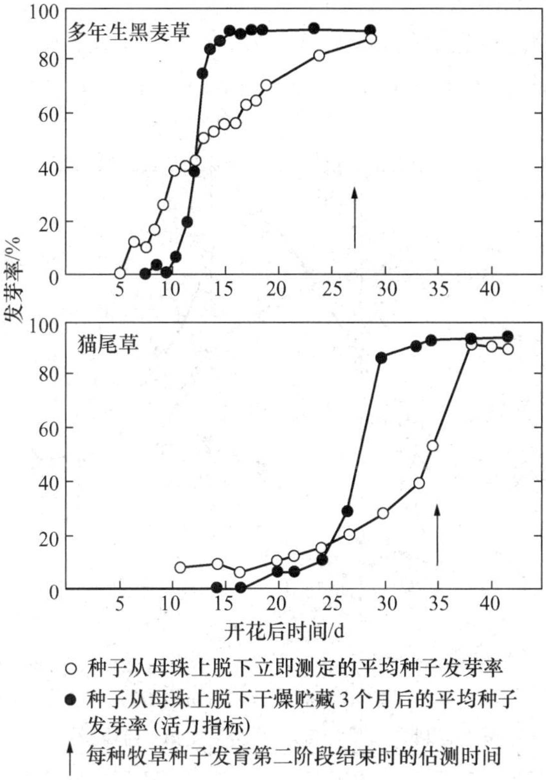

图 3-3　多年生黑麦草(品种 Grasslands Ruanui)和猫尾草(品种 Grasslands Kahu)在种子发育过程中发芽力开始时间的比较(Hill,1971)

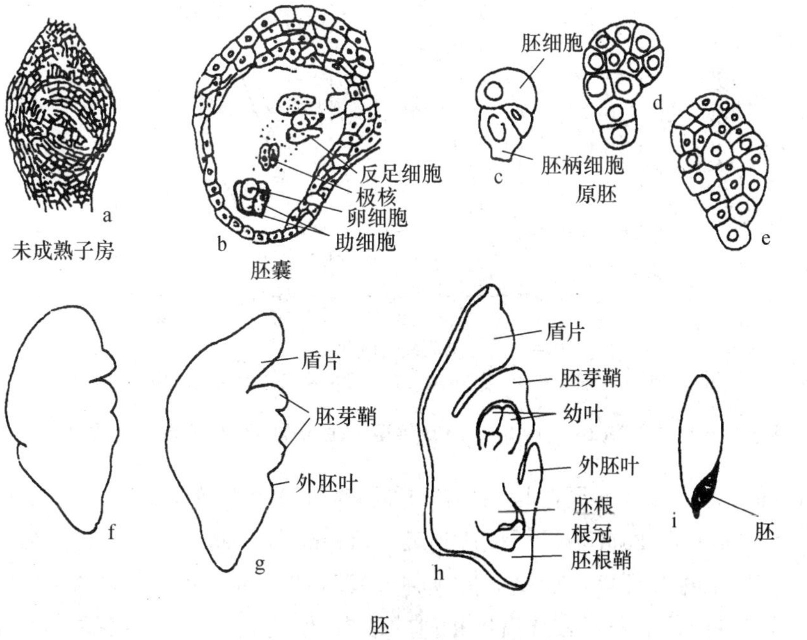

图 3-4　草地早熟禾胚的发育过程

3.2.2.1 种子发育的一般模式

豆科牧草的种子发育阶段也像禾草一样分为 3 个阶段，即生长期、营养物质积累期和种子成熟期。下面以四倍体红三叶品种 Grasslands Pawera（图 3-5）、紫花苜蓿品种 Wairau（图 3-6）为例加以说明。

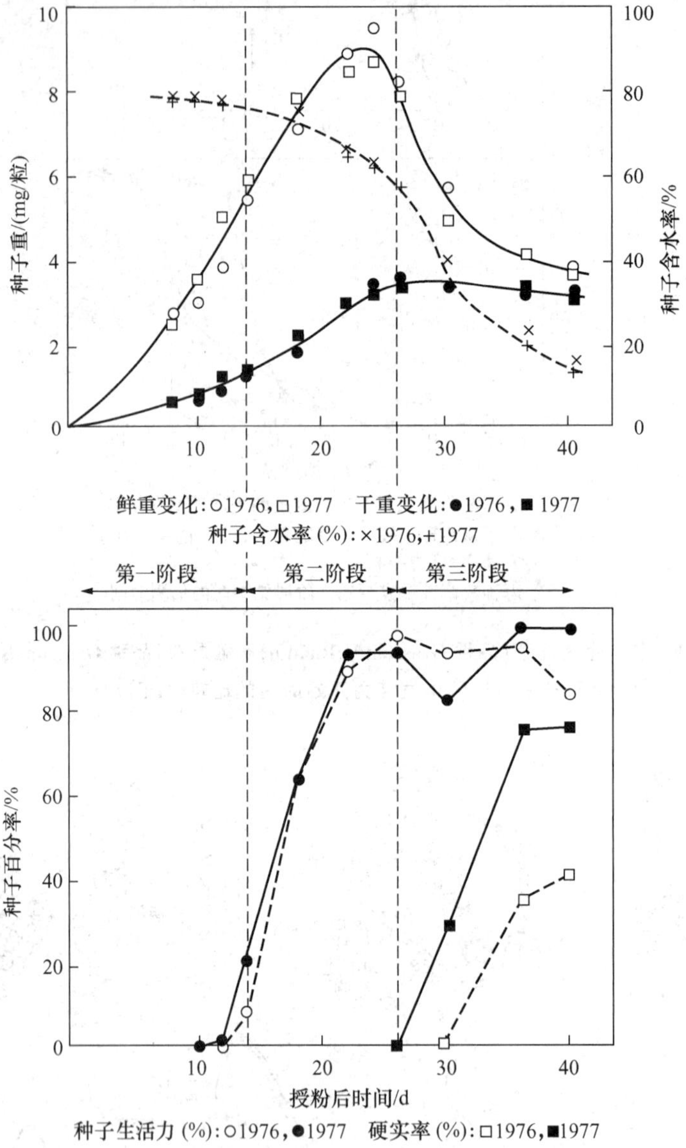

图 3-5　红三叶品种 Grasslands Pawera 连续两个生长季节的种子发育模式（Win Pe，1978）

在不同种间，种子发育不同阶段的时期不同，存在很大的变异。白三叶在开花后 18 d 可以达到种子完全有活力，25 d 种子干重达到最大（Hyde 等，1959）。紫花苜蓿分别为 22 d、40 d（图 3-6）。当然，品种和环境不同也会造成种子发育的显著变化。如图 3-5 中所示，虽然红三叶品种在不同年份种子发育表现出极相似的结果，但是它们之间仍在硬实率上有明显的差别，甚至花序上不同位置的小花所结的种子发芽率都不同，下部花的种子发芽率较高。

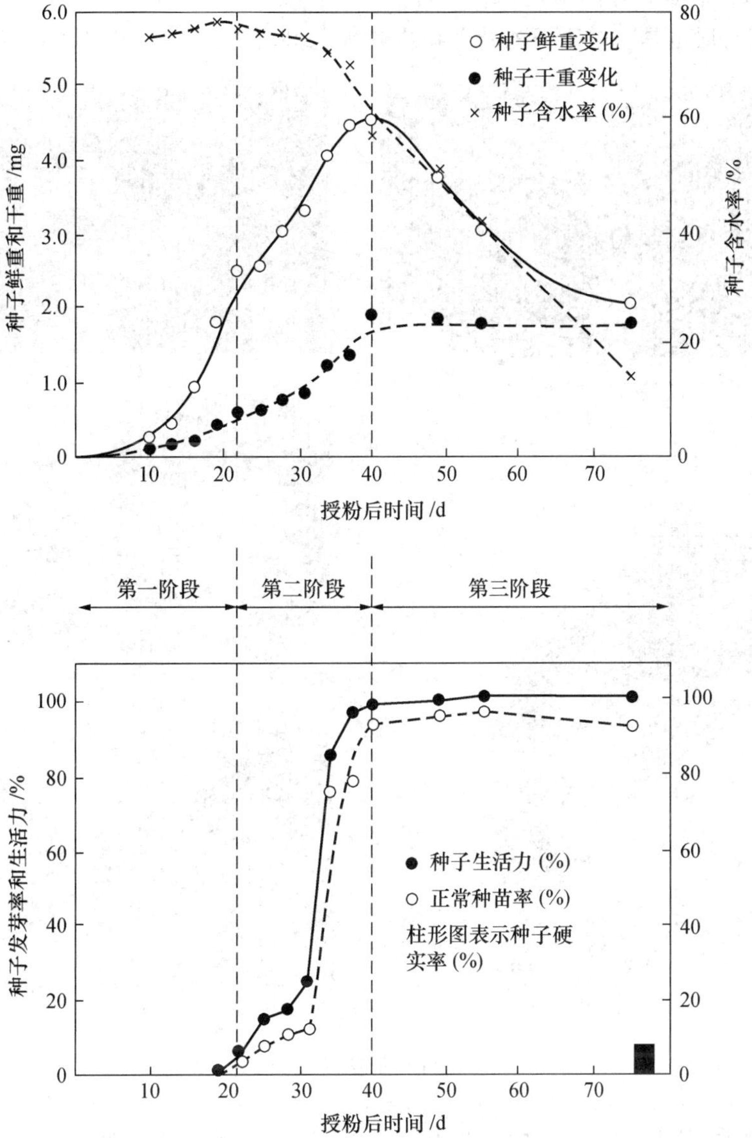

图 3-6 紫花苜蓿品种 Wairau 的种子发育(Kowithayakorn and Hill,1982)

3.2.2.2 种子形态学和生理学发育

1. 胚乳的发育

除三叶草属外,大多数豆科牧草种子趋向于无胚乳,即胚乳组织被发育的胚所消化。但是,在所有种子中,胚乳是胚发育所需营养的重要来源。这一点可以通过三叶草种间杂交胚因胚乳发育差而败育来证明。

初始胚乳发育是游离的胚乳核,受精后胚乳核开始分裂,继而发生同步的至少是部分同步的分裂,这取决于种。在发育最初阶段,胚乳核和细胞质在胚区域的胚囊边缘(图 3-7A),并且在胚囊中胚体一端要比反足细胞一端分裂速度快,数量也多,在子叶出现时,游离胚乳核之间出现细胞壁分化,由游离胚乳核产生的胚核占胚囊的一半以下。在胚乳位于合点一端胚乳吸器迅速发育，扩展到合点的顶端(图 3 - 7B、C)。在红三叶中，授粉后 18 d，糊粉层清晰可见(图 3 - 7D)，糊粉层也是一个重要的营养物质贮藏组织，有利于种子建植和抵御水分胁迫。

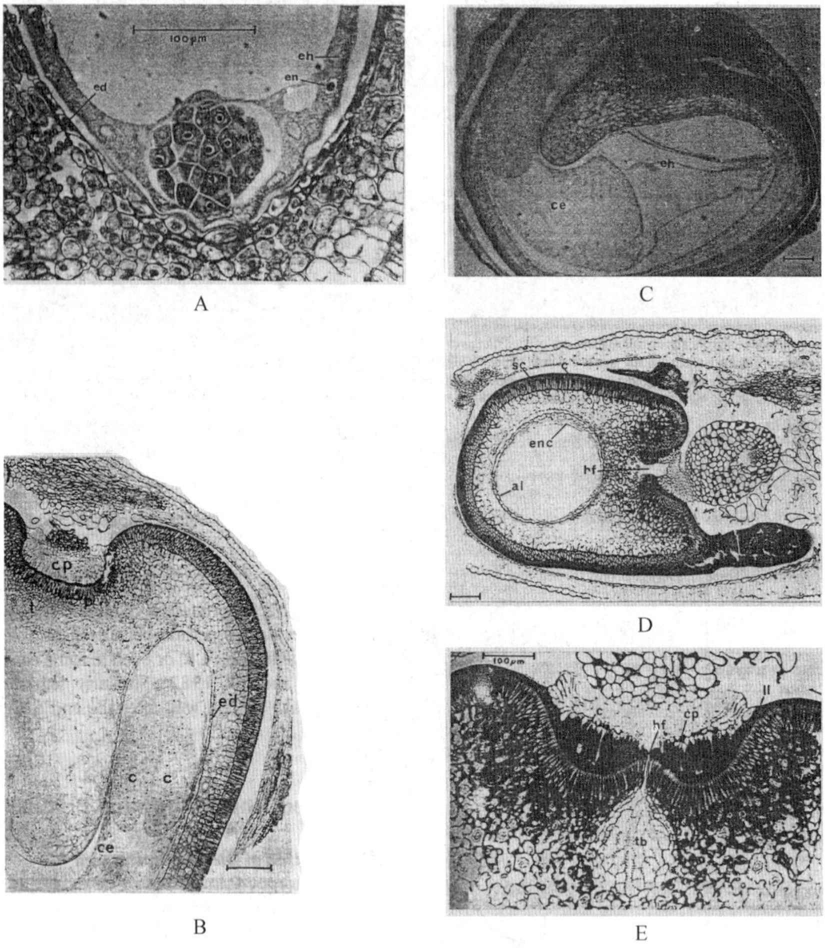

图 3 - 7　红三叶种子发育(Win Pe, 1978)

A. 授粉后第 6 天，球形胚时期，e 为胚，eh 为胚乳吸器，en 为胚乳核，ed 为内皮　B. 授粉后第 8 天，鱼雷形期，胚由细胞状的胚乳管包围着，ce 为细胞状的胚乳，c 为子叶，cp 为反栅栏细胞，p 为栅栏细胞，t 为管胞，ed 为内皮(标尺＝100 μm)　C. 子叶，cp 为反栅栏细胞，p 为栅栏细胞；t 为管胞，ed 为内皮(标尺＝100 μm)　D. 授粉后第 18 天，交错胚腔的横切片，al 为糊粉层，enc 为细胞状的胚乳，sc 为下皮层，c 为角质层，hf 为种脐缝隙(标尺＝100 μm)　E. 授粉后第 18 天，种脐区，c 为角质层，hf 为种脐缝隙，cp 为反栅栏细胞，Ⅱ 为明线，p 为栅栏细胞，tb 为管胞柱(标尺＝100 μm)

2. 胚的发育

白三叶受精卵经过一段时间的休眠后，进行的第一次分裂为横裂成两个原胚细胞，靠近胚囊中央的一侧为顶细胞(胚细胞)，靠近珠孔的一个为基细胞(柄细胞)。顶细胞经过两次连续的、相互垂直的纵裂，形成四分体。四分体的细胞横裂形成八分体(图 3 - 8A(a))。在八分体中靠近胚囊中央的 4 个细胞将来产生茎尖和子叶，珠孔端的 4 个细胞形成胚轴。八分体继续进行各方向的分裂，使胚体长大呈球形(图 3 - 8A(c)、B(a))。球形胚体细胞继续分裂，在胚体的顶端两侧生长较快，形成两个突起(图 3 - 8B(b))，出现两个子叶原基，并逐渐发育成两片形状、大小相似的子叶。在两片子叶间逐渐分化出胚芽。在顶细胞分裂的同时,基细胞以不同平面分裂形成多细胞的胚柄。尽管胚柄细胞的细胞核及核仁较胚细胞要小(图 3-8A(b)),并且胚柄很快退化,但胚和胚柄的界限不明显。胚柄退化后,在胚柄与球形胚体连接处的细胞不断分裂,分化形成胚根(图 3-8A(c)、(d),B(c)、(d)),胚根和胚芽之间的细胞分化为胚轴。

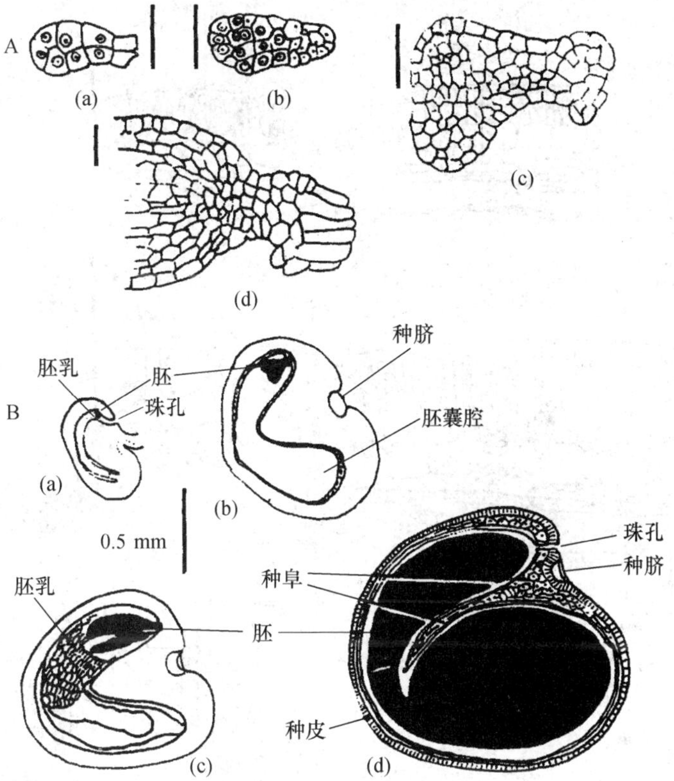

图 3-8 白三叶胚的发育(Erith, 1924)

A. 幼胚发育过程 B. 胚珠从受精(a)到种子成熟(d)发育过程的纵切图

25℃条件下,白三叶两细胞原胚期为传粉后 18～20 h,5～6 细胞原胚为传粉后 28～30 h,10～16 细胞原胚为传粉后 36 h,传粉后 48 h 出现了胚体和胚柄的分化,5～8 d 后胚形成“U”字形。

3. *种皮的发育*

种子成熟时珠被在发育上的变化以及珠被的数目,使种皮的结构在不同豆科牧草中差异很大,现以白三叶种子种皮的发育为例说明。白三叶的内外珠被在未受精之前就融合在一起了,共计 6 层细胞(图 3-9a)。受精之后,融合在一起的珠被外层细胞进行连续的垂直分裂,内层细胞逐渐向内分裂速度减缓。外珠被的外表皮及毗邻的亚表皮层和内珠被的内表皮相对细胞数量从 14∶10∶11 发展到 18∶10∶4(图 3-9a、b)。最终外表皮细胞与亚表皮细胞数的相对比为 3∶1(图 3-9d)。这一变化使胚珠的直径增加了 3～4 倍。当外层细胞还在继续分裂时,大多数内层细胞拉长并萎缩,靠近外缘的细胞胞间层分解形成胞间空隙,胞间空隙多在亚表皮层。亚表皮层内侧的拉长程度较外侧大,故在表皮之下形成较大胞间间隙,使整个亚表层由倒置的类似蘑菇“菌蕾”的“骨状石细胞”组成,“菌帽”朝下,细胞壁较薄,“菌柄”朝上,细胞壁较厚。种子成熟时亚表层细胞全部死亡。

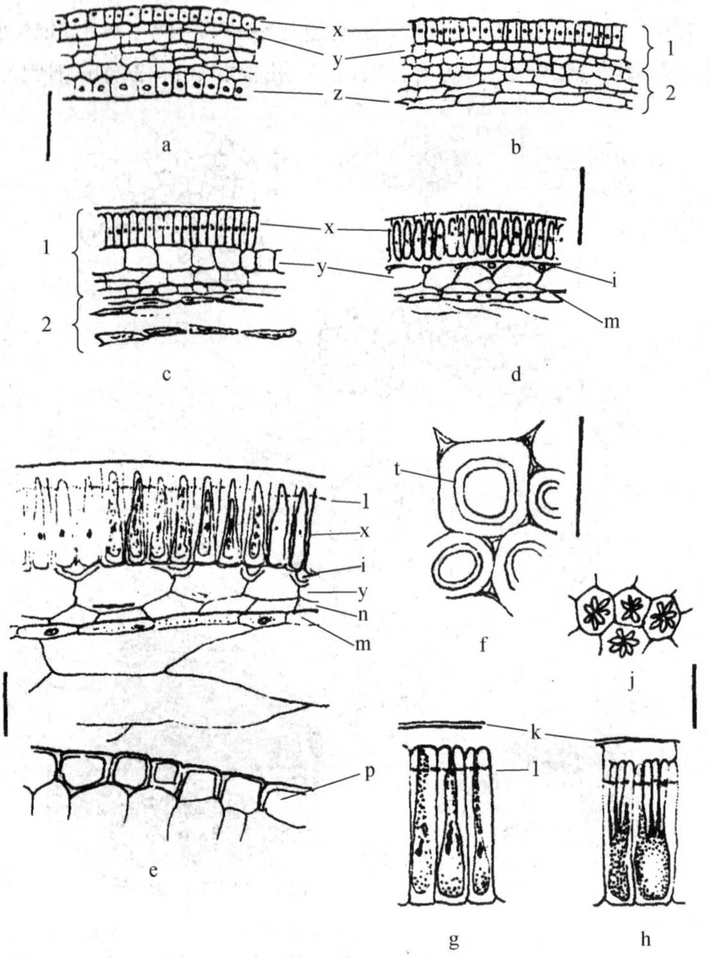

图 3-9　白三叶种皮的发育过程(Erith，1924)

a. 成熟而未受精胚珠壁的横切面　b～d. 受精后胚珠壁发育过程的横切面

e. 种皮　f. 亚表层(y)表面结构　j～h. 成熟种皮栅栏层细胞的纵切面

1. 外珠被　2. 内珠被　x. 栅栏层　y. 亚表皮层　z. 内珠被内层　n."营养"层

m."糊粉"层　i. 胞间隙　t."骨状细胞"的厚壁　l. 明线　k. 角质层

成熟的种子中亚表层细胞之下有两层完整的细胞(图 3-9c)。外层为外珠被的第三层细胞,由薄壁细胞构成,未成熟种子种皮剥落时,包括这一层作为分离层,很容易与种子分离;内层为内珠被的外表皮,为一层保留完整的薄壁细胞,其外侧略加厚并强烈角化。内珠被的第二层和第三层细胞在种皮发育过程中解体。

外珠被的外层细胞发育为防止种子外部损伤和不透水的结构。未受精之前,外珠被的外层细胞是等径细胞(图 3-9a)。受精之后,进行垂周分裂,并沿着与胚珠表面垂直的方向伸长,使细胞的长为宽的 4～5 倍。伸长后称之为栅栏细胞(或肾锥体细胞)的细胞壁沿顶端到基部形成 6～8 个加厚的棱,横切细胞表现为星状结构。细胞顶端加厚的棱脊很宽,细胞腔几乎消失,基部加厚减弱,细胞腔变宽,顶端的细胞壁非常厚,在外面形成一盖层,并被一层角质所覆盖。

3.3 牧草种子形成发育过程中的物质变化

种子的形成过程，实质上是种子从小长大的形态建成和营养物质在种子中变化与积累的过程。种子成熟期间物质的变化与种子萌发时的变化相反，牧草营养器官合成的养分以可溶性的低分子化合物状态如葡萄糖、蔗糖、氨基酸等形式运往种子，在种子中逐渐转化为不溶性的高分子化合物，如淀粉、蛋白质、脂肪等，并在种子中积累起来。种子中营养物质的积累过程伴随着激素和酶的一系列变化。经过一段旺盛的生长，种子的干物质积累速度减缓，激素含量下降，酶活性下降，水分大量散失，呼吸作用强度下降，胚外围细胞大量死亡（如珠被、珠心、胚乳等），胚进入静止状态，种子便开始静止或休眠（图 3-10）。

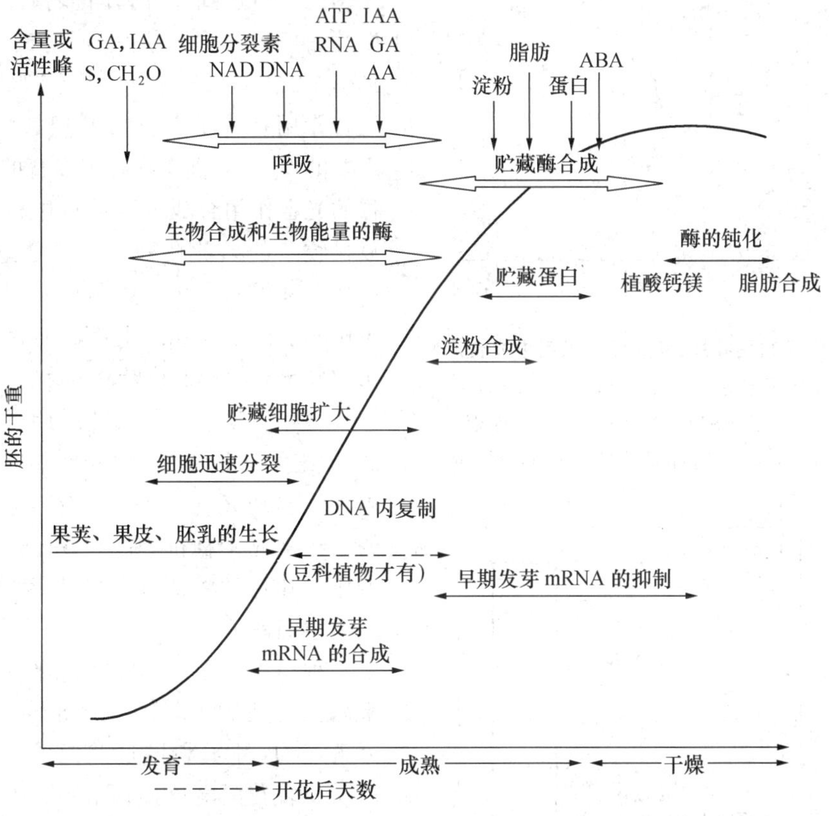

图 3-10　种子发育模式图(Ching,1985)

3.3.1　种子贮藏物质的来源

种子生长发育的过程，是胚珠发育为种子以及营养物质在种子中积累贮藏的过程。种子贮藏物质的来源主要是牧草开花后茎、叶及其他营养器官合成的光合产物。茎、叶光合产物是种子积累营养物质的主要来源，图 3-11 中白羽扇豆的叶片、韧皮部、果实中光合产物的同步

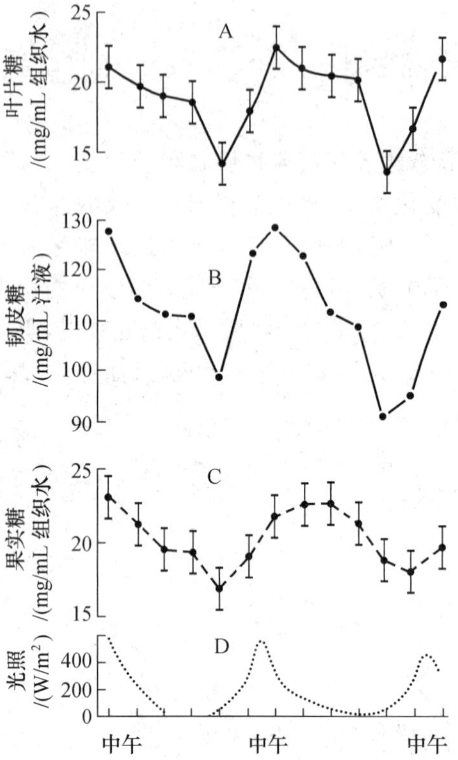

图 3-11 白羽扇豆叶片、韧皮部和果实中光合产物日变化的同步性(Sharkey 和 Pate,1976)

A. 叶片含糖量,代表果实的光合捕获量 B. 韧皮液中蔗糖含量 C. 果实中游离糖含量 D. 阳光辐射量

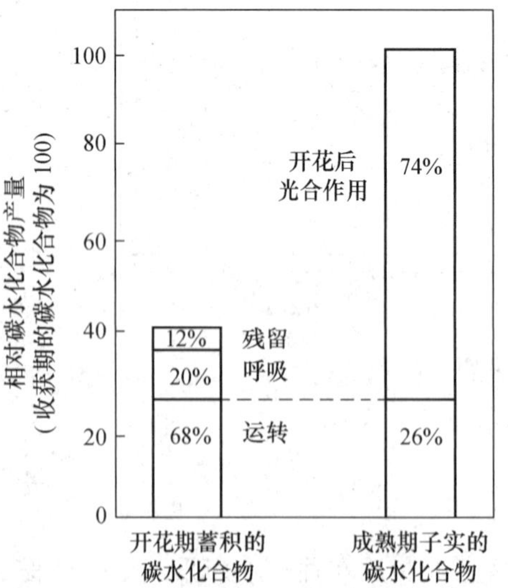

图 3-12 开花前蓄积于营养器官的碳水化合物对子实产量的贡献(Cook 和 Yoshlda,1972)

变化说明了果实中营养物质的积累与叶片的光合作用有直接关系。除茎叶外,其他光合器官如禾本科牧草的穗部、芒、果实的外表皮和豆科牧草果荚制造的营养物质,对种子的物质积累也起着重要的作用。种子中积累光合产物的数量与母体不同部位的光合能力、寿命长短、牧草的种和品种及冠部的光环境关系密切。牧草尚未抽穗或花序形成之前所制造的光合产物,除满足本身生长发育的需要外,剩余的蓄积在茎、叶鞘或分蘖节中。抽穗开花期,蓄积在这些营养体内的物质达到高峰,开花之后部分运送到发育的种子中,约占种子最终干重的15%～26%(图 3-12)。禾本科牧草穗部的光合作用在种子干物质的积累中也起着很重要的作用,特别是在种子发育的后期,内外稃的光合作用合成的物质集中输入种子中。豆科牧草的果荚在种子的成熟过程中光合产物对种子的干物质积累也有很大的贡献。植株的上位叶片或最上部的叶片,向种子运送的同化产物较低位叶片要多。

多年生牧草种子成熟后期,穗部开始变黄,但绝大部分营养体保持青绿状态,可继续向种子输送光合产物。一年生牧草营养体的老化常先于穗部,在种子的成熟过程中,老化的叶片常将所有能够动用的可溶性物质运输到种子中。

种子发育过程中,合成蛋白质的氮素来源主要是正在老化的营养器官蛋白质的分解产物,种子利用这些氮素重新合成蛋白质。多花黑麦草抽穗后叶片中的氮素急剧下降。

3.3.2 种子形成过程中物质转化的途径及形式

在种子发育过程中,从营养器官输入种子的光合产物主要是蔗糖,还有从茎部输入的氨基酸。这些光合产物和含氮化合物经过营养体的韧皮部输送到胚和胚乳。

禾本科牧草种子灌浆期间，光合作用的产物以蔗糖形式运入种子。但通过种子与母株之间维管组织的解剖发现，颖片、外稃、内稃都附着在维管系统的中断区，母株的维管束与种子维管束在小穗轴的节处断开，中断区内被许多传递细胞所填充，这种细胞可传递从母株维管束运送来的溶液到种子的维管束中，这样，光合产物经由母株的韧皮部，通过传递细胞转运至种子的胚乳中。部分禾本科牧草以蔗糖形式运输到种子的光合产物，在进入种子之前分解为单糖，然后通过珠柄—合点区由传递细胞运入胚乳组织，又转化为蔗糖，再合成淀粉。禾本科牧草种子成熟过程中，生成的氨基酸主要是种子自行合成的。合成氨基酸的含氮化合物，母株以天冬酰胺和谷氨酰胺的形式供给种子。

豆科牧草种子发育早期从胚周围的胚乳组织吸收养分，种子发育后期营养物质经由母株的韧皮部运往发育中的子叶。子叶与珠被相连，但在子叶或胚轴与种皮之间没有维管束直接相连，只能利用胚外表皮传递细胞吸收珠被内表皮传递细胞释放的营养物质。有些豆科牧草，将母株韧皮部转运至果荚的营养物质通过珠柄传递细胞运送到胚中。输入豆科牧草种子的含氮化合物主要是天冬酰胺和谷氨酰胺以及丝氨酸，在种子发育过程中，利用从酰胺等含氮化合物中所取得的氨基作为氮源，以运入种子的碳水化合物为碳架，合成贮藏蛋白所需的氨基酸。白羽扇豆由母株输入果实碳素的98%、氮素的99%和水的40%经韧皮部运送，由韧皮部输入果实的碳水化合物中90%是蔗糖，输入的含氮化合物中75%～85%为天冬酰胺和谷氨酰胺。

3.3.3 种子发育过程中贮藏物质的积累

牧草种子发育过程中，营养器官中的养分呈溶解状态向种子运输，在种子内部积聚起来，随后逐渐转化为非溶解状态的干物质，主要是高分子的淀粉、蛋白质和脂肪。在种子成熟期间的生物化学变化主要是合成作用。

3.3.3.1 种子中糖类的合成

种子发育期间，糖类在种子内不断地进行转变和积累。禾本科牧草随着种子的成熟，可溶性糖的含量随成熟度提高而不断下降，不溶性糖主要是淀粉其含量随种子成熟度提高而增加（图3-13）。

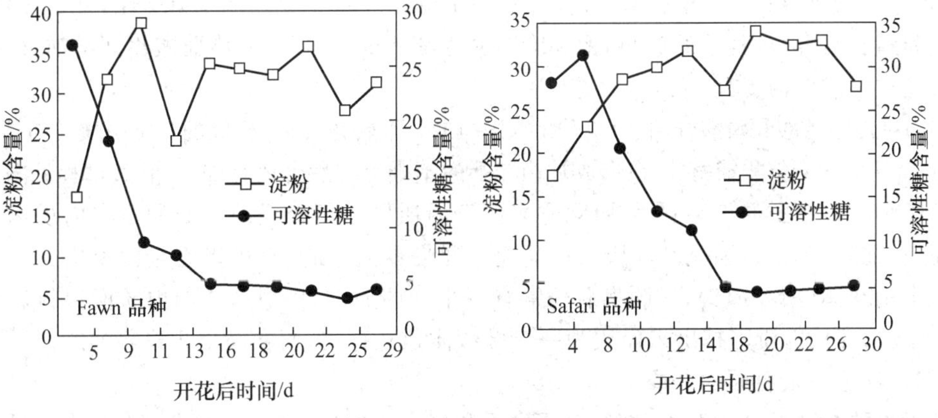

图3-13 高羊茅种子发育过程中淀粉和可溶性糖含量的变化（毛培胜等，1997）

禾本科牧草中蔗糖经母株韧皮部和传递细胞运抵胚乳，胚乳细胞停止分裂后淀粉开始沉积，最初淀粉大量沉积在腹沟两侧，后来逐渐充满整个胚乳。淀粉是在前质体内形成的，最初呈颗粒状，后来发育为复合淀粉粒。淀粉粒呈同心环状或贝壳状，每一个环(或层)可能代表一天内形成的淀粉，环是淀粉粒填充密度的突然中断形成的。豆科牧草由叶片和果荚产生的蔗糖，可以暂时以淀粉的形式贮藏在荚壳里，以后重新分解流动，转运到发育的种子中。淀粉在子叶中积累，开始时子叶的叶绿体基质中出现单粒小淀粉粒，随着种子的发育，单粒淀粉的体积逐渐增大，改变形状，最后叶绿体结构消失，被淀粉粒代替。在种子发育后期生成的淀粉为脂肪和蛋白的合成提供了碳架。

输送到种子中的蔗糖首先通过蔗糖合成酶(蔗糖-尿苷二磷酸转葡萄糖基酶)的作用转化为果糖和尿苷二磷酸葡萄糖(UDPG)。

$$\text{蔗糖} + \mathrm{UDP} \rightleftharpoons \text{果糖} + \mathrm{UDPG}$$

果糖和 UDPG 转化为一磷酸葡萄糖(G-1-P)，前者通过 6-磷酸果糖和 6-磷酸葡萄糖阶段，而后者通过 UDPG 磷酸化酶的活化完成。

$$\mathrm{UDPG} + \mathrm{PPi} \rightleftharpoons \mathrm{G\text{-}1\text{-}P} + \mathrm{UTP}$$

G-1-P 在 ADPG 磷酸化酶的作用下转化为 ADPG。

$$\mathrm{G\text{-}1\text{-}P} + \mathrm{ATP} \rightleftharpoons \mathrm{ADPG} + \mathrm{PPi}$$

由 ADPG 转化来的葡萄糖分子加到一个小的葡萄糖引物上，使链长增加一个单位。这种过程重复进行，直到淀粉分子完成为止。参与这一合成的酶是 ADPG-淀粉合成酶。

$$\mathrm{ADPG} + \mathrm{G}(n) \rightleftharpoons \mathrm{G}(n+1) + \mathrm{ADP}$$

种子贮藏的糖类还有葡聚糖和半纤维素，半纤维素是种子中细胞壁的主要成分，也是种子的后备养分。胡芦巴种子有胚乳，其胚乳细胞壁中含有很多半纤维素，半纤维素的主要成分是半乳甘露聚糖。胡芦巴种子胚乳细胞壁半乳甘露聚糖的积累贯穿在种子发育的全过程。

3.3.3.2 种子中脂肪的合成

脂肪类种子的发育过程中，脂肪的含量随着可溶性糖的减少而相应增加，表明脂肪是由糖类转化而来的。种子发育过程中，贮藏物质积累的顺序，先是糖类，而后是脂肪(或脂类)。原因是种子发育早期缺少脂肪酸合成酶类。种子中脂肪的积累有两个特点：一是种子成熟初期所形成的脂肪中含有大量的游离脂肪酸，随着种子的成熟，游离脂肪酸逐渐减少，而合成复杂的油脂，所以未成熟的种子酸价高；二是脂肪酸的性质在种子成熟期也有变化，种子发育初期，形成饱和脂肪酸，随着种子的成熟，饱和脂肪酸逐渐减少，而不饱和脂肪酸逐渐增加，因此油脂的碘价随种子成熟而提高。

脂肪是由脂肪酸和磷酸甘油(由磷酸二羟丙酮或甘油转化而来)合成的。脂肪酸在与磷酸甘油结合前，需先形成脂肪酰辅酶 A，在形成甘油二酯的基础上最后合成甘油三酯，其过程见图 3-14。

种子中贮存脂肪的细胞器为油体，它来源于内质网。新合成的脂肪积聚在内质网双层膜之间而使它膨大起来。当充满油脂的小囊泡达到临界大小时，它可以完全脱离内质网而单独形成一个小球体(图 3-15)，或脱离后仍常有一小片内质网(B 型)，或与内质网保持着许多连接点(C 型)，或从内质网挤出来而成为一个微粒体独立存在，而在膜上积聚着油脂。

3.3.3.3 种子中蛋白质的合成

种子中的蛋白质分为两类，即简单蛋白质和复合蛋白质，种子中的大部分蛋白质属简单蛋白质，是由许多不同的氨基酸以肽键连接起来的多肽链。种子中的复合蛋白主要是蛋白质与核酸结合而成的核蛋白和与脂肪结合而成的脂蛋白，量很少，存在于胚中。

种子蛋白质积累的特点是随着种子的发育，种子中的非蛋白氮(游离氨基酸和胺)先增加，而后不断降低，蛋白氮的含量逐渐增加，但在充分成熟的种子内仍留存一定数量的游离氨基酸，特别是在胚部仍留有多种高浓度的游离氨基酸。

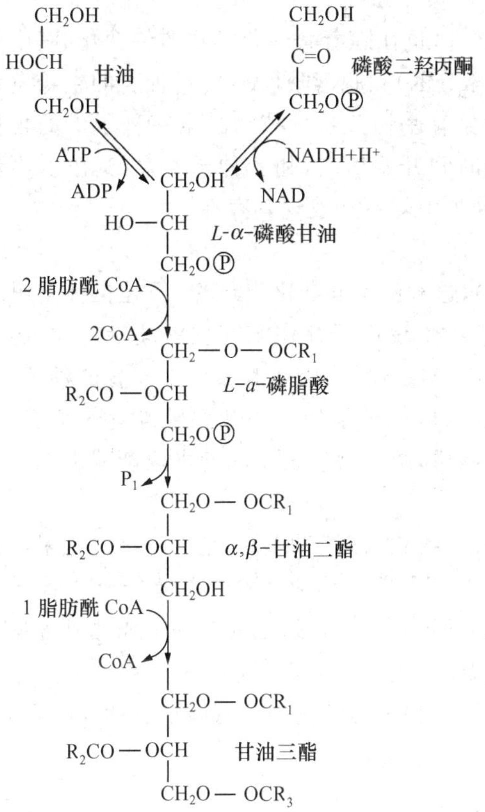

图 3-14　甘油三酯的合成途径

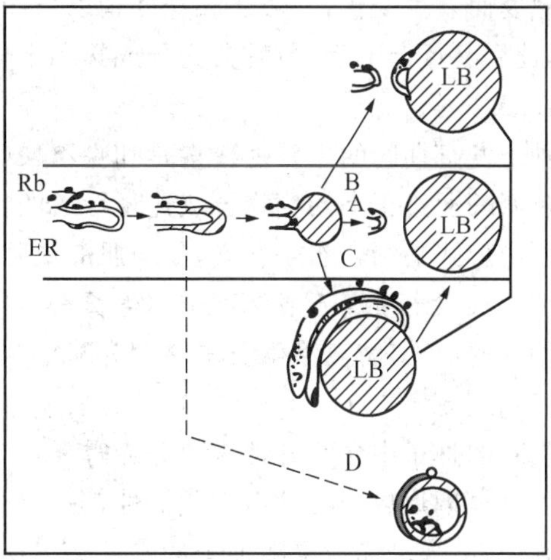

图 3-15　油体(LB)从内质网(ER)发育而来的现代假说(Wanner 等，1981)

A. 油体由内质网挤出来而无残留的膜　B. 在油体上残留小片的膜　C. 内质网的片段贴在新形成的油体上　D. 内质网的空泡通过油脂的不断累积在两层膜的中间，发育成为膜上富有油脂的小囊泡　Rb 代表核糖体

种子中蛋白质的合成有两条途径，一条是由叶片流入种子中的氨基酸直接合成；另一条是氨基酸进入种子后，分解成氨基等含氮化合物，再与 α-酮酸结合，形成新的氨基酸，再合成蛋白质。前者如豌豆种子中的球蛋白，后者如禾本科植物种子中醇溶蛋白和谷蛋白。

豆科植物(豌豆)种子中的贮藏蛋白虽然积累在液泡或蛋白体内，但它们的合成作用却发生在粗糙的内质网上，合成后输送到贮藏细胞器中。内质网上合成的蛋白质首先运送到子叶细胞最初形成的中央液泡中(体积占细胞体积的大部分)，开始在液泡中沉积，随后子叶细胞中形成许多小而呈球形的液泡，并伴随着蛋白质的沉积最终中央液泡高度盘曲，并逐渐断裂形成小的蛋白体。球形液泡逐渐变得界线明显，成为充满贮藏蛋白的离散蛋白体。禾本科植物(玉米)种子中的贮藏蛋白是在胚乳细胞中和内质网靠在一起的多核糖体上合成，新合成的蛋白质在内质网末端的膨大部或沿内质网膨大部的膜进入腔中积累并形成小颗粒，这些小颗粒被原生质流集中起来，形成较大的团聚(聚合)体，最后成为蛋白体。

蛋白质在种子中的生物合成分为三步。第一步是氨基酸的活化，即氨基酸和 ATP 在酶的作用下形成酶-氨基酸-AMP 复合体。第二步是多肽的形成，即活化氨基酸与可溶性核糖核酸(tRNA)连接,并被运到核糖体上,按照信使核糖核酸(mRNA)模板顺序排列,互相结合形成多肽。第三步是蛋白质形成后脱离模板。

3.3.4 种子发育过程中激素的变化

生长发育中的种子除积累各种贮藏营养物质之外,也伴随着其他化学物质的变化,其中植物激素——生长素(IAA)、赤霉素(GA)、细胞分裂素(CK)和脱落酸(ABA)对种子的生长发育起着调节作用,同时也和果实的生长和其他生理现象有密切关系。植物激素在种子中的含量随成熟度而发生变化,一般在胚珠受精以后的一定时间开始出现,随着种子发育,其浓度不断提高,此后又逐渐下降,最后在充分成熟和干燥的种子中就不会发现其存在。

1. 生长素

种子发育期间的主要生长素是吲哚乙酸(IAA),这种激素并非来自母株,而是在种子组织中从色氨酸通过正常的生物合成途径形成的。种子中不仅广泛存在游离型的吲哚乙酸,还有各种不同形式的结合态生长素,如与肌醇或阿拉伯糖形成的结合态生长素。在发育的种子中,游离型生长素含量高于成熟种子。生长素多积聚在未成熟种子的珠心和胚乳等营养组织中。随着种子的成熟,游离型生长素转变为酯等结合态物质,游离型生长素的含量逐渐减少。

2. 赤霉素

发育的种子中含有各种游离型赤霉素,它们的活性很高,调节种子内光合产物的积累。在种子发育早期形成的几种赤霉素活性较强,到种子发育末期才形成活性差的赤霉素。种子发育过程中,游离型赤霉素随种子的发育会出现一个或两个含量高峰,之后在种子成熟时含量下降,通常种子成熟时游离型赤霉素结合成糖苷、糖脂或与蛋白质结合存在于种子中。

赤霉素由种子本身合成,合成的场所可能在胚乳。种子的胚柄中含有高浓度的赤霉素,胚部的赤霉素很可能来自胚柄。

3. 细胞分裂素

未成熟的种子中的细胞分裂素有玉米素、异戊烯腺嘌呤以及它们的衍生物。细胞分裂素随着种子发育而变化,一般在种子细胞强烈生长时期,其含量显著增加。在胚乳体积达到最大、种子及其胚迅速生长时期,细胞分裂素含量达到高峰,然后随种子成熟而下降。

细胞分裂素的合成部位目前还不大清楚,但有些研究已证实细胞分裂素可能有两种来源,一种是来自根部,在根内合成后运输到种子中,另一种是种子本身能够合成。

4. 脱落酸

脱落酸是一种促进种子休眠的激素,为重要的种子萌发抑制物质。脱落酸存在于各种牧草的种子中,分布于种子的胚、胚乳、种皮和果实中。在种子发育过程中,脱落酸出现一次或两次高峰期,然后随种子成熟干燥而下降,在成熟的种子中维持种子的休眠特性。

种子中脱落酸的来源问题还不清楚,某些植物种子中部分或全部脱落酸可能来自母株,某些植物种子的胚和胚乳能够合成脱落酸。

3.3.5 种子发育过程中酶的变化

种子发育过程各种物质的转化与积累取决于酶的性质和状态。酶在牧草的绿色部分形成并以溶解状态输入种子。在种子发育过程中各种酶的活性有着很大的变化。种子发育初期，各种酶的活性很低，物质的水解作用旺盛，合成作用微弱。乳熟期随着种子细胞数目的增加，细胞壁面积相应扩大，以及随着淀粉粒在细胞中的形成，大大地促进了酶在细胞壁表面和淀粉粒上的吸附作用，因而使酶的活性急剧增强，达到一定程度后就开始下降(图 3-16)，于是营养物质的积累转化也就逐渐趋向缓慢以至完全停止。

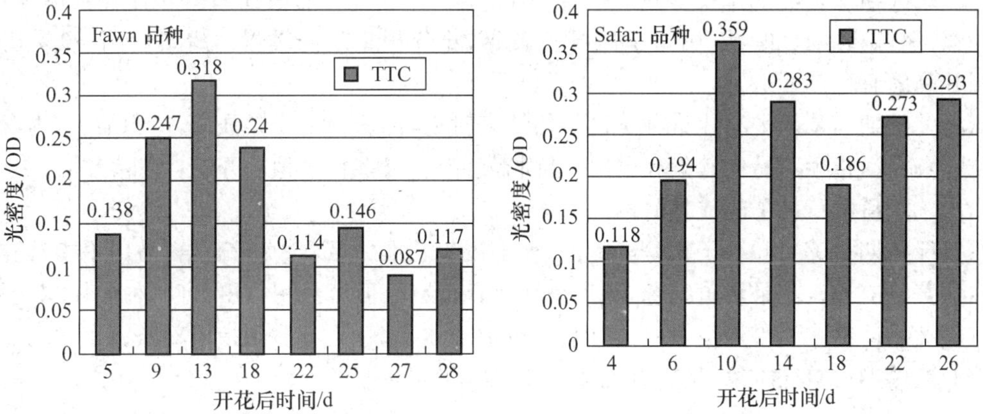

图 3-16　高羊茅种子发育过程中脱氢酶(TTC)活性(光密度与活性成正比)的变化(毛培胜等，1997)

种子发育过程中，酶活性从强到弱的变化是由于种子成熟后期，水分大量减少，促使酶转变为非活性状态的酶原，因而使有机物质的合成和水解作用大大降低。

3.4 牧草种子的成熟

牧草种子成熟应该包括两方面的含义，即形态上的成熟和生理上的成熟，只具备其中的一个条件时，就不能称为种子的真正成熟。如乳熟期的大部分牧草种子已经具备了发芽能力，但未达到最大干重，还没有达到形态上的成熟。有许多牧草种子如高羊茅、草地早熟禾等，虽然在形态上已达到充分成熟，但给予适宜的发芽条件，却不能正常发芽，必须再经过一定时间的贮藏之后才能发芽。

完全成熟的种子应具备以下基本特点：①养料输送已经停止，种子所含干物质已不再增加，即种子的千粒重已达最高限度；②种子含水量减少到一定指标，如豆科牧草含水量达35%～36%，禾本科牧草含水量达 40%～45%；③种子的硬度增高，对不良环境的抵抗力增强；④种皮坚固，呈现种或品种固有的色泽或局部特有颜色，如二色胡枝子种皮呈黑紫色或底色为褐色且具密的黑紫色花斑；⑤种子具有较高的发芽率(85%以上)和最高活力，内部的生理成熟过程已完成。

3.4.1 种子的成熟阶段

牧草种子的成熟期是按其外部形态特征的变化划分的。不同的牧草种子成熟阶段及外部特征差异很大，而且种子成熟的程序也不一致。要鉴定种子的成熟期是否已达到某阶段，应以植株上大部分种子的成熟度为标准。

3.4.1.1 禾本科牧草种子的成熟阶段

(1)乳熟期　是禾本科牧草种子成熟过程的第一时期,这一时期颖果为绿色,内外稃呈绿色,种子内含物呈白色乳汁状。此时种子体积已达最大限度,含水量较高,胚已发育完成,少数种子虽具发芽能力,但种苗生长不正常。

(2)蜡熟期　是禾本科牧草种子成熟过程的第二时期,此期颖片和内外稃开始褪绿,颖果呈固有色泽,内含物呈蜡状,用指甲压时易破碎,养分积累趋向缓慢。蜡熟后期,颖果逐渐硬化,稃片呈固有色泽。

(3)完熟期　是禾本科牧草种子成熟的结束时期,此期颖果干燥强韧,体积缩小,内含物呈粉质或角质状,指甲不易使其破碎,稃片呈固有色泽。很多牧草种子开始自然落粒。

3.4.1.2 豆科牧草种子的成熟阶段

(1)绿熟期　荚果和种子均呈鲜绿色,种子体积基本长足,含水量高,容易用手指挤碎。

(2)黄熟前期　荚果转黄绿色,种皮呈绿色,比较硬,但容易用指甲刻破,种子体积达最大。

(3)黄熟后期　荚果退绿,种皮呈固有色,种子体积缩小,不易用指甲刻破。

(4)完熟期　荚壳干缩,呈固有色泽,种子变硬。

3.4.2 环境条件对种子成熟的影响

种子在成熟过程中受外界环境条件的影响极为显著,主要表现在延长或缩短成熟所需的时间,并引起化学成分的变化。

3.4.2.1 湿度

种子成熟过程中,空气湿度及降雨量对种子成熟期的长短有显著影响。种子成熟初期含有大量水分,在天气晴朗、空气湿度较低、蒸腾作用强烈的情况下,对种子内物质的合成作用有利。如果雨水较多、相对湿度较高,种子水分向外散发困难,就会影响合成作用。阴雨、低温会影响代谢作用的强度,使酶的活性及养分输送的速度降低,从而使成熟期延长。气候特别干旱的条件下,种子成熟期会显著提早,形成瘦小而皱缩的种子,这是因为植物体内物质的运输需要充足的水分,干旱时植株内流往种子的营养物质减少或中断,促使种子提前干缩而达不到正常饱满度。盐碱地上牧草种子的成熟期由于生理干旱也会造成种子提前成熟。

种子成熟期内的湿度对种子中营养物质的积累也有很大影响。干旱(或盐碱土)地区成熟的种子淀粉含量比湿润区成熟的种子低而蛋白质含量却高。干旱条件下,细胞的膨胀程度降低,淀粉合成活动受到限制,而蛋白质合成所受的影响较淀粉合成所受的影响小。而水分充足的条件下,则有利于淀粉的合成。成熟期间降雨过多常造成植株倒伏、光合作用减弱,同时阻碍营养物质从茎叶向种子运转。种子蜡熟期多雨会使淀粉水解,种子内的糖被雨水淋洗,减少淀粉的积累。雨水过多,种子的蒸腾作用受到抑制,酶的作用趋向水解,使灌浆停止,养分积累受阻,影响种子的饱满度,使种皮及灰分比例增高。

3.4.2.2 温度

种子成熟过程中,适宜的温度可促进牧草的光合作用,加速贮藏物质的积累。较高的温度可促进种子的成熟过程,缩短成熟期,并对干物质的积累有明显的影响。如果成熟过程遇到低温,就要延迟成熟期,往往形成空秕种子或不饱满种子。

种子成熟期温度过高会引起种子的加速老化，降低其生理功能，酶的活性也提早丧失，不利于贮藏物质的积累和转化，加之呼吸作用较强，使营养物质的消耗加速，种子的饱满度受到影响。

种子成熟过程中，最忌霜冻，受霜冻的种子不但产量降低，而且影响种子的品质，使发芽率下降。

参考文献

[1] 傅家瑞. 种子生理. 北京：科学出版社，1985.

[2] 韩建国. 实用牧草种子学. 北京：中国农业大学出版社，1997.

[3] 江苏农学院. 植物生理学. 北京：农业出版社，1993.

[4] 毛培胜，韩建国，宋锦锋，等. 高羊茅种子发育过程中的生理生化变化. 草地学报，1997，5：1-7.

[5] 内蒙古农牧学院. 牧草及饲料作物栽培学. 北京：农业出版社，1987.

[6] 陶嘉龄，郑光华. 种子活力. 北京：科学出版社，1991.

[7] Ching T M. 种子的发育. 种子，1985，1：68-80.

[8] Cochrane M P，Duffus C M. Endosperm cell number in barley. Nature，1981，289：399-401.

[9] Erith A G. White Clover（*Trifolium repens* L.）. London：UK Duckworth，1924.

[10] Fairey D T，Hampton J G. Forage Seed Production，Volume 1：Temperate Species，CAB Internationa，1997，9-43，71-103.

[11] Hill M J. A study of seed production in perennial ryegrass，timothy and prairie grass：PhD Thesis. Massey University，New Zealand，1971.

[12] Hyde O C，Mclenvey M A，Harris G S. Seed development in ryegrass and red and white clover. NI J Agri Res，1959，2：947-952.

[13] Kowithayakorn L，Hill M J. A study of lucerne seed development and some aspects of hard seed content. Seed Sci & Techn，1982，10：179-186.

[14] Moser L E，Buxron D R，Casler M D. Cool-Season Forage Grasses，Agronomy Monograph no. 34. American Society of Agronomy，Crop Science Society of America，Soil Science Society of America，1996，15-70.

[15] Sharkey P J，Pate J S. Translocation form leaves to fruits of a legume，studied by a phloem bleeding technique：Diurnal changes and effects of continuous darkness. Planta（Berl），1976，128：63-72.

[16] Waston D. Structure of the tests and its relation to germination in the Papilionaceae Tribes *Trifolia* and *Loteae*. Ann Bot Ns，1948，12：385-409.

[17] Win Pe. A study of seed development，seed coat structure and seed longevity in Grasslands Pawere red clover（*Trifolium pratedse* L.）：PhD Thesis. Massey University，New Zealand，1978.

Chapter 4

第 4 章

牧草种子的休眠

4.1 休眠的概念和意义

4.1.1 休眠的概念

种子休眠(seed dormancy)通常是指具有生活力(viability)的种子在适宜萌发条件经过一定时间仍不能萌发的现象。适宜萌发条件包括温度、湿度、光照、氧气等;一定的时间通常为2周,对少数植物种最长不超过4周。种子的成熟常伴随着胚停止生长而达到顶点,不同的牧草种子成熟之后对于适宜的发芽条件如温度、湿度等条件表现出不同的反应。有些牧草种子成熟后只要给予适宜的条件马上就可以萌发,但如果得不到发芽所必须的条件仍处于停止发育状态。这种没有满足外部条件而引起生长停顿的现象叫做"静止"(quiescence)。但对于有些成熟后具有生活力的牧草种子,即使给予适宜的水分、温度与氧气条件也不发芽,需经过相当一段时间的贮藏或特殊的环境刺激之后,再给予适宜的条件才能发芽。这种与外部条件无关,只是由于种子本身的结构或生理原因造成的生长停顿现象叫做休眠。

不同的牧草种子休眠期的长短与原因也各不相同,如紫羊茅干藏1～2个月就可解除休眠,而具钩紫云英种子在发芽瓶中浸泡14年后才发芽。一般而言,禾本科牧草种子的休眠与种子自身的生理状态密切相关,而豆科种子的休眠多数与种皮致密不透水有关。根据种子休眠发生的原因,给予一定的人工处理或环境刺激,如低温层积、高温层积、施用赤霉素、硫酸处理等,可解除休眠。

4.1.2 休眠的意义

休眠在牧草种子中普遍存在,是植物在系统发育过程中长期自然选择的结果,对于植物适应生态环境与农业生产实践应用均具有重要意义。

4.1.2.1 生态学意义

1. 对逆境的适应

一般来说,种子的休眠特性与其祖先长期所处的生态条件有密切的关系。在干旱与潮湿、温暖与严寒交替地区分布的牧草,其种子常常具有遇到暂时适宜条件不会马上发芽而保持一定时间休眠的特性,以便避开干旱、酷暑、严寒等恶劣的气候,保证种子发芽及发芽后的种苗不受逆境条件的影响。

2. 有利于种的延续

野生或栽培牧草种子以休眠的方式度过不良的环境,使其种得以延续。许多植物特别是野生的多年生牧草和某些杂草种子能长年累月地在土壤中休眠,即使遇到适宜的发芽条件也不能全部萌发,始终保留着一部分休眠的活种子,如遇到突发性的自然灾害如洪水、火灾、泥石流等,这些休眠的种子在灾难过后可继续产生新的植株,保证了种的绵延不绝。

4.1.2.2 对种子生产加工的影响

1. 有利于收获和贮藏

植物种子的休眠特性，除了对物种的保存、繁衍具有特殊的生物学意义外，在牧草种子生产中也具有一定的经济意义，可保证收获季遇到适宜发芽的天气时不致在母株上发芽而造成损失，这对牧草种子的收获极为有利。种子的休眠也为保存健全有生活力的种子和延长种子的寿命提供了方便，在贮藏期可采取措施加深并延长种子休眠，以延长种子的寿命。

2. 不利于建植与杂草防治

由于种子具有休眠特性，容易导致出苗不整齐、建植率低等问题。因而，在牧草建植前，通常要采取有效的方法破除种子休眠，以改善建植状况。此外，多数田间杂草种子也具有休眠特征，给田间杂草的防治带来困难。

3. 不利于种子检验与加工

对于具有休眠的种子，发芽率测定不能准确表现所代表种子批种子的质量，需要采取措施破除休眠或进行生活力的测定等，给种子检验增加工序。此外，在豆类种子加工过程中，由于硬实种子的不吸水特性，加工之前需要对种皮进行特殊处理，增加了种子加工的成本。

4.2 牧草种子休眠的类型

自 1916 年 Crocker 最早对种子休眠进行分类以来，国际种子生物学家已提出了多个种子休眠的分类体系，但由于研究背景和出发点不同，每种分类体系各有特点。如 Amen 根据休眠发生时间顺序的划分体系，Harper 基于影响因素的划分体系，Nikolaeva 综合考虑休眠发生部位和种子内在原因的划分体系，其中 Nikolaeva 的体系更为系统和综合，也是被采用最多的体系。

4.2.1 Amen 根据休眠发生时间顺序的划分体系

Amen (1968)根据休眠的发生时间将休眠划分为初生休眠(primary dormancy)和次生休眠(secondary dormancy)。初生休眠发生在种子形成或成熟过程中，如刚收获的苜蓿种子具有的硬实为初生休眠；而次生休眠则指种子从母体脱落后本不具有休眠，由于外界因素如高温、激素等诱导而引起种子进入休眠状态。Pekrun 等人(1997)研究指出，油菜种子经 PEG 溶液处理后，休眠率可高达 75%。

4.2.2 Harper 基于影响因素的划分体系

Harper (1957,1977) 基于休眠形成的影响因素将休眠划分为内生型(innate)(相当于初生休眠)、强迫型(enforced)(静止)与诱导型(induced)(相当于次生休眠)3 种类型。该系统广泛应用于种子生态学的研究，但其划分系统侧重于种子休眠及萌发的环境因素，而未考虑种子休眠本质的多样性和内在诱因等。特别是提到强迫型休眠实际上只是对外在环境的一种描述，并非真正的休眠。

4.2.3 Nikolaeva 综合考虑休眠发生部位和种子内在原因等的划分体系

Nikolaeva(1977,2001)根据休眠发生的部位和诱因将休眠划分为3大类6个类型。首先根据休眠发生部位划分为外源性休眠(exogenous dormancy)、内源性休眠(endogenous dormancy)和综合性休眠(combined dormancy)(外源与内源结合)3大类;而后进一步根据引致休眠的原因将外源性休眠划分为物理休眠、化学休眠和机械休眠,将内源性休眠划分为生理休眠、形态休眠和形态生理休眠(表4-1)。

表4-1 种子休眠分类体系(Nikolaeva,1977)

类型	部位	原因	破除方法
外源性休眠	胚包被组织		
物理休眠		种(果)皮不透水	破除特化结构
化学休眠		存在萌发抑制物	渗出抑制物
机械休眠		胚包被组织机械阻碍胚生长	热和/或冷层积
内源性休眠	胚		
生理休眠		生理抑制	热和/或冷层积
形态休眠		胚未成熟	胚生长或萌发的适宜条件
形态生理休眠		生理抑制、胚未成熟	热和/或冷层积
综合性休眠	胚包被组织、胚		

4.2.3.1 外源性休眠

外源性休眠指胚以外的包被组织所引起的休眠,这些包被组织主要包括胚乳、种皮和果皮等。按引致原因可分为物理休眠、机械休眠和化学休眠。

1. 物理休眠

物理休眠是指由于种皮或果皮不透水从而抑制种子萌发所引起的休眠,也就是通称的硬实。存在于漆树科、木棉科、美人蕉科、桑科、旋花科、葫芦科、豆科、锦葵科、芭蕉科、莲科、鼠李科、无患子科、梧桐科等16个科中,其中以豆科最为普遍。具有该类型休眠的种子只要破除种皮或果皮对水分的阻碍作用即可萌发。种皮内阻碍水分透过的物质因种而异。种皮或果皮内由半纤维素或果胶质组成的角质层在透水方面具有强大的阻力。角质层或角质以角化膜的方式存在于种皮外层或存在于栅栏组织的细胞壁上。前者如白花草木樨、多变小冠花,金合欢和银合欢两种形式都存在。种皮不但能阻止水分的透过,而且更重要的是能够主动地控制水分。白三叶、红三叶和羽扇豆的种子(图4-1)含水量可随空气湿度的降低而减少,并且当湿度骤然增加时并不相应地增加水分含量,其原因在于这些种子的种脐部分有一个脐缝,由于周围的组织主要是外栅栏层及其外部的薄壁组织,细胞在吸湿时膨大使其关闭阻止水汽的进入。空气干燥时收缩使之张开,种子内的水分可以外出。硬实在一定程度上是由遗传性决定的,但硬实的产生与程度也受环境条件的影响。白花草木樨如果在成熟期天气炎热而干燥,硬实率高达98%以上,如成熟期遇雨硬实率接近于零。

一般认为,具有物理休眠的种子只要通过物理或化学方法进行处理,增强种皮的通透性即可破除种子的休眠，但越来越多的研究发现，物理休眠的解除受种皮特殊结构的调控。如苦豆子种子经硫酸处理后，水分首先通过种脐进入种子内部；而对于印度田菁种子，无论是热水还是硫酸处理，水分总是通过种脊进入种子内部。休眠解除过程中的初始吸水位点因物种与处理方式不同而存在较大差异。

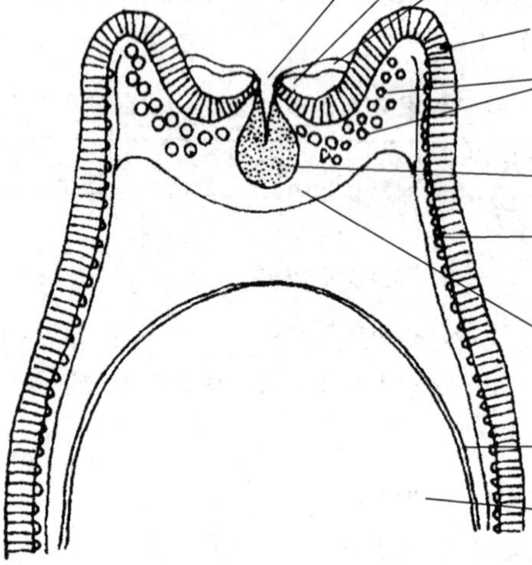

图 4-1　白三叶种脐附近的种皮结构(Thomas，1987)

2. 机械休眠

坚厚的木质硬壳或是强韧的膜质种皮，均具有不同程度的透性障碍，同时也对胚的生长具有不同程度的机械束缚作用。有些牧草种子种皮的透水性、透气性都良好，但由于种皮的机械束缚力量，阻碍了胚向外生长，从而也导致种子不能发芽而处于休眠状态。例如，反枝苋种子的种皮透性良好，但强韧的机械束缚力迫使胚不能进行伸长生长。种子吸水后，一直保持在吸胀状态，可维持长久休眠，长者 30 年之后也不发芽。但是，种子一旦得以干燥，种皮细胞壁胶体成分迅速发生变化，种皮的机械束缚力被解除，这时种子吸水膨胀便会迅速发芽。反枝苋种子的胚是不休眠的，除去种皮任何时候都能发芽。种胚生长的机械阻力除来自果皮和种皮外，胚乳也常是不可忽略的因素，如马莲种子的胚乳细胞壁富含甘露聚糖类物质，吸水性能虽佳，但对胚的生长则有强韧的束缚力。

3. 化学休眠

许多牧草的种子或果实中存在着某些抑制种子发芽的物质，如氨、氰化氢、乙烯、芳香油类、生物碱类以及各种有机酸类。这些物质有的为水溶性物质，有的为有机溶质可溶性物质或挥发性物质，它们都能抑制种子发芽而使种子处于长短不一的休眠状态。抑制物质存在的部位因植物而异，结缕草存在于颖苞和种子中，鸢尾存在于胚乳中，狼尾草和野燕麦存在于稃壳中。植物种类不同，种子或果实内所含抑制物质亦有一定差异。如结缕草颖苞及种子中的抑制物质是脱落酸(表 4-2)，锦鸡儿属和岩黄芪属种子中的抑制物质是色氨酸，草木樨种子中的香豆素对种子萌发产生抑制作用。

表 4-2 结缕草休眠与打破休眠种子发芽过程中脱落酸(ABA)含量的变化(浦心春等,1994a) μg/g

处理		发芽时间/h			第 14 天发芽率/%
		0	48	96	
休眠种子	颖苞	7.169	2.761	2.845	0.0
	颖果	6.535	4.859	2.821	
打破休眠种子	颖苞	6.598	2.419	2.721	75.5
	颖果	2.740	0.568	0.467	

抑制物质有些是专一性的,有些则是广谱性的。例如,结缕草种子浸提液可抑制苜蓿和白菜种子的萌发。实验证明,不含发芽抑制物质的种子与含发芽抑制物质的种子混合贮藏或混合发芽,则两种牧草种子的发芽会受到同样抑制。抑制物可通过被水冲洗,或将整个种皮、果皮、胚乳除去得以解除。

4.2.3.2 内源性休眠

内源性休眠指由胚所引起的休眠,按休眠原因可分为生理休眠、形态休眠以及形态生理休眠。

1. 生理休眠

生理休眠是指由种胚的生理抑制作用所引起的休眠。根据抑制程度不同,可分为浅度休眠、中度休眠与深度休眠。生理休眠是最常见的休眠类型,尤其在禾本科牧草以及一些其他科属一年生植物种子中较为普遍。许多刚成熟的牧草种子发芽率较低,有的甚至不发芽,有明显的休眠现象,但经过一段时期的风干贮藏之后,发芽率可得到显著提高。生理后熟的时间因物种不同往往差别很大,有的只需几天,有的需要几个月,个别的种需要干藏一年以上才能完成生理后熟过程,如苇状羊茅要 3～4 周,紫羊茅需 1～2 个月,地三叶需几个月。新收获的羊草种子萌发率很低,需要贮藏 3～5 年时间方可萌发。

一般认为,生理休眠是由于种子内部的代谢阻碍所致,可能与种子内部激素含量或平衡有关。大量研究表明,施用脱落酸合成抑制剂或赤霉素可解除种子的生理休眠,但由于其内在调控极为复杂,目前对生理休眠的机制尚不清楚。

2. 形态休眠

种子自母体脱落时,由于种胚尚未发育成熟而不能萌发的休眠称作形态休眠。一个完整的种胚由子叶、胚芽、胚轴和胚根组成。有一些牧草的种子(果实)虽然已表现成熟,形态上看已发育完全,并且脱离了母体,但种胚还没有完全发育成熟,甚至还停留在仅仅超过受精卵阶段的发育水平,胚仅是一团未完全分化的细胞。另有一些牧草种子的胚虽然已分化,但胚的体积还未长到足够大。这些种子的胚仍需要从胚乳中吸收养分,进行细胞组织的分化或继续生长,直到最后完成生理成熟阶段,种胚才有发芽能力。尚未成熟的种胚可能需经数周至数月才能发育完全。这类种子在萌发前通常需要一段时间的后熟,如在低温、湿润或干燥通气与较高温度条件下贮藏一段时间。铃兰、百合、荚迷和细辛等种子需要较长时间的低温(10℃以下)层积才能完成后熟。

形态休眠通常易与生理休眠相混淆,其关键在于离体胚是否能够长成幼苗。

3. 形态生理休眠

有些种子同时具有形态休眠与生理休眠，即未成熟的胚兼具有生理休眠的特性。一般见于未发育成熟的线形胚种子。形态生理休眠存在于伞形科、冬青科、天南星科、五加科、马兜铃科、小檗科、蓝堇科、八角科、百合科、木兰科、罂粟科、毛茛科和五味子科等13科中。具有形态生理休眠的种子必须经过两个步骤才能正常萌发：①胚需要继续生长达到生理成熟；②胚的生理休眠必须破除。形态生理休眠的种子萌发环境条件是主导因素，在一些植物种中，胚生长和休眠破除是在同一环境条件下，然而在另外一些种中则需要不同的条件。对于一些植物种，胚生长和休眠破除可能需要：①仅热层积（≥15℃）；②仅冷层积（0～10℃）；③热层积后冷层积；④冷层积—热层积—冷层积依次进行处理。在一些植物种中胚休眠被破除后，再继续完成生长，而有的植物种休眠破除和胚生长同时进行。

4.2.3.3 综合性休眠

有些种子的休眠受外源休眠和内源休眠的双重影响，为综合性休眠。例如，种子一方面具有致密的种皮或果皮，阻碍吸水；另一方面种胚存在代谢阻碍，即使经过处理，种皮透性增加，但种子仍然不能萌发。如椴树属种子，生理休眠和硬实现象同时存在，种子需经过种皮处理吸水后，再进行层积处理方可萌发。另外，在山楂属、山茱萸属、蔷薇属植物中生理休眠和坚硬的内果皮对种子休眠有双重影响。一般为了破除综合性休眠需对种子进行综合处理。由综合性因素引致的种子休眠具有多样性，如红果种子的休眠是由内果皮的机械休眠和深度生理休眠共同引起，光蜡树种子休眠形式为深度生理休眠、果皮的轻度抑制和胚未发育成熟。在白芷种子中，存在一种更复杂的休眠形式，生理抑制不仅影响萌发还影响胚的后熟。

随着对休眠研究的不断深入，对于是否应该将机械休眠和化学休眠单独划分，尚存在不同的观点。尽管有研究表明种子外部的组织（如核果）可能对种子萌发有机械阻碍作用，但并无确切的证据表明这种阻碍是通过什么方式进行。至于化学休眠，尽管有研究表明种子外部存在一些抑制萌发的物质，如脱落酸以及无机盐类，但这些物质存在并不意味着引起种子的休眠，尤其是这些物质在野外条件下对于维持种子休眠的作用尚缺乏证据。有鉴于此，Baskin 和 Baskin (2004) 认为化学休眠和机械休眠可并入到生理休眠类型，这样更便于对休眠原因等的认识。

4.3 种子休眠机理

4.3.1 激素调节学说

许多种子的休眠与脱落酸（ABA）含量有关，深休眠种子中脱落酸的含量较高，而休眠浅的种子中含量较低。在休眠解除的过程中，脱落酸含量呈下降趋势。许多需冷层积的种子，作为抑制剂的脱落酸在刚成熟种子中含量很高，以后便由于后熟作用而降低。外源脱落酸无论对种子还是离体胚都有强烈的抑制作用。脱落酸还抑制非休眠种子的萌发和各种已打破休眠种子的萌发。脱落酸抑制以DNA为模板的mRNA的转录，进而抑制了启动萌发所必需的特定酶类合成。

脱落酸对种子萌发的抑制作用可被细胞分裂素（CK）所逆转。受脱落酸抑制的水解酶类可由赤霉素(GA)诱导产生。糊粉层中由赤霉素诱导产生的α-淀粉酶的活性受脱落酸抑制,脱落酸对α-淀粉酶合成的抑制作用可被细胞分裂素逆转。细胞分裂素或脱落酸的相互作用在控制赤霉素的作用上具有支配作用,赤霉素在解除休眠中起主要作用,而细胞分裂素和脱落酸主要起“容许”和“阻碍”作用。因此,赤霉素调节的萌发过程在脱落酸存在时不能发生,除非存在足够的细胞分裂素克服其抑制作用。Khan(1977)根据胚芽鞘伸长率和α-淀粉酶合成量的相关指标为主要依据,提出激素调控种子休眠和萌发的模式(图4-2),即种子休眠三因素假说,赤霉素、细胞分裂素和脱落酸是种子休眠与萌发所必需的调节剂。种子中可能存在8种激素的生理状态,处于生理活跃浓度的这3类激素,缺少任何一种都可能指示种子处于休眠或萌发状态。种子休眠生理的起因可归纳为:一种情况是缺少赤霉素;另一种情况是存在脱落酸而缺少细胞分裂素,这样即使赤霉素存在也是无效的。一般赤霉素存在于胚体内部,而细胞分裂素和脱落酸则分布于胚体之外。

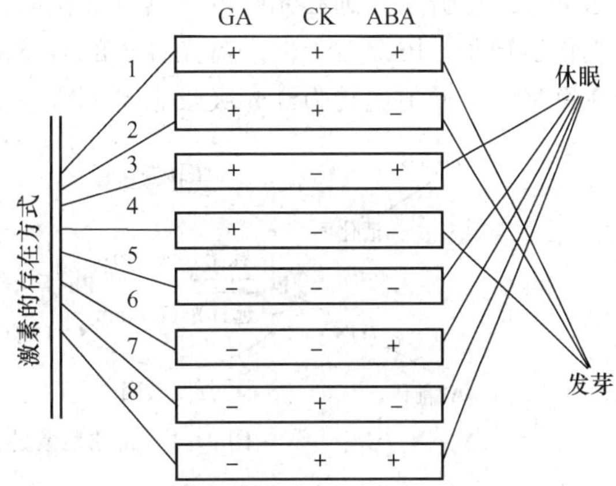

+表示激素存在生理活性浓度,−表示激素不存在生理活性浓度。

图4-2 3种激素对休眠和发芽的调控作用(Khan, 1977)

4.3.2 光敏素调控学说

需光种子经红光照射后可解除休眠。经红光解除休眠的种子,立即用远红光照射,种子又可恢复到休眠状态。种子是否处于休眠状态取决于最后一次光处理(表4-3)。忌光种子经远红光照射后休眠得以解除,但经红光照射后可逆转。这两种现象称为光可逆性。具有光可逆性的牧草种子有纤毛虎尾草、老枪谷、鬼针草、黍落芒草、羊蹄和宝盖草等种子。

表4-3 红光(R)及红外光(FR)照射对宝盖草种子发芽率的影响(Jones and Bailey, 1956)

处 理	发芽率/%
R	36.5
FR	7.2
R+FR	3.2
R+FR+R	43.6
R+FR+R+FR	5.5
R+FR+R+FR+R	48.8
R+FR+R+FR+R+FR	3.9
R+FR+R+FR+R+FR+R	45.2

种子休眠与萌发对光的这种可逆性反应由一种叫做光敏色素的物质控制着。光敏色素有两种分子结构形式,即红光吸收态Pr与远红光吸收态Pfr,前者吸收波长为660 nm的红光后可转化成远红光吸收态Pfr,后者吸收波长为730 nm的远红光后转化为红光吸收态Pr。红光

吸收态 Pr 无催化作用,远红光吸收态具有催化的生理效应,光敏色素的这两种状态可进行可逆的光化学转化。因此对于促进需光种子的萌发决定于最后光照的性质。远红光吸收态 Pfr 也可在黑暗中缓慢地逆转为红光吸收态 Pr(图 4-3)。

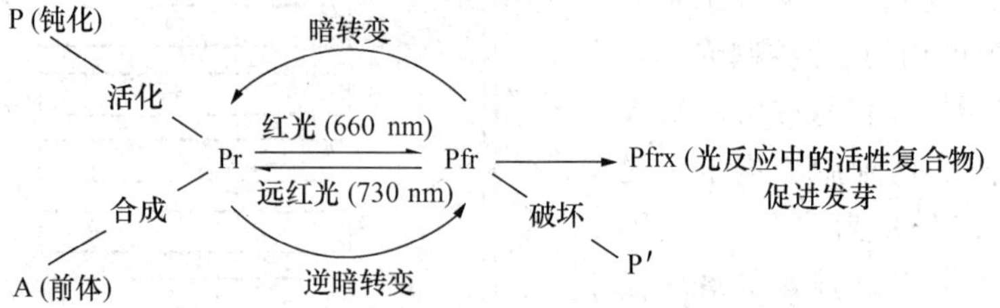

图 4-3 光敏色素的光化效应模式

普遍认为光敏色素的远红光吸收态 Pfr 具有调节核酸代谢的作用。在休眠种子内抑制物质具阻抑 DNA 的模板作用,Pfr 可消除这种阻抑,转录产生 mRNA,进而合成各种类型的酶促进种子贮藏物的分解,解除休眠。

外源赤霉素可代替光照促进光敏感种子在暗处萌发,故 Pfr 可能对合成赤霉素或使其由束缚态转变为活化态起作用。光照还能增加种子中细胞分裂素的含量。综上所述,可以设想光解除休眠是通过光敏素导致赤霉素和细胞分裂素的合成,调整了内源激素的平衡,同时基因活化,调节核酸代谢,促进蛋白质和核酸的合成,最终导致种子萌发。

光敏感种子发芽时对光的依赖性会随休眠的自然解除而消失,如画眉草种子(表 4-4),在生理后熟期,种皮的透水性和透气性增加,暗中也能发芽。需光种子草地早熟禾采收后立即在光下及暗处发芽,发芽率分别为 88%及 1%,经过 11 个月的贮藏,发芽率分别为 80%和 78%。

表 4-4 画眉草种子自然完成后熟期对光发芽依赖性的变化(藤伊正,1975) %

光照条件	采收后的贮藏时间/月					
	6	8	10	12	14	16
连续光照	5.0	19.0	65.0	80.5	82.5	85.0
连续黑暗	0	1.5	13.0	20.0	41.5	75.0
12 h 光照,36 h 黑暗	64.0	73.0	89.0	95.0		

4.3.3 呼吸途径调控学说

有活力的种子时刻进行着呼吸,即使处于非常干燥的休眠状态,其新陈代谢也并未停止。种子中的呼吸作用可以通过不同的途径进行。休眠种子的呼吸作用是通过糖酵解(EMP)—三羧酸循环(TCA)—氧化磷酸化途径进行的。种子打破休眠后的萌发代谢必须经过磷酸戊糖途径(PPP)才能实现。糖酵解—三羧酸循环—氧化磷酸化途径以细胞色素氧化酶为终点,磷酸戊糖途径的末端氧化酶对氧的亲和力比细胞色素氧化酶低得多,种子的休眠与萌发往往决定于这两种呼吸途径的末端氧化酶对氧争夺的结果。由于种子的包被结构限制着氧的进入,不能满足磷酸戊糖途径末端氧化酶对氧的需求,使磷酸戊糖途径受到抑制,从而使种子处于休眠状态。如若说普通的呼吸作用即糖酵解—三羧酸循环—氧化磷酸化途径对解除休眠是必要的,那么用糖酵解—三羧酸循环—氧化磷酸化反应的系列抑制剂如氟化钠、碘代乙酸盐、丙二酸盐、一氟代乙酸盐应该抑制种子的萌发，但相反却显著地促进了休眠种子的萌发。细胞色素氧化酶的抑制剂如一氧化碳、硫化氢、氰化钾、叠氮化钠、羟胺等不仅不能延长休眠，反而成为一种有效的休眠解除剂。这些现象清楚地说明休眠的解除并不决定于普通的呼吸作用——糖酵解—三羧酸循环—氧化磷酸化途径。

1969 年 Roberts 提出了调控种子休眠与萌发的磷酸戊糖途径假说，之后进一步加以阐明，其大意如图4-4所示。种子萌发的顺利与否必须以磷酸戊糖途径运转的情况而定。休眠种子的呼吸代谢以一般的糖酵解—三羧酸循环—氧化磷酸化途径为主，磷酸戊糖途径进行不

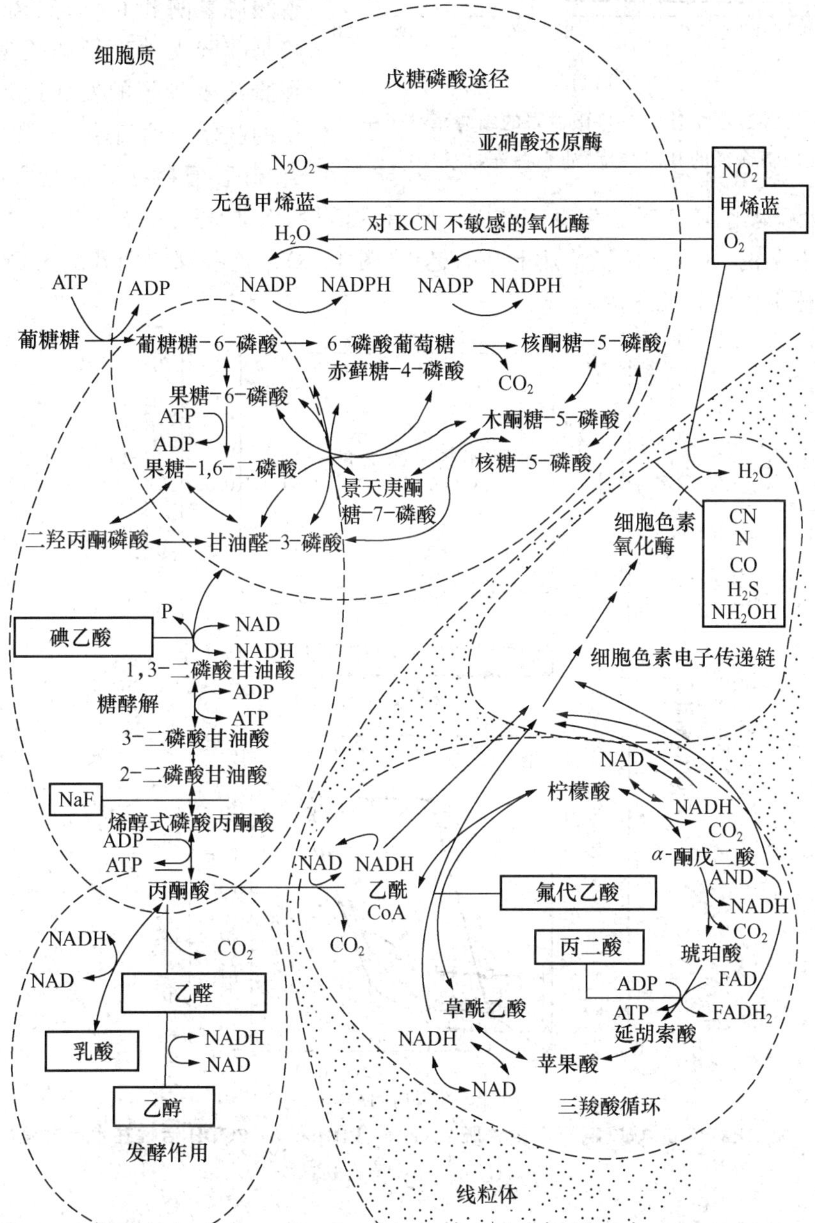

在□内的物质可刺激休眠种子的萌发，图解表示这些物质是如何直接或间接地促进磷酸戊糖途径的进行。

图 4-4　呼吸代谢途径（Roberts, 1973）

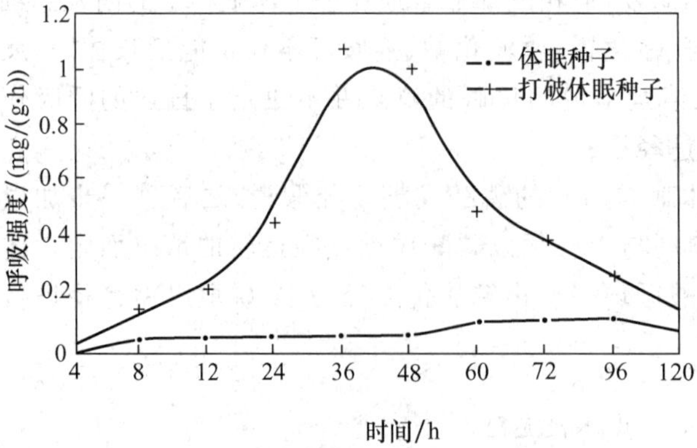

图 4-5　发芽过程中休眠与打破休眠的结缕草种子中磷酸戊糖途径的呼吸强度(浦心春等,1994b)

利。非休眠种子萌发过程中磷酸戊糖途径活化,并占主导地位。发芽过程中休眠与打破休眠的结缕草种子磷酸戊糖途径的呼吸强度测定表明,打破休眠种子中磷酸戊糖途径的呼吸强度比休眠种子中磷酸戊糖途径的呼吸强度平均高 8 倍(图 4-5)。葡萄糖-6-磷酸脱氢酶和 6-磷酸葡萄糖酸脱氢酶是磷酸戊糖途径中关键的脱氢酶,在野燕麦种子的发芽过程中,休眠种子的胚体中葡萄糖-6-磷酸脱氢酶和 6-磷酸葡萄糖酸脱氢酶的活性在发芽的 48 h 内无变化,等于种子发育成熟中所具有的活性,而非休眠种子的胚体中这两种脱氢酶的活性在发芽的 24 h 之后呈快速上升的趋势(图 4-6)。这些都说明磷酸戊糖途径的活化在解除种子休眠中的重要作用。

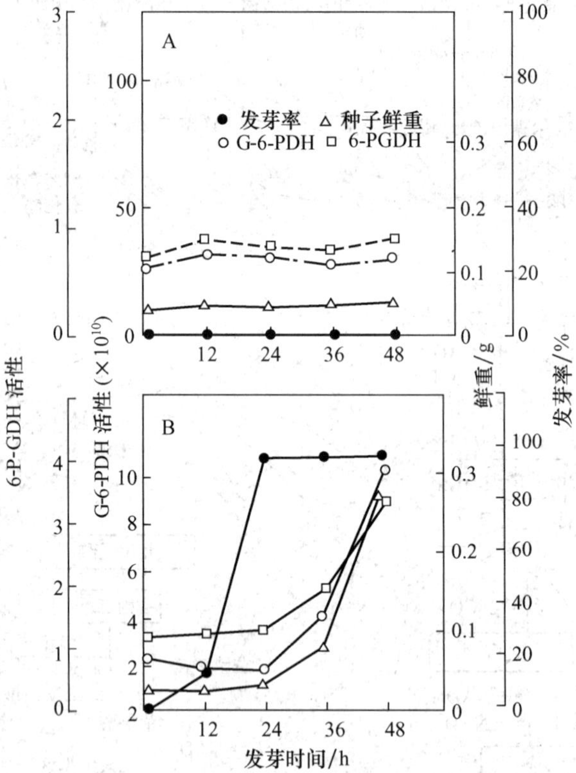

图 4-6　休眠(A)与非休眠(B)野燕麦种胚中 G-6-PDH 和 6-PGDH 活性在发芽过程中的变化

(Upadhyaya 等,1981)

种子解除休眠之所以依赖于磷酸戊糖途径,是因为磷酸戊糖途径中产生的五碳糖是合成核苷酸的原料,之后可合成核酸和辅酶,这些物质对种子萌发中的物质分解和生物合成是必不可少的。

4.4 打破种子休眠的方法

休眠的破除方法，通常因休眠的类型不同而采取不同的措施。根据休眠破除方法的原理或性质将休眠破除方法分为物理处理和化学处理两大类。

4.4.1 物理处理方法

4.4.1.1 温度处理

1. 低温处理

利用适当的低温冷冻处理能够克服种皮的不透性，促进种子解除休眠，增进种子内部的新陈代谢以加速种子的萌发。如将种子湿润在低温下保持一段时间，通常牧草种子在5～10℃的条件下处理7 d，发芽速度会明显加快，发芽率显著提高。低温处理可提高冰草属、鸭茅属、雀麦属、羊茅属、黑麦草属、羽扇豆属、苜蓿属、草木樨属、早熟禾属和野豌豆属牧草种子的发芽率。

2. 高温处理

某些牧草种子经高温干燥处理后，种皮龟裂为疏松多缝的状态，改善了种子的气体交换条件，从而解除由种皮造成的休眠，促进萌发。草地早熟禾种子经高温干燥处理，可打破休眠，提高种子的发芽率；圭亚那柱花草和紫花苜蓿种子经高温干燥处理后，可降低硬实率，促进种子萌发。110℃高温处理紫花苜蓿和红三叶种子4 min，使紫花苜蓿种子的硬实减少81%，红三叶种子的硬实减少61%。白三叶经干燥高温处理可使硬实率下降，处理时间为10 min、28℃时，硬实率为64%，59℃硬实率为46%，78℃下降为22%，98℃下降到12%。多数硬实种子经温水浸泡后可解除休眠，提高发芽率。蒙古岩黄芪用78℃的热水浸种至冷却，其发芽率由23%提高到82.5%。

3. 变温处理

未通过生理休眠的种子或硬实种子经过变温处理后，种皮因热胀冷缩作用而产生机械损伤，种皮开裂，促进种子内外的气体交换，使其解除休眠，加速萌发。生产中常常将硬实种子用温水浸种后捞出，白天置于阳光下曝晒，夜间移至凉处，经2～3 d后达到解除休眠促进萌发的目的。种子播在土中经受寒冷或霜雪，可改变种皮特性，冬播白花草木樨，到春天可获得41%的种苗，而春播只产生1%的种苗。

4. 热水浸种

热水浸种主要是通过温度对种子的种皮等产生物理作用，从而提高种子的通透性而破除休眠。热水浸种是一种简易、清洁、成本低的方法，也便于在生产和农民中推广采用。对印度田菁种子、豇豆属种子的研究表明，80℃热水浸种是适宜的浸种温度，温度过低破除休眠效果较差，而温度过高会伤害种子使不正常苗和死种子增加(表4-5)。在80℃热水浸种条件下，印度田菁种子的适宜浸种时间为8 min，而几种豇豆属种子的浸种时间为3～6 min。

表 4-5　不同温度热水处理 8 min 对印度田菁种子发芽率的影响(Wang and Hanson, 2008)　　%

处理温度/℃	发芽率	硬实率	死种子或不正常苗
对照	23	75	2
70	98	0	2
75	97	0	3
80	97	0	3
85	94	0	6

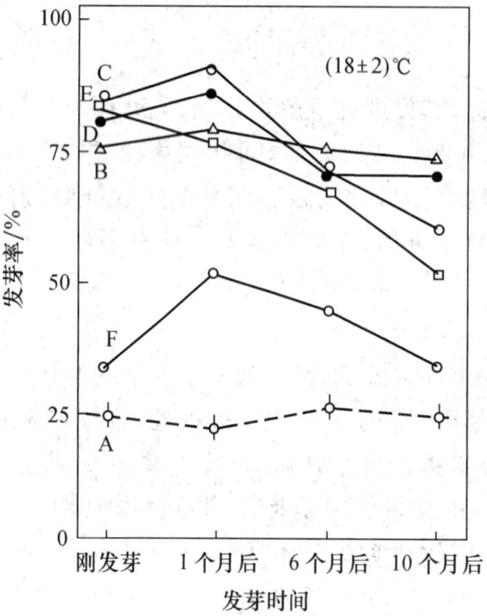

A 为对照;B、C、D、E、F 分别为 202 650 kPa 处理 5 min、10 min、15 min、20 min 和 36 min 的种子发芽率。

图 4-7　202 650 kPa 处理对白花草木樨种子发芽的影响(Davies, 1954)

4.4.1.2　机械处理

1. 擦破种皮

用擦破种皮的方法可使种皮产生裂纹,水分沿裂纹进入种子,从而打破因种皮而引起的休眠。当种子量大时,可用除去谷子皮壳的碾米机进行处理,用这种擦破种皮的处理方法可使草木樨种子的发芽率由 40%~50%提高到 80%~90%,紫云英种子的发芽率可由 47%提高到 95%。处理时以压碾至种皮起毛为止。

2. 高压处理

月见草属的种子,浸种后将种子置于 607.95~810.60 kPa(6~8 个大气压)下处理 2~3 d,这样水分可从由高压引起的种皮裂缝中进入种子,达到解除休眠而发芽的目的。干燥的紫花苜蓿和白花草木樨种子在室温下(18℃)用 202 650 kPa(2 000 大气压)处理可明显提高发芽率(图 4-7),这种方法仅对因种皮造成发芽困难的种子有效。

4.4.2　化学处理方法

4.4.2.1　无机化合物处理

有些无机酸、盐、碱等化合物能够腐蚀种皮,改善种子的通透性,或与种皮及种子内部的抑制物质作用而解除抑制,达到打破种子休眠而促进萌发的作用。不同植物种对化合物处理要求的时间和浓度有时不同,需要采用多个种子批进行试验。如果用多种化合物处理,则各种化合物处理的顺序、处理时间或处理温度等都会对休眠解除产生影响。硫酸(H_2SO_4)是豆科种子硬实处理最常用的化合物,许多研究表明 98%的浓硫酸较低浓度的效果为好,但处理时间一般因物种不同而异(表 4-6)。当年收获的二色胡枝子用 98%的浓硫酸处理 5 min 发芽率可由 12%提高到 87%。当年收获的多变小冠花种子用 95%的浓硫酸处理 30 min 可使发芽率从对照的 37%提高到 81%。当年收获的圭亚那柱花草种子用浓硫酸处理 6 min 可使发芽率从 56%提高到 84%。当年收获的草木樨种子用 98%的浓硫酸浸泡 30 min 发芽率由 4.5%提高到 92.25%。另外,浓硫酸处理也可用于某些具有坚硬外部附属物的禾本科牧草种子的休眠处理。

表 4-6　几种不同豆科植物种子适宜的浓硫酸处理时间

植物种	处理时间/min	发芽率/%		硬实率/%	
		对照	处理后	对照	处理后
苦豆子 *Sophora alopecuoides*	50	4	96	96	2
印度田菁 *Sesbania sesban*	6	8	85	92	13
Vigna membranacea	15	15	88	75	2
V. oblongifolia	15	44	86	53	7
V. racemosa	15	37	90	61	0
V. schimperi	15	27	66	46	2
野豇豆 *V. vexillata*	15	50	81	35	2

多数具有休眠特性的禾本科牧草种子,采用 0.2%硝酸钾溶液处理 7 d 可打破休眠,提高发芽率。结缕草、线叶嵩草和异穗苔草的种子,可用氢氧化钠溶液处理打破休眠(表 4-7,表 4-8)。此外,用双氧水(H_2O_2)浸泡休眠或硬实种子,可使种皮受到适度损伤,既安全又增加了种皮的通透性,使种子解除休眠。常用于打破休眠的双氧水浓度为 25%,处理时间因植物种而异,从 5 min 到 15 min 不等。

表 4-7　当年收获的结缕草种子经 NaOH 处理后的发芽率(韩建国等,1996)

处理时间/min	处理浓度/%						
	0	5	10	20	30	40	50
0	61.75	—	—	—	—	—	—
5	—	85.50	87.25	88.75	95.50	89.25	89.25
10	—	88.75	87.00	92.50	97.50	87.00	88.75
15	—	89.25	89.25	90.00	97.25	91.75	93.75
20	—	91.50	92.25	89.50	96.00	89.25	89.50

4.4.2.2　有机化合物处理

很多有机化合物都有一定的打破种子休眠、刺激种子萌发的作用。如二氯甲烷、丙酮、硫脲、甲醛、乙醇、对苯二酚、单宁酸、秋水仙精、羟氨、丙氨酸、苹果酸、琥珀酸、谷氨酸、酒石酸等。用硫脲处理种子,可以全部或局部取代某些种子对完成生理后熟的需要,或在发芽时对特殊条件的要求。

表 4-8 线叶嵩草种子和异穗苔草种子 NaOH 处理的发芽率(姚中军等,1992;房丽宁,1996)

线叶嵩草			异穗苔草		
处理浓度/%	时间/min	发芽率/%	处理浓度/%	时间/h	发芽率/%
0	0	2.5	0	0	0
5	60	51.8	5	6	82
10	40	56.3	5	8	63
15	30	53.8	5	10	72
20	20	59.3	10	1	77
25	20	24.0	10	8	95
			10	12	38
			20	2	80
			20	6	90
			20	10	98

4.4.2.3 植物激素处理

前面已论述过外源生长激素处理种子可促进种子萌发,解除种子休眠。

1. 赤霉素

赤霉素往往能取代某些种子完成生理后熟中对低温的要求和喜光种子对光线的要求而促进种子萌发,并能提高某些种子的发芽能力和促进种子提前萌发,使发芽整齐。外源赤霉素可解除野燕麦种子的休眠。另外,经清水和 NaOH 综合浸种处理过的羊草种子,用 200 μg/g 的赤霉素处理,发芽率可提高到 91%(表 4-9)。

表 4-9 浸种后赤霉素处理对羊草种子发芽率的影响(何学青等,2010)

处理方法	GA_3 浓度/(μg/g)				
	0	100	200	500	800
对照	6	9	10	11	12
30%NaOH 处理 80 min	60	71	81	78	48
清水浸种 1 d+30%NaOH 60 min	84	86	91	72	45

2. 细胞分裂素

细胞分裂素可解除因脱落酸抑制造成的休眠,其作用比赤霉素更为显著。在高浓度盐类培养基上促进莴苣种子萌发,通常细胞分裂素比赤霉素作用更强。

3. 乙烯或乙烯利

乙烯可刺激初次休眠的紫花苜蓿、独脚金、地三叶种子和二次休眠种子的萌发。外源乙烯或乙烯利对解除种子休眠效果特别明显。在解除印度落芒草种子休眠方面细胞分裂素和乙烯或乙烯利有增效作用或协同作用(表 4-10)。

表 4-10　激动素与乙烯利对打破种子休眠的作用(Tao 等,1974)

植物种	处 理	发芽率/%
苍耳	对照	5
	乙烯利 500 mg/kg	17.5
	激动素 0.1 mmol	27.5
	激动素 0.1 mmol+乙烯利 500 mg/kg	
印度落芒草	对照	18
	乙烯利 10 mg/kg	34
	激动素 0.1 mmol	36
	激动素 0.1 mmol+乙烯利 10 mg/kg	57

4.4.2.4　气体处理

化学物质的处理中有些气体物质可解除种子休眠,提高牧草种子的发芽能力。如提高氧气浓度经常使因果皮、种皮透气不良的休眠种子解除休眠。紫花苜蓿的休眠种子经浓硫酸处理后,再用水浸 30 min 并不断向水中通氧气,则不必经过数月的低温处理就可解除休眠。地三叶的硬实种子,必须用浓硫酸处理才能发芽,使用赤霉素和激动素均无效,给予 0.5%~5% 的 CO_2 则可促进其发芽,加入乙烯后的促进作用更大(表 4-11)。

表 4-11　CO_2 和乙烯对地三叶种子发芽的影响(Esashi and Leopold, 1969)　　%

处 理	空气	C_2H_4(μL/L)	CO_2(25%)	C_2H_4(μL/L)+CO_2(25%)
对照	12	62	27	83
$Hg(ClO_4)_2$①	4	5	17	
NaOH	2	55	4	
$Hg(ClO_4)_2$+NaOH②	0			

注:①$Hg(ClO_4)_2$ 是乙烯的吸收剂;②NaOH 是 CO_2 的吸收剂。

参考文献

[1] 房丽宁. 苔草种子生理特性的研究:硕士学位论文. 内蒙古农牧学院,1996.

[2] 韩建国,倪小琴,毛培胜,等. 结缕草种子打破休眠方法的研究. 草地学报,1996,4:246-251.

[3] 何学青,胡小文,王彦荣. 羊草种子休眠机制及破除方法研究. 西北植物学报,2010,30(1):120-125.

[4] 胡小文,武艳培,王彦荣. 豆科植物种子物理性休眠解除机制的研究进展. 西北植物学报,2009,29(2):420-427.

[5] 胡小文,武艳培,王彦荣,等. 豆科种子休眠破除方法初探. 西北植物学报,2009,29(3):568-573.

[6] 浦心春,韩建国,李敏. 结缕草种子脱落酸含量及打破休眠的研究. 草地学报,1994a,2(1):30-35.
[7] 浦心春,韩建国,李敏. 结缕草种子打破休眠过程中的代谢调控. 中国草地,1994b,78:20-24.
[8] 藤伊正. 植物的休眠与萌发. 刘瑞征译.北京:科学出版社,1975.
[9] 姚中军,李敏,韩建国,等.线叶嵩草种子打破休眠方法的研究. 中国草原学会第六次学术会议论文集,海南,1992.
[10] Amen R D. A model of seed dormancy. Bot Rev, 1968,34:1-31.
[11] Baskin C C, Baskin J M. Seeds: Ecology, Biogeography, and Evolution of Dormancy and Germination. San Diego, Academic Press,1998.
[12] Baskin J M, Baskin C C. A classification systerm for seed dormancy. Seed Sci Res, 2004,14:1-16.
[13] Crocker W. Mechanics of dormancy in seeds. Am J Bot, 1916,3:99-120.
[14] Esashi Y, Leopold A C. Dormancy regulation in subterranean clover seeds by ethylene. Plant Physiol, 1969, 44:1470-1472.
[15] Harper J L. The ecological significance of dormancy and its importance in weed control. Proceedings of the international congress on crop protection (Hamberg),1957, 4: 415-420.
[16] Harper J L. Population biology of plants. London: Academic Press,1977.
[17] Jones M B, Bailey L F. Light effects on the germination of seeds of henbit (*Lamium amplexicaule* L.). Plant Physiol,1956, 31:347-349.
[18] Khan A A. The Physiology and Biochemistry of Seed Dormancy and Germination. New York: Oxford,1977.
[19] Nikolaeva M G. The physiology and biotechmistry of seed dormancy and germination: Factors controlling the seed dormancy pattern. Amsterdam, North-Holland. 1977, 51-74.
[20] Nikolaeva M G. Ecological and physiological aspects of seed dormancy and germination (review of investigations for the last century). Botanicheskii Zhurnal,2001, 86:1-14.
[21] Pekrun C, Lutman P J W, Baeumer K. Induction of secondary dormancy in rape seeds (*Brassica napus* L.) by prolonged imbibition under conditions of water stress or oxygen deficiency in darkness. Eur J Agron, 1997,6: 245-255.
[22] Roberts E H. Seed dormancy and oxidation processes. Symp Soc Exp Biol, 1969,23: 161-192
[23] Roberts E H. Oxidative processes and the control of seed germination. In Seed Ecology. Heydecher W ed. London:Butterworths, 1973, 189-218.
[24] Tao K L, McDonald M B, Khan A A. Synergistic and additive effects of kinetin and etherel on the release of seed dormancy. Life Sci, 1974, 15:1925-1933.
[25] Thomas R G. Reproductive development. In White Clover, Baker M J, Williams W M ed. CAB International, 1987,62-123.

[26] Upadhyaya M K, Simpson G M, Naylor J M. Levels of Glucose - 6 - phosphate and 6 - phosphogluconate dehydrogenases in the embryos and endosperms of some dormant and nondormant line of Avena fatua during germination. Can J Bot, 1981, 59: 1640 -1646.

[27] Wang Y R, Hanson J, Mariam Y W. Effect of sulfuric acid pretreatment on breaking hard seed dormancy in diverse accessions of five wild *Vigna* species. Seed Sci and Technol,2007, 35(3):550 -559.

[28] Wang Y R, Hanson J. An improved method for breaking dormancy in seeds of *Sesbania seaban*. Expl Agric, 2008, 44:185 - 195.

[29] Wang Y R, He X Q, Hanson J et al. Breaking hard seed dormancy in diverse accessions of five *Vigna* species by hot water and mechanical scarification. Seed Sci and Technol, 2011,39:12 - 20.

chapter 5

第 5 章

牧草种子的萌发

5.1 牧草种子的萌发过程

种子萌发是牧草生命周期的起点，是生命活动最强烈的一个时期。它表现母株的遗传特性，关系到子株的生长和发育。风干后具有生命力的种子的一切生理活动都很微弱，胚的生长几乎完全停止，处于静止或休眠状态。但当通过或解除休眠后的种子处于适宜的条件下，胚就会重新恢复其正常的生命活动，从相对静止状态转化到生理代谢旺盛的生长发育阶段，形态上表现为胚根、胚芽突破种皮并向外伸长，发育成为新个体，这个过程称之为萌发。

牧草种子的萌发涉及一系列的生理生化和形态上的变化，一般牧草种子萌发可分为吸胀、萌动和发芽 3 个阶段。

5.1.1 吸胀

种子成熟收获后经干燥脱水其水分含量可降低到 14%以下。种子因脱水呈皱缩状态，组织比较坚实紧密，细胞的内含物呈干燥的凝胶状态，代谢作用非常微弱，处于静止状态。干燥种子的水势(Ψ_w)往往很低，低于－100 000 kPa(－1 000 bar)，当种子与水分直接接触或在湿度较高的环境中，则种子的胶体很快吸水膨胀，产生很大的膨胀压力，许多种子这时会胀大 1 倍，称为吸胀。

种子吸胀作用并非活细胞的一种生理过程，而是胶体吸水使体积膨大的物理过程。由于种子的化学组成主要是亲水胶体，当种子生活力丧失之后，这些胶体的性质也不会发生明显的变化，所以不论是活种子还是死种子均能吸胀。

种子内部胶体物质的吸胀力，叫做衬质势(Ψ_m)，根据水势(Ψ_w)＝衬质势(Ψ_m)＋渗透势(Ψ_s)＋压力势(Ψ_p)，而干燥的种子细胞没有液泡，因而 $\Psi_s=0$，$\Psi_p=0$，故 $\Psi_w=\Psi_m$，即衬质势等于水势。衬质势与渗透势为负值。吸胀过程中水分移动方向是从水势高的一方向水势低的一方。溶液或水的水势高于吸胀物的水势，水分就流向吸胀物。当胶体吸附到水分而膨胀后，其衬质势的负值就减小，如达到最大膨胀程度时，衬质势就上升到零，不能再靠种子内的胶体吸水。此后在种子萌发期间，随着细胞体积的增长和液泡的形成，原生质吸附的水分达饱和程度，细胞的吸水主要靠渗透势进行。

种子吸胀能力的强弱，主要决定于种子的化学成分，蛋白质含量高的种子吸胀能力强于淀粉含量高的种子，如豆科牧草种子的吸水量大致接近或超过种子本身的干重，而禾本科牧草种子吸水一般约占种子干重的 1/2。当其他成分相近时，种子中油脂含量越高，种子的吸胀能力越弱。有些植物种子内含胶质，能使种子吸取大量水分，以供种子萌发时对水分要求。

种子吸胀时，由于所有细胞的体积增大，对种皮产生很大的膨压，可能导致种皮破裂。种子吸水达到一定量时(图 5-1 中的第一阶段结束)吸胀的体积与干燥状态的体积之比称为吸胀率，一般禾本科牧草种子的吸胀率是 130%～140%，豆科牧草种子吸胀率达 200%左右。

5.1.2 萌动

萌动是种子萌发的第二阶段。种子在最初吸胀的基础上，吸水一般要停滞数小时或数天，进入吸水的滞缓期(图 5-1)，这时衬质势高，渗透势也高。死种子或休眠种子保持在吸水滞缓期。为萌发准备的大多数代谢活动，都是在吸水滞缓期发生的。在这一时期种子干燥时受损的膜系统和细胞器得到了修复，酶系统活化，种子内部生理代谢活跃起来，种胚恢复生长。当种胚细胞体积扩大伸展到一定程度，胚根尖端就会突破种皮外伸，这一现象称为种子萌动。胚根突破种皮后胚轴伸长，这时吸水再次上升(图 5-1)。

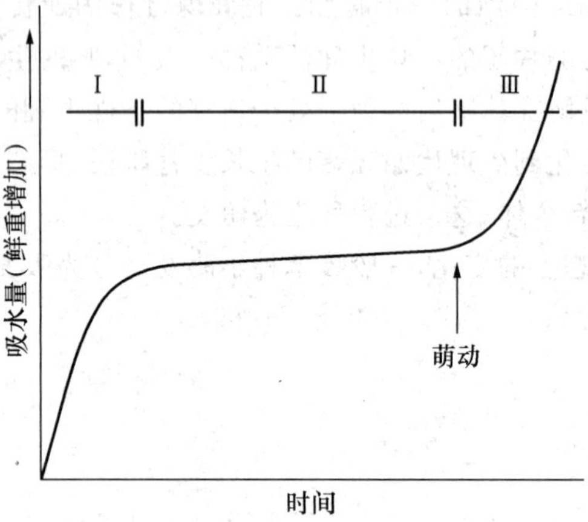

图 5-1 种子吸水的 3 个阶段

种子一经萌动，其生理状态与休眠期间相比，起了显著的变化。胚细胞的代谢机能趋向旺盛，而对外界环境条件的反应非常敏感。如遇到环境条件的急剧变化或各种理化因素的刺激，就可能引起生长发育失常或活力下降，严重时导致死亡。

5.1.3 发芽

种子萌动之后，胚细胞开始或加速分裂和分化，生长速度显著加快，当胚根、胚芽伸出种皮并发育到一定程度，称为发芽。我国传统上把胚根长度达到与种子等长，胚芽长度达到种子一半时，作为种子已经发芽的标准。国际种子检验协会的标准是种子发育长成具备正常种苗结构时为种子发芽。种子进入发芽阶段，胚的新陈代谢作用极为旺盛，呼吸强度可达最高水平，产生大量的能量和代谢产物。如果氧气供应不足，易引起缺氧呼吸，放出乙醇等有害物质，使种胚窒息以致中毒死亡。呼吸释放能量是种苗幼芽顶土和幼根入土的动力，呼吸产生的代谢产物能够满足种苗具备光合能力之前发育和生长的需要。

5.2 牧草种子萌发的生理生化基础

在种子的吸水过程中，种子内部的生理代谢活动逐渐恢复。种子干燥过程中钝化物质的活化、受损伤细胞器、大分子化合物的修复、贮藏物质的分解都发生在种子的萌发过程中。

5.2.1 活化

1. 钝化酶的活化

种子成熟时水分降低很多，水分可运转底物到酶类存在的部位，当种子水分减少到一定程度时，底物就难以运转到酶处。NAD、NADP、NADH、NADPH 等辅酶多数在线粒体中，而需要此类辅酶的酶不一定在同一处，缺少水分时辅酶就难以运转到酶处。同时辅助因子如 Mg^{2+}、Ca^{2+}、K^{+}、Na^{+} 等，缺水时也不能运转到应用的部位。这样就因辅酶和辅助因子与主酶的接触减少而使酶钝化。吸水后使辅酶和辅助因子与主酶接触从而使钝化的酶活化。

2. RNA 的活化

种子发育时期形成的信使 RNA，在种子的成熟和干燥过程中与蛋白质结合而成为复合体，即核糖核蛋白，复合体保护着信使 RNA，使其不被危害，这时信使 RNA 钝化而失去其活性。当种子吸水萌动时，复合体水解，使信使 RNA 活化，从而控制蛋白质的合成。活细胞内的蛋白质合成是在多核糖体(rRNA)上进行的，由 DNA 转录为 RNA 也是在多核糖体上进行的。当种子成熟后失水时，RNA 水解酶增加，多核糖体被水解为单核糖体，RNA 的转录和蛋白质合成受阻。种子吸水后，单核糖体合成多核糖体，恢复转录和蛋白质的合成。

5.2.2 修复

1. 膜修复

正常的膜由磷脂和蛋白质组成，具有很完整的结构。但干燥脱水时，几个磷脂的亲水端挤在一起，位于磷脂之间的蛋白质也发生皱缩，产生很多空隙，变为不完整的膜，吸水后经修复成为完整的膜(图 5-2)。

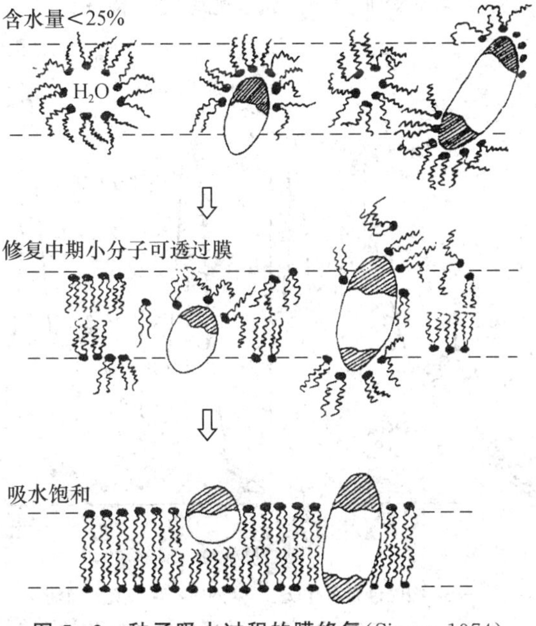

图 5-2 种子吸水过程的膜修复(Simon，1974)

膜的修复可从不同含水量大豆种子浸出液电导率的研究得以证实(图 5-3)。浸水 5 min 内，电导率增加的速率是以后的 10 倍，这是膜的修复时期。膜修复还受种子原始水分含量的影响。原始水分含量为 80%的种子，膜已修复好，所以浸出离子少，电导率低；原始水分含量 78%的种子则浸出离子增加，电导率较高；原始水分含量 35%的种子，浸出的离子更多，电导率更高，需要更多的修复。

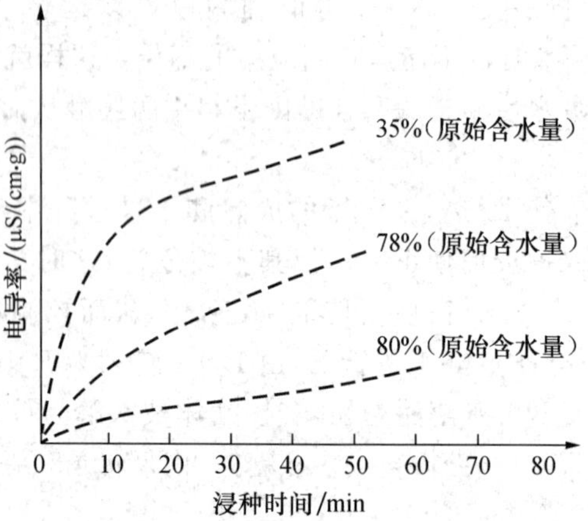

图 5-3 不同含水量大豆种子浸出液的电导率测定（Parish，1977）

2. 线粒体修复

据电镜观察，干燥种子的线粒体外膜破裂，变为不完整。Sato 等（1975）对从干燥豌豆种子匀浆蔗糖梯度分离的线粒体细胞色素氧化酶和苹果酸脱氢酶所做的活性测定（图 5-4）表明，细胞色素氧化酶活性有 3 个高峰，说明膜已破裂，其活性范围分散，但吸胀后，由于修复作用其活性范围集中；苹果酸脱氢酶有两个高峰，说明水溶性部分已从线粒体中渗漏出来，吸水后，其活性范围较为集中，表明苹果酸脱氢酶已回复到线粒体中。

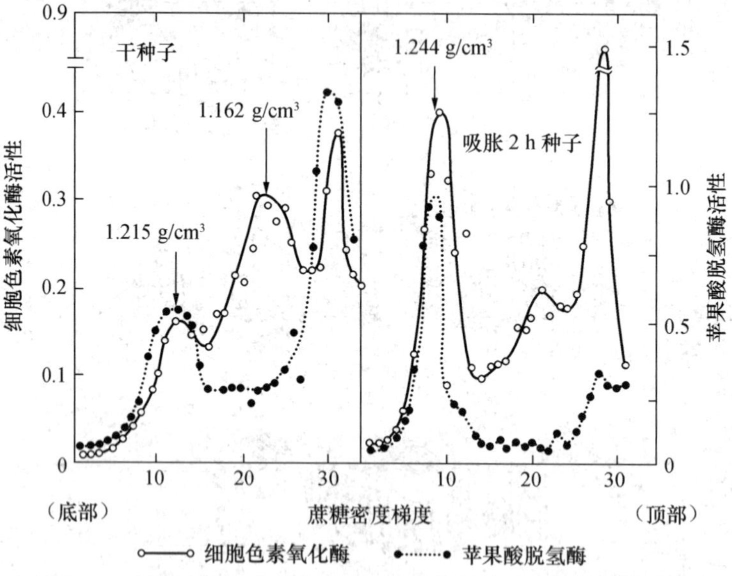

图 5-4 干燥豌豆和吸胀豌豆种子线粒体碎片的细胞色素氧化酶和苹果酸脱氢酶活性比较（Sato 等，1975）

3. DNA 修复

DNA 在种子干燥时其单链或双链上会出现裂口，在发芽的早期随着酶的活化，如 DNA 连接酶，能把 DNA 修复，使其成为完整的结构。不同发芽率的黑麦种子（95%（高活力），52%

(低活力))，放在放射性胸腺嘧啶液中培养(Osborne，1982)，由放射性胸腺嘧啶渗入量测定DNA的损伤和修复(图5-5)，高活力黑麦胚渗入量随着发芽时间的延长而增加，说明修复能力强，而低活力种子则相反。

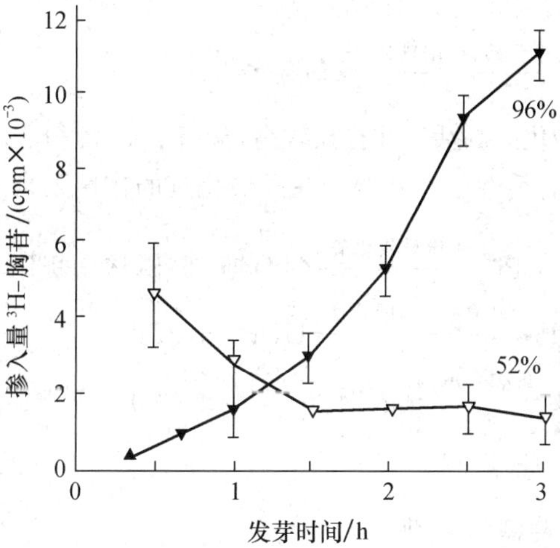

图5-5　^{3}H-胸苷渗入黑麦胚(96%高活、52%低活)中的DNA(Osborne，1982)

5.2.3　分解代谢

种子在萌发成苗的过程中，必须有物质和能量的不断供应，才能维持其生命活动。种子萌发期间需要的营养物质与能量主要来自贮藏物质的转化与利用。贮藏物质主要有淀粉、脂肪和蛋白质，它们是组成子叶或胚乳中干物质的主要成分。当种子吸胀和细胞生理活性重新活化时，这些物质在萌发时被水解成为简单的营养物质，并运转到生长部位作为构成新组织的成分和产生能量的原料。

5.2.3.1　淀粉水解

种子萌发时在水解酶的作用下，完整的淀粉粒开始被破坏，在表面出现不规则的缺痕和孔道，如同虫的蛀迹，缺痕继续增多和扩展，彼此连成网状结构，并逐渐深入到淀粉粒内部，互相沟通而使淀粉粒分裂成细碎小粒，最后完全解体。种子中贮藏淀粉的水解至少需要7种酶的作用。α-淀粉酶作用于直链淀粉的1,4-糖苷键，水解淀粉后产生麦芽糖和麦芽丙糖；作用于支链淀粉能切断支链的1,6-糖苷键而形成麦芽糖、麦芽丙糖及α-极限糊精。β-淀粉酶作用于糖苷链上是从非还原性末端开始的，作用于直链淀粉的1,4-糖苷键形成麦芽糖，作用于支链淀粉时可切断1,4-糖苷键形成麦芽糖和β-极限糊精。α-葡萄糖苷酶作用于直链淀粉可以一个个地切下葡萄糖。脱支酶(也称R-酶)可水解支链淀粉的1,6-糖苷键，切下支链。极限糊精酶可将α-极限糊精和β-极限糊精水解成葡萄糖和短直链糊精。胚乳中的淀粉水解为麦芽糖以后可直接被盾片吸收，并转化为蔗糖运输到幼苗的生长部位，也可以在麦芽糖酶的作用下形成葡萄糖后再被利用。

$$\text{直链淀粉} \xrightarrow{\alpha\text{-淀粉酶}} \text{葡萄糖} + \alpha\text{-麦芽糖} + \alpha\text{-麦芽丙糖}$$

$$\text{支链淀粉} \xrightarrow{\alpha\text{-淀粉酶}} \text{葡萄糖} + \alpha\text{-麦芽糖} + \alpha\text{-麦芽丙糖} + \alpha\text{-极限糊精}$$

α-麦芽丙糖 $\xrightarrow{\alpha\text{-淀粉酶}}$ α-麦芽糖 $\xrightarrow{\text{葡萄糖苷酶,麦芽糖酶}}$ 葡萄糖

直链淀粉 $\xrightarrow{\beta\text{-淀粉酶}}$ β-麦芽糖

支链淀粉 $\xrightarrow{\beta\text{-淀粉酶}}$ β-麦芽糖＋β-极限糊精

极限糊精 $\xrightarrow{\text{脱支酶,}\alpha\text{-葡萄糖苷酶,极限糊精酶}}$ 葡萄糖

种子萌发初期淀粉磷酸化酶的活性往往比较高,常高于α-淀粉酶的活性,吸胀几天后,α-淀粉酶的活性增强,而磷酸化酶的活性逐渐减弱。在磷酸化酶的作用下常发生淀粉的磷酸化。

直链淀粉＋ 支链淀粉＋Pi $\xrightarrow{\text{淀粉磷酸化酶}}$ 葡萄糖-1-磷酸＋极限糊精

葡萄糖-1-磷酸＋UTP $\xrightarrow{\text{UDPG 焦磷酸化酶}}$ UDPG＋PPi

UDPG＋果糖-6-磷酸 $\xrightarrow{\text{蔗糖合成酶}}$ 蔗糖-6-磷酸＋UDP

蔗糖-6-磷酸 $\xrightarrow{\text{磷酸酯酶}}$ 蔗糖＋Pi

蔗糖 $\xrightarrow{\beta\text{-呋喃果糖苷酶}}$ 葡萄糖＋果糖

5.2.3.2 脂肪的分解

种子萌发时脂肪被水解成脂肪酸与甘油后再被转化为糖。与脂肪分解有关的细胞器有油体、线粒体和乙醛酸循环体。

在油体中脂肪在脂肪酶的作用下进行脂解,生成脂肪酸和甘油;脂肪酸在乙醛酸循环体上进行β-氧化,产生乙酰 CoA,通过乙醛酸循环缩合为琥珀酸;琥珀酸受线粒体膜上琥珀酸脱氢酶的催化形成苹果酸,苹果酸在线粒体中经过三羧酸(TCA)循环转变为草酰乙酸,草酰乙酸在细胞质中进一步通过糖酵解的逆转化,形成蔗糖供胚利用(图 5-6)。脂肪水解的另一产物甘油在细胞质中迅速磷酸化,随后在线粒体中氧化为磷酸丙糖,磷酸丙糖在细胞质中被醛缩酶缩合成六碳糖,甘油也可能转化为丙酮酸,再进入三羧酸循环。

5.2.3.3 蛋白质的分解

种子萌发过程中贮藏蛋白质的分解是在一系列蛋白酶的作用下进行的。首先被水解形成水溶性的分子量较小的肽链,第二步是可溶性肽链在肽链水解酶(包括肽链内切酶、羧肽酶、氨肽酶)的作用下水解成氨基酸,产生的氨基酸进入胚的生长部位,直接或经过转化成为新细胞蛋白质合成的原料。

禾本科牧草种子贮藏蛋白存在于两个部位,一为糊粉层中的糊粉粒,一为胚乳中的蛋白质。蛋白质的分解主要发生在 3 个部位(Bewley 和 Black,1985):①胚乳,胚乳中分解贮藏蛋白的蛋白水解酶来源于糊粉层和淀粉层自身。除水解贮藏蛋白外,蛋白酶还水解酶原,活化预存的某些酶,如胚乳中的β-淀粉酶。另外还水解糖蛋白,促进胚乳细胞壁的溶化。②糊粉层,糊粉层中受赤霉素的诱导而合成蛋白酶,其中部分蛋白酶就地水解蛋白质,分解产生的氨基酸作为合成α-淀粉酶的原料。③中胚轴和盾片,盾片中存在着肽链水解酶,胚乳中水解产生的肽链由盾片吸收之后水解成氨基酸。中胚轴也含有蛋白水解酶,能水解少量的贮藏蛋白。此外,胚部还有大量蛋白水解酶参与种子生长中蛋白质的代谢转化。

5.2.3.4 贮藏磷的代谢

种子萌发时所进行的物质代谢与能量传递都和含磷有机物有直接关系。例如 RNA、

DNA、ATP、尿三磷(UTP)、卵磷脂、糖磷酸酯等。很多种子中,植酸(肌醇六磷酸)是主要的磷酸贮藏物,一般约占贮藏磷的50%以上,因贮藏形态为钾、镁、钙盐的混合物,故又称为植酸钙镁。萌发过程中植酸在植酸酶的作用下逐渐被分解,放出磷酸及其他阳离子和肌醇。肌醇常与果胶及某些多糖结合构成细胞壁,对种苗的生长是必需的。其他形式的磷酸有磷脂、磷蛋

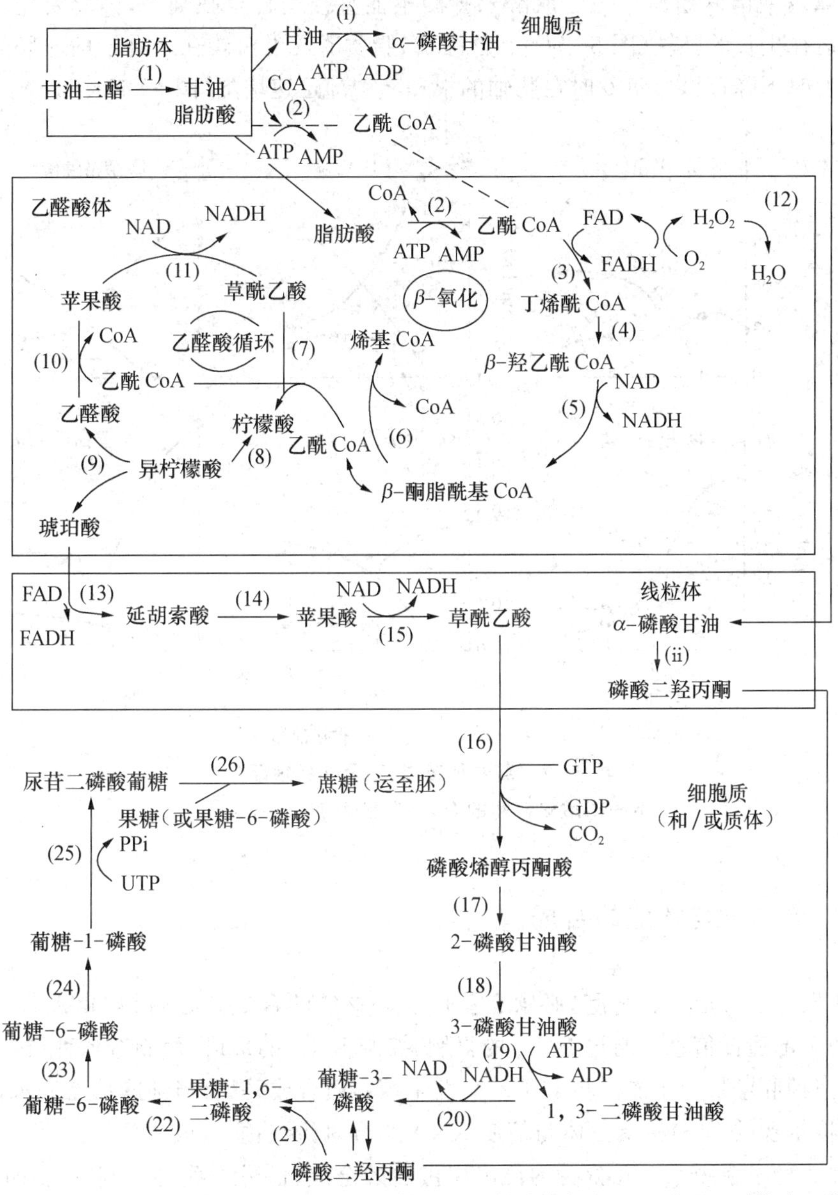

酶:(1)脂肪酶;(2)脂肪酸硫激酶;(3)乙酰辅酶A脱氢酶;(4)烯酰水合酶;(5)β-羟基乙酰辅酶A脱氢酶;(6)β-酮酰基硫解酶;(7)柠檬酸合成酶;(8)乌头酸酶;(9)异柠檬酸裂解酶;(10)苹果酸合成酶;(11)苹果酸脱氢酶;(12)过氧化氢酶;(13)琥珀酸脱氢酶;(14)延胡索酸酶;(15)苹果酸脱氢酶;(16)磷酸烯醇丙酮酸羧化酶;(17)烯醇化酶;(18)磷酸甘油变位酶;(19)磷酸甘油酸激酶;(20)3-磷酸甘油醛脱氢酶;(21)醛缩酶;(22)6-磷酸果糖激酶;(23)磷酸葡糖异构酶;(24)葡糖磷酸变位酶;(25)UDPG焦磷酸化酶;(26)蔗糖合成酶;(i)甘油激酶;(ii)α-磷酸甘油氧化还原酶

图5-6 甘油三酯异化及碳糖同化的一些途径

白、核酸磷等，其数量虽少，但在种子萌发时能水解放出磷酸，供胚轴生长利用。在种子萌发时，植酸的含量迅速减少，无机磷与其他有机磷则有所增加。燕麦干种子中肌醇六磷酸占总磷酸量的53%，而脂质、核酸、蛋白的磷酸含量则占27%。吸水后8 d内各种磷酸的动态变化是在生长胚轴中磷酸总量上升，而非胚轴部分则下降(图5-7B)，非胚轴部分是指盾片及糊粉层，糊粉层富含肌醇六磷酸。由于肌醇六磷酸不能直接运转至胚轴中，因此要先转化为无机磷，然后才运往生长的胚轴(图5-7C)。核酸磷、脂质磷及蛋白磷在干种子的非胚轴中含量丰富，而当萌发时下降；反之，萌发时在胚轴的根和茎中却迅速增加(图5-7D、E、F)。

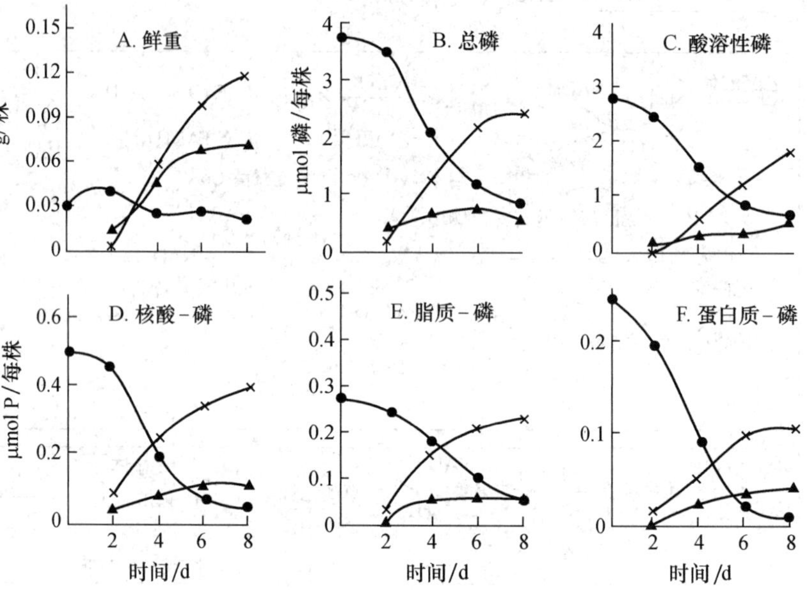

图5-7 燕麦种苗根、茎及非胚轴部分
不同磷酸化合物的变化(Hall和Hodges，1966)

5.2.4 蛋白质与核酸的合成

种子萌发过程要形成新细胞，必须有蛋白质和核酸的合成。胚内的DNA保存了该物种系统发育的全部遗传信息。通过DNA的复制，控制RNA的形成，而制造各种蛋白质，以形成新细胞，促使种胚生长。干燥的种子中不会发生蛋白质合成，只有当细胞被充分水化至可使细胞质的(真核生物的80S)核蛋白体与信使RNA结合时，蛋白质合成才开始。

有些牧草种子在吸水后几分钟内便出现蛋白的合成，而另一些种子则在几小时之后。菜豆、黑麦等种子的分离胚，吸水后30～60 min内便开始蛋白的合成。多核糖体是由若干单个核糖体与mRNA连接形成一个活跃的合成蛋白的复合体，但干燥种子中不存在。干燥种子的细胞质中含有合成蛋白所需的主要成分，它们的数量足够供应吸水后蛋白的合成，但mRNA缺乏活性，种子吸水后mRNA的活性增加，表现出较高的蛋白质合成活性。

在种子成熟的后期，种子"贮存"一些合成种子萌发所必需的酶水解酶的mRNA，这些"贮存"的mRNA引导着种子萌发最初的生长变化，在水合作用的几个小时后，这些"贮存"的mRNA被降解,游离碱基重新编码成新的 RNA 以及 rRNA 和 tRNA,继续着种子的萌发过程。

关于 DNA 的合成先于胚根伸出,还是继其之后的问题,大多数的证据说明胚根伸出是细胞伸长的结果,之后才有细胞分裂和 DNA 的合成。因此,细胞伸长,对种子萌发阶段胚根伸出起作用,而不是新细胞的形成。

5.3 牧草种子萌发期间的呼吸强度及呼吸商

种子萌发是一个由休眠到活化生长的过程,呼吸强度与呼吸商也随萌发而发生变化。

5.3.1 萌发种子的呼吸强度与呼吸商

5.3.1.1 萌发种子的呼吸强度

种子在吸水和萌发期间,呼吸强度不是一直增强的。萌发种子的呼吸过程,主要包括 4 个阶段(图 5-8):

第一阶段,呼吸作用急剧上升并保持约 10 h,原因是线粒体的内部结构得以恢复,线粒体内的柠檬酸循环和电子传递链有关的酶系统的活化。这时的呼吸商(RQ)略大于 1.0;主要的

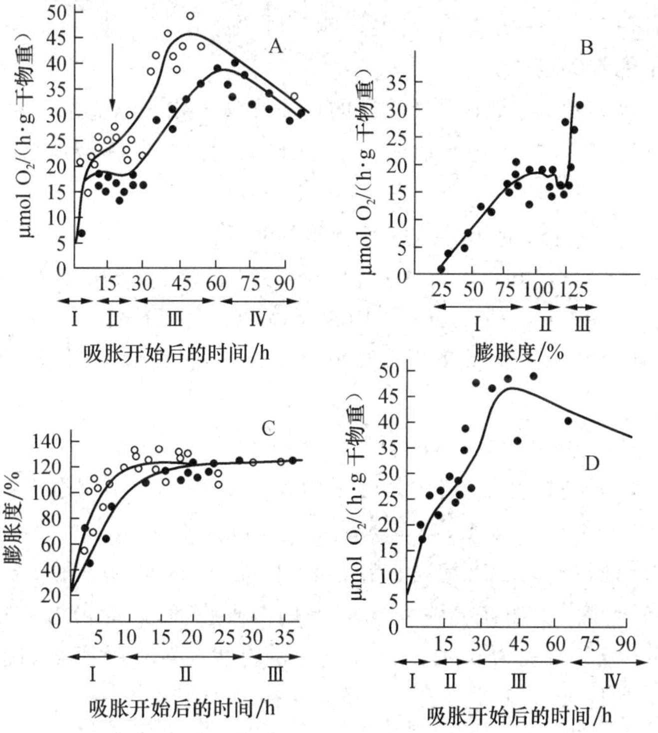

图 5-8 豌豆(品种 Rondo)种子呼吸变化的进程(Kolloffel,1967)

A. •带种皮子叶;去种皮的子叶,∘箭头示可见萌发时间

B. 带皮种子萌发的子叶膨胀度和呼吸速率的关系

C. 子叶膨胀曲线,•带皮种子子叶,∘不带皮种子子叶

D. 离体子叶的呼吸作用曲线

呼吸基质可能是蔗糖。这个阶段，呼吸强度的增强与子叶组织的膨胀度呈线性关系(图5-8B)。

第二阶段，呼吸滞缓期，在吸胀开始后10～25 h。这时子叶的水化作用已经完成，贮存的各种酶都被活化。呼吸商升高到3.0以上，表明发生了缺氧呼吸。一般认为这个阶段的限制因子是氧的缺乏，与种皮有关。

种子萌发中存在呼吸滞缓期的种子有豌豆、菜豆、绛三叶、香豌豆等，另一些种子不存在滞缓期，如野燕麦、大麦、田芥菜等。

第三阶段，第二次呼吸激增期，原因之一是胚根突破种皮，增加了氧气的供应；另一个原因是胚轴生长时细胞不断分裂，线粒体的合成不断增加，呼吸酶类的活化，致使呼吸作用剧增。这个阶段的呼吸商大约降为1.0，表明碳水化合物的好氧呼吸占优势。

第四阶段，呼吸作用明显下降，主要是随着贮藏物质的耗尽，子叶解体所致。

产生呼吸强度起伏变化的原因有：①种皮限制了气体交换的速度，使氧的供应不足而二氧化碳积累影响了呼吸。有些植物剥去种皮后，可以缩短或消除滞缓期。②有些种子，在胚根出现之前的呼吸滞缓期可能是产生第二呼吸系统所需要的时间(与氧化磷酸化有效偶联的线粒体)，并以此取代早期呼吸效率低的起始呼吸系统。在干燥种子内的线粒体膜常受损伤，这种损伤在吸水期间可进行修补，或者合成新的线粒体，但在修补或合成过程完成前，只能有无效呼吸，而后才能提高呼吸效率。③另有一些种子的滞缓期是由于在萌发期间种子内部可能产生一种对呼吸作用有抑制作用的物质，从而影响了呼吸强度。

5.3.1.2 萌发种子的呼吸商

呼吸商，又称呼吸系数，是表示呼吸基质的性质和氧气供应状态的一种指标。种子在一定时间内放出的二氧化碳物质的量与吸收氧气物质的量之比叫做呼吸商(respiretory quotient，RQ)。

RQ＝放出的CO_2物质的量/吸收的O_2物质的量

当呼吸底物是碳水化合物时，在呼吸过程中又被彻底氧化，呼吸商为1。

$C_6H_{12}O_6+6O_2 \longrightarrow 6CO_2+6H_2O \qquad RQ=CO_2/O_2=6/6=1$

呼吸底物是一种含氢率很高而含氧率低的化合物时，如脂肪、蛋白质，如果彻底氧化，其呼吸商小于1。

$2C_{18}H_{34}O_2+51O_2 \longrightarrow 36CO_2+34H_2O \qquad RQ=CO_2/O_2=36/51=0.705$

以有机酸为呼吸基质时，彻底氧化，其呼吸商大于1，但一般不超过1.5。

$C_4H_6O_5+3O_2 \longrightarrow 4CO_2+3H_2O \qquad RQ=CO_2/O_2=4/3=1.33$

种子贮藏的物质往往同时含有淀粉、脂肪和蛋白质，萌发时的呼吸基质并非单纯的一种物质，因而呼吸商也各不相同。如在浸种12～24 h内测呼吸商，以淀粉为主的种子中，豌豆的呼吸商为1.0，玉米为0.72，菜豆为0.92。此外氧的供应状况对呼吸商影响也很大，缺氧时只进行无氧呼吸，放出二氧化碳，不吸收氧气，呼吸商往往大于1.0。

5.3.2 种子萌发期间的呼吸途径

呼吸作用是氧化有机物质释放能量的过程，种子的呼吸作用伴随着能量的转化和利用。由葡萄糖开始到产生水和二氧化碳所经历的中间代谢变化为呼吸途径。植物体内存在多条路线的代谢途径，种子萌发期间的呼吸代谢途径有糖酵解（EMP）、三羧酸循环（TCA）和磷酸戊糖途径（HMP 或 PPP）。

5.3.2.1 糖酵解途径

萌发种子中将淀粉分解后的葡萄糖或其他六碳糖在一系列酶的催化下，经过脱氢氧化，逐步转化为丙酮酸的过程为糖酵解。糖酵解途径在细胞质中完成，是有氧呼吸和无氧呼吸共有的糖分解途径。其最终产物丙酮酸在呼吸代谢中处于非常重要的位置，在有氧的条件下，丙酮酸转移到线粒体中进行三羧酸循环，缺氧时丙酮酸进行无氧呼吸产生乙醇和乳酸。1 分子葡萄糖在糖酵解过程中可消耗 2 个 ATP 分子而产生 4 个 ATP 分子，净得 2 个分子 ATP。产生的 2 个分子 NADH，在有氧条件下，可进入线粒体生成 ATP。糖酵解的反应式如下：

$$C_6H_{12}O_6 + 2ADP + 2NAD^+ + 2Pi \longrightarrow 2CH_3COCOOH + 2ATP + 2(NADH + H^+) + 2H_2O$$

5.3.2.2 三羧酸循环

糖酵解最终产生的丙酮酸在有氧条件下进入线粒体逐步氧化分解，并放出能量。丙酮酸首先脱羧、脱氢形成乙酰辅酶 A，再进入三羧酸循环，并在循环中继续脱羧、脱氢直到被彻底氧化分解。每分解 1 分子丙酮酸，放出 3 分子二氧化碳和 5 对氢原子，氢原子都以 NADH 或 FADH 形式转移到呼吸链，在电子传递中释放能量，生成 15 个 ATP 分子，氢最终与氧结合形成水。

大量的研究已证明从萌发种子内提出的线粒体都有形成氧化三羧酸途径中各种有机酸的能力。

5.3.2.3 磷酸戊糖途径

磷酸戊糖途径是在细胞质中进行的。种子萌发初期的大部分呼吸是通过磷酸戊糖途径的。磷酸戊糖途径开始于葡萄糖，最终产物是 5-P-核酮糖。5-P-核酮糖是合成遗传物质 DNA 和 RNA 不可缺少的物质。其中间产物包括五碳化合物和四碳化合物，为各种合成过程必需的原料。

葡萄糖-6-磷酸脱氢酶和 6-磷酸葡萄糖酸脱氢酶是磷酸戊糖途径的两个关键的脱氢酶，对结缕草种子萌发过程中的葡萄糖-6-磷酸脱氢酶和 6-磷酸葡萄糖酸脱氢酶联合活性的测定结果表明，在萌发的 4～120 h 均存在葡萄糖-6-磷酸脱氢酶和 6-磷酸葡萄糖酸脱氢酶的活性，其活性高峰期在萌发的 36 h（图 5-9）。

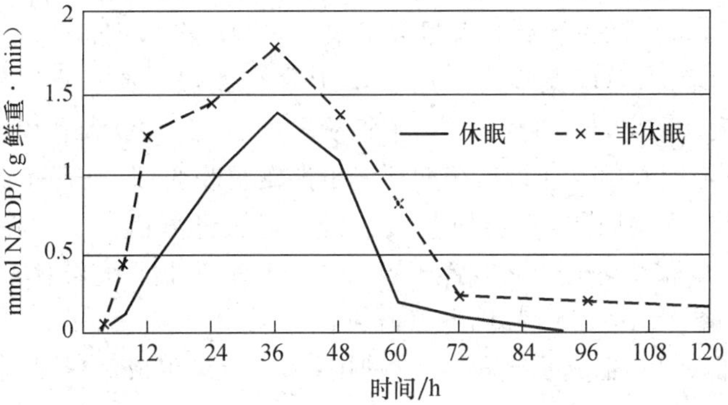

图 5-9 结缕草休眠与打破休眠种子发芽过程中的 G-6-PDH 及 6-P-GDH 联合活性（浦心春等，1994）

大量的研究证明(王爱国等,1981;浦心春等,1994;浦心春等,1996),种子在正常环境条件下萌发时,呼吸途径由糖酵解途径转向磷酸戊糖途径,再转向三羧酸循环。打破休眠的结缕草种子萌发中的呼吸途径表现方式为:糖酵解途径的呼吸强度占总呼吸强度的百分比在发芽4 h时为76.8%,占主导地位,以后逐渐下降;磷酸戊糖途径的呼吸强度占总呼吸强度的百分比,随发芽时间升高,36 h达最高为37.0%,之后下降;三羧酸循环的呼吸强度占总呼吸强度的百分比,随发芽时间的延长而升高,在36 h之后占主导地位(图5-10)。

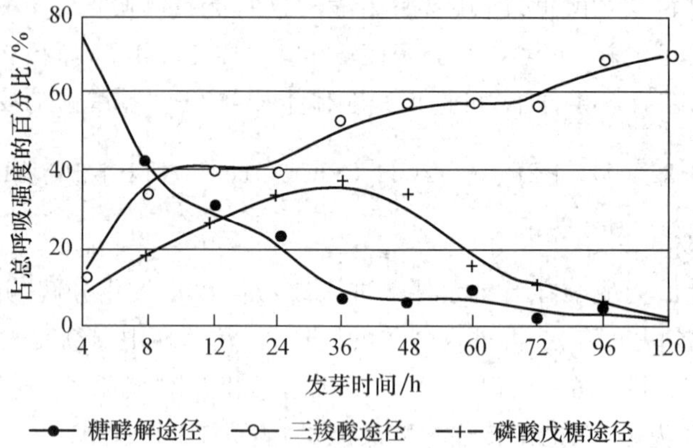

图5-10 打破休眠的结缕草种子各种呼吸途径的呼吸强度在发芽过程中占总呼吸强度的百分比(浦心春等,1996)

5.3.3 种子萌发期间的能量转变

种子萌发时需要大量的生物能,呼吸底物在氧化过程中,所释放的能量大部分都被一个载能体ATP以高能磷酸键的形式暂时贮存起来。因此ATP供应是种子萌发中一个重要的动力因素。风干种子中ATP的量很少,而种子一旦吸水ATP会成倍增加,和干种子相比有时ATP增加几十倍(图5-11)。一年生黑麦草种子吸胀后4 h,种子重与种子中的ATP含量呈正相关关系,萌发后10 d的种苗芽长与种子萌发初期的ATP含量成正相关关系(Ching,1973)。莴苣种子在吸水的2 h内,吸氧过程和吸水过程相似,然后这两个吸收过程均出现一个滞缓期,至胚根出现与生长的同时,再发生吸水和呼吸作用的上升(图5-12)。在吸水的最初4 h内,ATP含量迅速增加,然后其含量和吸氧、吸水同样,又处于稳定状态。直到萌发开始,ATP含量又继续增加,总腺嘌呤核苷酸与ATP变化相似。种子萌发过程ATP含量变化的平稳阶段与吸水和呼吸的滞缓期相吻合,平稳阶段的ATP合成和利用速率处于平衡状态,平衡阶段结束,萌发随即开始。如果滞缓期环境条件发生改变,遇到缺氧或低温,ATP的合成受到抑制,随后的供应受到限制,就会使萌发中断。例如将莴苣种子放在空气中,ATP含量高,ADP和AMP含量很低,若把种子置于氮气中,缺氧阻止了线粒体的氧化磷酸化作用,ATP含量则迅速下降,而AMP含量则显著增加。

有机体内存在着ATP生成系统和ATP利用系统,能量生成和能量利用之间的平衡关系可用核苷酸浓度表示,称之为能荷。

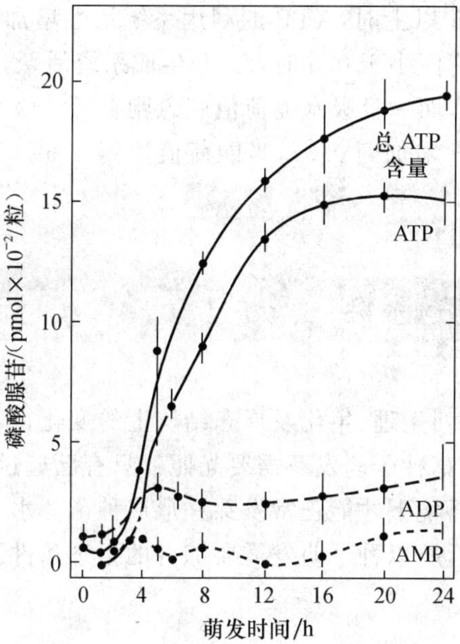

图 5-11　绛三叶种子发芽过程中(10℃)磷酸腺苷的变化(Ching,1975)

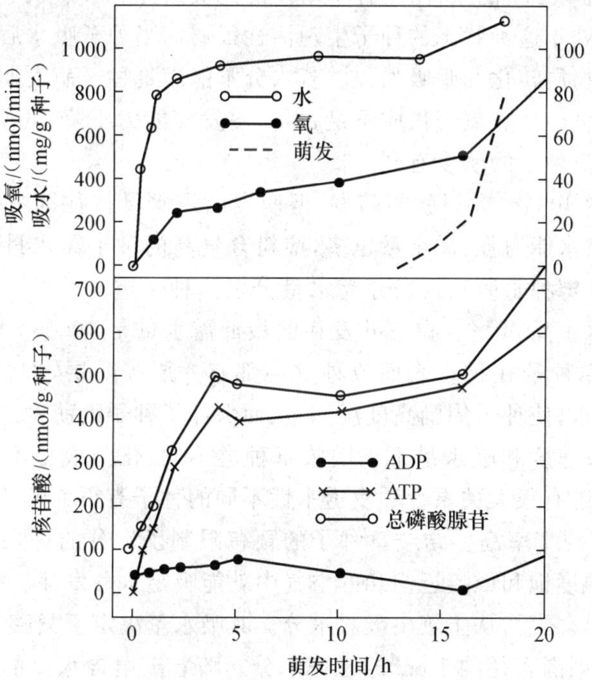

图 5-12　苜蓿种子吸水、耗氧、萌发、总磷酸腺苷、ADP、ATP 增加的时间进程(Pradet 等,1968)

$$能荷(EC)=\frac{[ATP]+\frac{1}{2}[ADP]}{[ATP]+[ADP]+[AMP]}$$

能荷在 0～1 之间变动,它是代谢过程的一个动力参数,当一个细胞内 ATP、ADP 和

AMP 的浓度达到能荷值 0.5 以上时，ATP 的利用系统活性增加；在 0.8 以上时，细胞就活跃地进行新陈代谢和繁殖；能荷值小于 0.5 时，ATP 生成系统活跃，是老化或休眠的标志。如大白菜风干种子中能荷值很低，而一旦吸水能荷值就急剧上升。吸水 1 h 的种子，能荷值由 0.13（干种子）升至 0.47，吸水 2 h 增加到 0.51，当能荷值达到 0.69 时胚根突破种皮，24 h 已萌发种子的能荷值为 0.70。

5.4 牧草种子萌发的条件

种子萌发需要经历一系列生理、生化及形态结构上的变化，实现这些变化的生态条件主要有水分、温度和氧气，某些牧草种子萌发还需要光照。只有已通过了休眠或无休眠且具生活力的种子，在一定适宜的生态环境下才能正常发芽并形成种苗。水分、温度和氧气任何一个条件得不到满足种子都不能萌发，所以种子萌发需要综合的生态条件。

5.4.1 水分

水分是一切生命活动必要的条件，是种子萌发的先决条件。成熟风干的种子含水量很少，原生质体呈凝胶状态，处于这种状态的种子生理活性很弱。当种子吸水后，原生质从凝胶状态转化为溶胶状态，内部物质转化和呼吸加强。若水分不能满足种子萌发期物质代谢的需求，种子不能萌发；但水分过多会造成氧气供应不足，不仅使发芽能力下降，还会导致种苗的形态异常，故适当的水分供应对种子的萌发有利。

一般种子含水量达 40%～60%就能萌发，但萌发的需水量往往因牧草种类的不同而异，蛋白质含量高的种子吸水能力强，需水量也多，淀粉含量高的种子需水量中等，脂肪含量高的种子需水量较低。草木樨种子萌动及发芽需水量分别为种子重量的 77.5%和 114.5%，比禾本科牧草种子萌发需水量高 60%。白三叶发芽的最低需水量是 160%，玉米发芽的最低需水量仅为 30%。部分牧草种子在种皮表面或种皮内部有一层胶质层，如多花木兰、田菁、沙蒿等，一遇水分就强烈吸水，使种子周围高度湿润，从而保证了种子的萌发。

种子对水分的吸收速度和吸水量不仅因牧草种类不同、化学成分不同而异，还与种皮结构、外界水分状况和温度有很大关系。种皮透水性不同的种子有很大的差异，多数豆科牧草种子由于种皮透水性差，硬实率高。结缕草种子的颖苞限制了水分的进入，使种子处于休眠状态。部分种子在相对湿度饱和或接近饱和的空气中就能吸足水分发芽。一般种子发芽吸收的是液态水，种子播入土壤之后，从土壤中吸收水分。其吸水量决定于紧密结合在种子周围的土壤含水量，种子可吸收周围直径约 1 cm 的土壤水分。随着土壤含水量的增加，种子的吸水量也有增长。大多数牧草种子只有在土壤含水量高时才能达到充分萌发（表 5-1）。草木樨在轻壤质土壤含水量为 3%时开始萌动，含水量达 4%时萌动率为 50%，含水量上升到 11.8%时，发芽率达 85.7%。温度在种子吸水后的一定阶段会明显地影响种子的吸水速率。往往在低温下，种子经过一定吸水时间后，吸水量不再增加，也不能萌发。在温度较高的条件下，吸水过程持续到种子萌发。在一定温度范围内，环境温度每提高 10℃，种子的水分吸收率增加 50%～80%（Cardwell，1984）。

表 5-1　几种牧草种子在含水量不同的土壤中经过 7 d 后的吸水、萌发和开始生长的情况

牧草种类	土壤含水量/%	萌　发/%	吸水(占开始重量的百分比)/%	根长/cm	芽长/cm
落芒草	7.6	0	28	—	—
	9.6	0	41	—	—
	11.2	52	99	3.0	—
	13.3	58	169	4.2	—
	14.9	62	250	5.2	6.3
毛荚野豌豆	11.6	0	76	—	—
	12.5	23	102	3.8	1.7
	13.4	27	103	3.9	2.1
	15.5	90	199	4.2	3.6
金花菜	8.1	4	65	—	—
	9.8	8	89	—	—
	11.6	34	194	2.4	2.8
	13.6	86	637	2.5	4.3
高冰草	9.5	16	39	—	—
	10.3	55	90	—	—
	10.7	87	181	5.0	3.2
	11.0	67	131	5.0	3.4
	11.3	90	168	4.8	3.8
	13.0	90	206	4.9	4.0
	13.1	97	224	4.8	4.8
	15.2	90	277	4.6	6.1

5.4.2　温度

种子萌发的另一重要生态因素是温度。种子萌发时内部进行着一系列的物质和能量的转化。种子内部物质和能量的转化需要多种酶的催化，而酶的活动必须在一定的温度范围内进行。温度低时酶的活性低或无活性，随着温度的增高，酶活性增加，催化反应的速度也加快。但酶本身是蛋白质，温度升得过高，酶将受到破坏而失去活性，使催化反应停止。因此种子萌发对温度的要求表现出最低、最适和最高温度。最低温度和最高温度分别指种子至少有 50% 能正常发芽的最低、最高温度界限；最适温度是种子能迅速萌发并达到最高发芽百分率所处的温度。牧草中紫云英种子萌发的最低温度为 1～2℃，最高温度为 39～40℃，最适温度为 15～30℃；黄花苜蓿最低温度为 0～5℃，最高温度为 35～37℃，最适温度为 15～30℃。牧草发芽的温度与其长期所处的生态环境有关，暖季型牧草一般发芽的最低温度为 5～10℃，最高温度

为40℃,最适温度为30～35℃;冷季型牧草发芽的最低温度为0～5℃,最高温度为35℃,最适温度为15～25℃。

自然条件下,昼夜温度是有变化的。大多数牧草种子在昼夜温度交替性变化条件下发芽最好。一般暖季型牧草变温条件是20～35℃,冷季型牧草的变温条件是15～25℃,一昼夜中放在低温下16 h,放在高温下8 h。一般因胚休眠造成种子休眠的牧草,变温处理能促进种子内酶的活性,有利于贮藏物的转化,用于胚的生长发育。有时变温也促使种皮发生机械变化,有利于水分和氧气进入种子,使种子易于萌发。对于一些冷季牧草,还需要预冷处理,才能使种子萌发,这种处理类似于冬春的低温刺激,有利于打破种子休眠。

5.4.3 氧气

种子萌发时,一切生理活动都需要能量的供应,而能量来自于呼吸作用,种子萌发时,呼吸强度显著增加,因而需要大量氧气的供应。在氧气不足时,种子内乙醇酸脱氢酶诱导产生乙醇,乳酸脱氢酶诱导产生乳酸,乙醇和乳酸对种子发芽都是有害的。当种子播种太深,土壤过于黏重板结,土壤含水量过高,或其他条件限制氧气的供应时,胚生长不良,发芽率低,出苗率降低。一般情况,提高土壤氧分压可促进种子的萌发。

大气中的氧气浓度是21%,能充分满足种子萌发对氧的需求。土壤空气中的氧气含量如低于5%～10%时,有许多牧草种子的发芽受到抑制。限制氧气供应的主要因素是水分和种皮。在20℃条件下,氧在空气中的扩散速度是在水中的10倍。因此,当种子刚吸胀时由于表皮水膜增厚,氧气向种胚内部扩散的阻力增加。有些种子的种皮透气性本来就差,发芽环境中水分过多,氧气供应进一步受阻,发芽会受到严重影响。因此这类种子发芽时应避免水分过多。另外,随着外界温度的升高,种胚需氧量增加,但氧在水中的溶解度降低。因此,水分过多,高温不利于种子的萌发。

参考文献

[1] 毕辛华,戴心维. 种子学,北京:农业出版社,1993.

[2] 傅家瑞. 种子生理. 北京:科学出版社,1985.

[3] 韩建国. 实用牧草种子学. 北京:中国农业大学出版社,1997.

[4] 浦心春,韩建国,李敏. 结缕草种子打破休眠过程中的代谢调控. 中国草地,1994,78:20-24.

[5] 浦心春,韩建国,李敏,等. 结缕草种子打破休眠过程呼吸途径的研究. 草业学报,1996,5(3):56-60.

[6] 徐是雄,唐锡华,傅家瑞. 种子生理的研究进展. 广州:中山大学出版社,1987.

[7] 郑光华,史忠礼,赵同芳,等. 实用种子生理学. 北京:农业出版社,1990.

[8] 中山包. 发芽生理学. 马云彬译. 北京:农业出版社,1988.

[9] Bewley J D,Black M. Seed physiology of development and germination. NewYork,London:Plenum Press,1985,253-304.

[10] Cardwell V B. In Feser M B ed. Physiological basis of crop growth and development. Amer Soci Agron/CropSci Amer,1984,53 - 92.
[11] Ching T M. Adenosine triphosphate content and seed vigor. Oregon Agri Exp Station, 1972,400 - 402.
[12] Ching T M. Temperature regulation of germination in crimson clover seed. Plant Physiol,1975,56:768 - 771.
[13] Dasberg S. Soil water movement to germinating seeds. J Exp Bot,1971,22:999 - 1008.
[14] Hall J R,Hodges T K. Phosphorus metabolism of germination oat seeds. Plant Physiol, 1966,41:1459 - 1464.
[15] Kolloffel C. Respiration rate and mitochondrial activity in the cotyledons of *Pisum sativum* L. during germination. ActaBot(Neerl),1967,16:111 - 122.
[16] Mayer A M, Poljakoff-Mayber A. The Germination of Seeds. Third ed. Oxford, NewYork:Pergamon Press,1982.
[17] Osberne D J. In Khan A A ed. The Physiology and Biochemistry of Seed Development, Dormancy and Germination. Elsvier Biomedical Press,1982,435 - 463.
[18] Pradet A, Narayanan A, Vermeersch J. Plant tissue AMP, ADP and ATP. Ⅲ Energy metabolism during the first stages of germination of lettuce seeds. Bull Soc Franc Physiol Veg,1968,14:107 - 114.
[19] Sato S, Asahi T. Biochemical properties of mitochondrial membrane from dry pea seeds and changes in the properties during imbibition. Plant Physiol,1975,56:816 - 820.
[20] Simon E W. Phospholipids and plant membrane permeability. New Phytol, 1974, 73: 377 - 420.

Chapter 6

第 6 章

牧草种子检验

6.1 牧草种子检验的意义

我国牧草种子检验工作起步较晚，1982 年制定了“牧草种子检验规程”，并于 2002 年进行了修订。1985 年制定了“禾本科主要栽培牧草种子质量分级标准”、“豆科主要栽培牧草种子质量分级标准”和“木地肤、白沙蒿种子质量分级标准”，于 2008 年修订颁布了“禾本科草种子质量分级”与“豆科草种子质量分级”。牧草种子检验规程和质量分级标准为我国牧草种子检验的重要依据，规范了我国草种检验工作。截止到 2010 年，全国有 18 个省部级牧草种子检验中心，其中有 5 个部级牧草和草坪草种子质量检验中心。中国农业大学牧草种子实验室代表农业部 1989 年被国际种子检验协会正式接纳为会员实验室。

6.1.1 牧草种子检验的目的

牧草种子检验是运用科学的方法，对生产上使用的牧草种子的质量进行检测、鉴定和分析，确定其利用价值。牧草种子检验贯穿于牧草种子生产、加工、贮藏、运输、销售和使用的全过程。牧草种子质量是一个综合概念，包括种子净度、发芽率、含水量、生活力、健康、重量等内容，这些特征对生产者、加工者、仓库管理人员、商人、农民、证书签发单位及负责种子管理的政府机构都是极为重要的。牧草种子质量的优劣，直接关系到种子经营部门的信誉，关系到牧草种子事业的兴衰成败。为保证牧草种子的质量，必须借助于先进的检测手段，严格遵守种子质量检验标准。严格的检验还能够保证种子贮藏、运输的安全，防止杂草、病虫害的传播。对牧

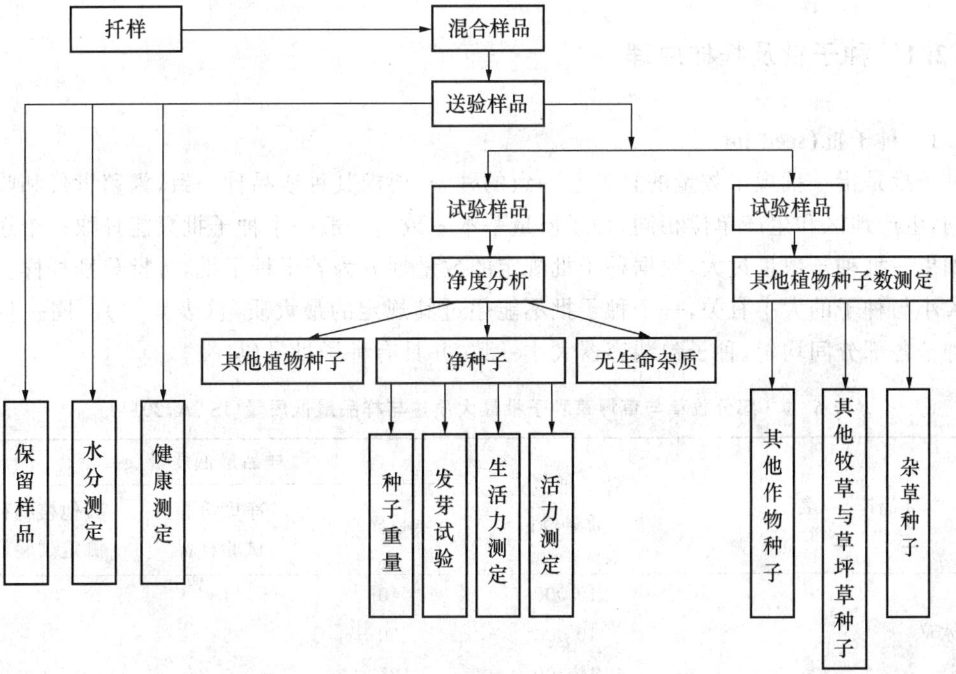

图 6-1 牧草种子检验程序

草种子采用的检验方法应要求具有较高的准确度和重演性。因检验方法的不同，有时检验结果会出现一定误差，直接影响对种子质量做出正确的评价。因此，牧草种子检验必须严格遵照国家颁布的“牧草种子检验规程”和国际种子检验协会的“种子检验规程”，才能在允许误差范围内得出普遍一致的结果。

6.1.2 牧草种子检验的程序

为了科学地检测牧草种子的质量好坏，必须采取科学系统的分析方法和分析手段，合理地确定检验程序，使每一个步骤都相互衔接、密切联系，形成一套完整的体系，从而确保检验结果的准确性。牧草种子质量检验的具体程序见图6-1。

6.2 扦　样

扦样(sampling)又称取样或抽样，通常借助于一种特制的扦样器完成。其目的是从一批大量的牧草种子中取得一个数量适合于供检验用的样品，并且这一样品能够准确地代表该批被检验种子的成分。正确的扦取种子样品是做好种子质量检验的第一环节，由于种子数量大，全部进行检验是不可能的，只能抽取其中很小的一部分样品进行检验。抽取的样品虽少，却具有代表性。扦样是否正确，样品是否有代表性，直接影响到种子检验结果的正确性。因此必须尽量设法保证检验室得到的样品能准确地代表被检验种子批的种子成分。扦样一般由具有扦样资质的扦样员担任。

6.2.1 种子批及扦样原理

6.2.1.1 种子批(seed lot)

种子批是指一批规定数量的且形态一致的种子，要求其种或品种一致，繁殖世代和收获季节相同，生产地区和生产单位相同，种子质量基本一致。一般一个种子批只能扦取一个送验样品。如果一批种子数量过大，根据种子批规定的数量划分为若干种子批，每批分别扦样。种子批的大小与种子的大小有关，一个种子批不能超过其规定的最大质量(表6-1)。同一种子批力求种子各部分间均匀，种子包装容器大小一致，并具有种子批号码。

表6-1 部分牧草与草坪草种子批最大质量与样品最低质量(ISTA,2011)

种　名	种子批最大质量/kg	样品最低质量/g		
		送验样品	净度分析试验样品	其他植物种子测定试验样品
冰草	10 000	40	4	40
沙生冰草	10 000	60	6	60
小糠草	10 000	25	0.25	2.5
匍匐翦股颖(包括匍茎翦股颖)	10 000	5	0.25	2.5

续表 6-1

种　　名	种子批最大质量/kg	样品最低质量/g		
		送验样品	净度分析试验样品	其他植物种子测定试验样品
草原看麦娘	10 000	30	3	30
鹰嘴紫云英	10 000	90	9	90
地毯草	10 000	10	1	10
伏生臂形草	10 000	100	10	100
无芒雀麦	10 000	90	9	90
无芒虎尾草	10 000	10	1	10
鹰嘴豆	20 000	1 000	1 000	1 000
多变小冠花	10 000	100	10	100
狗牙根	10 000	10	1	10
洋狗尾草	10 000	20	2	20
鸭茅	10 000	30	3	30
弯叶画眉草	10 000	10	1	10
苇状羊茅	10 000	50	5	50
羊茅(所有变种)	10 000	25	2.5	25
冠状岩黄芪(果实)	10 000	300	30	300
冠状岩黄芪(种子)	10 000	120	12	120
山黧豆	20 000	1 000	450	1 000
鸡眼草	10 000	40	4	40
多花黑麦草	10 000	60	6	60
多年生黑麦草	10 000	60	6	60
百脉根	10 000	30	3	30
白羽扇豆	30 000	1 000	450	1 000
大翼豆	20 000	200	20	200
天蓝苜蓿	10 000	50	5	50
紫花苜蓿	10 000	50	5	50
白花草木樨	10 000	50	5	50
黄花草木樨	10 000	50	5	50
红豆草(果实)	10 000	600	60	600
红豆草(种子)	10 000	400	40	400
毛花雀稗	10 000	50	5	50
巴哈雀稗	10 000	70	7	70
东非狼尾草	10 000	70	7	70

续表 6-1

种　名	种子批最大质量/kg	样品最低质量/g		
		送验样品	净度分析试验样品	其他植物种子测定试验样品
虉草	10 000	30	3	30
猫尾草	10 000	10	1	10
草地早熟禾	10 000	5	1	5
新麦草	10 000	60	6	60
黑麦	30 000	1 000	120	1 000
苏丹草	10 000	250	25	250
圭亚那柱花草	10 000	70	7	70
杂三叶	10 000	20	2	20
红三叶	10 000	50	5	50
白三叶	10 000	20	2	20
春箭筈豌豆	30 000	1 000	140	1 000
毛叶苕子	30 000	1 000	100	1 000
结缕草	10 000	10	1	10

6.2.1.2　扦样原理

扦取具有代表性的样品，首先应当使种子批各件之间或各部分之间种子质量基本一致，如果种子质量分布不均匀，即不是随机分布，那么必须采取措施，充分混合后扦样。其次，扦样点要均匀分布在整个种子批，扦样部位既要有垂直分布，也要有水平分布。第三，每个扦样点扦取的样品数量要基本一致，某个取样点种子取得过多或过少往往影响整个混合样品的代表性。第四，扦样工作必须由经过专门训练的扦样员担任。

6.2.2　样品种类

(1)初次样品(primary sample)　又称小样，从种子批一个点扦取的一小部分种子。

(2)混合样品(composite sample)　又称原始样品，由同一种子批扦取的全部初次样品混合而成的。

(3)送验样品(submitted sample)　又称平均样品，指送交种子检验机构的样品，通常是混合样品适当减少后得到的。送验样品要根据要求达到最低重量(表 6-1)，小种子最低检验样品重量为 25 g，大种子可达1 000 g。

(4)试验样品(working sample)　又称试样或工作样品，是在检验室从送验样品分取出的一定重量的种子样品，用于分析某一种子质量检验项目，也有最低重量(表 6-1)的要求。

(5)次级样品(sub sample)　是采取一定分样方法分取的一部分样品。如由混合样品分取的送验样品，或由送验样品分取的试验样品，甚至从上一级试验样品到下级试验样品，这些均称之为次级样品。

6.2.3 扦样方法

6.2.3.1 扦样器及其运用

种子扦样的方法取决于种子种类、种子堆积方式及扦样器的种类和构造。根据种子的大小、种子的易流动性和包装情况往往使用不同的扦样工具和方法。扦样器有适于水平扦样的，也有适于水平和垂直两个方向扦样的。

1. 诺培扦样器(茅式扦样器)及运用

这类扦样器也称单管扦样器(图 6－2A)，先端尖如矛，管身和手柄均为空心，管前壁开有一个椭圆形孔，只适于袋装或小容器扦样。因种子大小不同有大、中、小 3 种类型，大型内径 17 mm，中型 14 mm，小型 10 mm，总长度 500 mm，柄长 100 mm，尖头长 60 mm，约有 340 mm 的长度可插入袋内。

用诺培扦样器扦样时，将扦样器慢慢插入袋内，尖端朝上，与水平成 30°角，洞孔向下，直至到达袋的中心，然后将扦样器旋转 180°，使洞孔朝上，减速抽出，使连续部位得到的种子数量由中心到袋边依次递增。或者用长度足够插到袋的更远一边的扦样器，抽出时，则保持均匀的速度。当扦样器抽出时，需轻轻振动，以保持种子均匀流动。

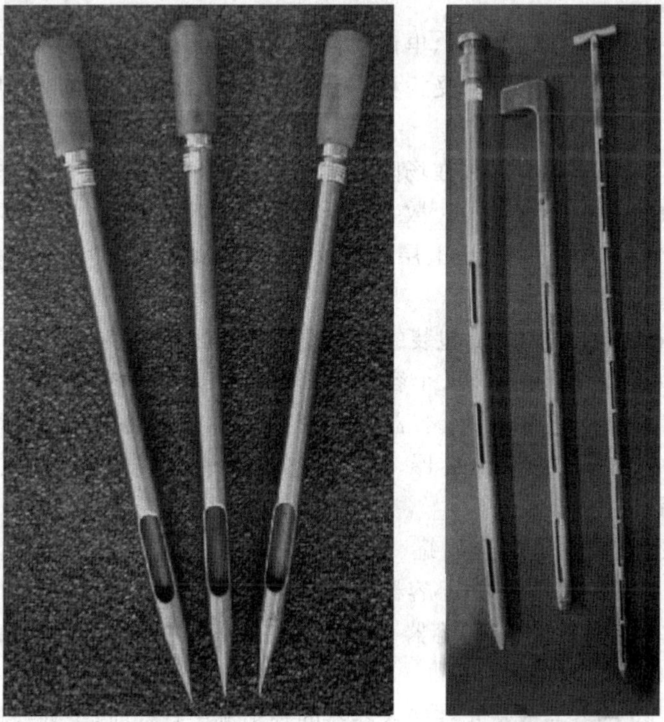

A. 诺培扦样器　　B. 双管式扦样器

图 6－2 种子扦样器

2. 双管式(手杖式)扦样器及运用

双管式扦样器是最常用的扦样工具(图 6－2B)，其构造是内管空心，末端连接手柄，外管具有实心尖头，嵌套在内管之外，内外管的管壁均开有椭圆形小孔。当内管上的小孔旋转到与外管小孔成一线时，种子便流入内管；旋转半周，孔口关闭。管的长度和直径依种子种类及容器大小有多种，并制成有隔板和无隔板两种。袋装种子扦样时，管长 762 mm，外径 12.7 mm，9 孔，适用于自由流动的小粒种子；管长 762 mm，外径 25.4 mm，6 孔，适于禾谷类种子；仓柜或散装种子扦样时，管长达1 600 mm，直径 38 mm，6 或 9 孔。

双管式扦样器可以垂直或水平使用，但垂直使用时，内管必须由隔板分成几个室。否则扦样器开启时，由上层落入内管的种子数量增加，影响样品的代表性。无论是水平或垂直使用必须将扦样器对角线插入袋内或容器内。散装种子，垂直插入更为方便。扦样器在关闭状态插入袋内，然后开启孔口，转动两次或轻轻摇动，使扦样器完全装满，最后关闭，拔出，倒入一个适合的种子盘内，或倒在一张纸上。关闭扦样器时，应注意勿使种子损伤。扦样器套筒直径在一定限度内，可以穿过粗麻袋，当扦样器抽出后，用尖端拨孔洞周围，使麻线合并，关闭麻袋上的孔口。

3. 徒手扦样

某些属的植物种子，特别是带稃壳、不易流动的牧草种子，徒手扦样是一种比较有效的方法。例如在冰草属、蒴股颖属、看麦娘属、黄花茅属、燕麦草属、地毯草属、雀麦属、虎尾草属、狗牙根属、洋狗尾草属、鸭茅属、发草属、羊茅属、绒毛草属、黑麦草属、糖蜜草属、黍属、雀稗属、早熟禾属、三毛草属和结缕草属等种类中，可以采用这种方法。

6.2.3.2 扦样

扦样前受检验单位首先提出申请，申请项目包括种或品种的名称、种子批数量、生产单位、存放地点、检验项目。扦样员必须对受检种子有全面了解，核实种子与申请单上所填各项是否符合。

扦样最好利用装卸、进出仓时或在场院上进行。袋装种子按堆积状态扦样点均匀分布在不同部位，如每袋的上、中、下各部位。散装种子扦样点为四角加中心点，高不足 2 m，分上、下两层；高 2～3 m，分上、中、下 3 层，上层距顶 10～20 cm，中层在中心部位，下层距底 5～10 cm。

对于大于 15 kg 且小于 100 kg 包装的袋装种子批或容量与麻袋相似、大小一致的其他容器，下列扦样数量为最低要求：①1～4 个容器，每个容器扦取 3 个初次样品；②5～8 个容器，每个容器扦取 2 个初次样品；③9～15 个容器，每个容器扦取 1 个初次样品；④16～30 个容器，总共扦取 15 个初次样品；⑤31～59 个容器，总共扦取 20 个初次样品；⑥60 或更多个容器，总共扦取 30 个初次样品。

如果种子装在小容器中，如金属罐、纸板箱或零售小包装里，包装重量小于 15 kg，以 100 kg的重量作为扦样的基本单位，小容器合计重量不得超过此重量。如 20 个 5 kg 的容器，33 个 3 kg 的容器，或 100 个 1 kg 的容器。将每个单位作为一个“容器”，按以上扦样数量要求进行扦样。

在从超过 100 kg 的容器或从正在装入容器的种子流中扦样时，下列扦样数量作为最低要求：①500 kg 以下，至少扦取 5 个初次样品；②501～3 000 kg，每 300 kg 扦取 1 个初次样品，但不得少于 5 个；③3 001～20 000 kg，每 500 kg 扦取 1 个初次样品，但不得少于 10 个；④20 001 kg 以上，每 700 kg 扦取 1 个初次样品，但不得少于 40 个。

6.2.4 分样

从种子批各个点扦取的初次样品，如果是均匀一致的，则可将其合并混合成混合样品。通常混合样品与送验样品规定数量相等时，则将混合样品作为送验样品。但混合样品数量较多时，可用分样法将混合样品减到适当大小而获得，送验样品的最低数量要求根据种子的大小、牧草的种类而定。种子检验机构收到的送验样品，通常须经过分样减少成为试验样品。净度分析的试验样品的最低重量是按至少含有 2 500 粒种子计算的。计数其他植物种子的试验样品通常是净度分析样品最低重量的 10 倍。供水分测定的样品，如果需磨碎测定的种子为 100 g，不需磨碎测定的为 50 g。

无论混合样品缩分为送验样品，还是送验样品缩减为试验样品，种子的总体积和重量通常逐级减少，样品的代表性往往有变差的倾向。然而，选择适宜的分样技术，遵循合理的分样程序，各个次级样品仍可保持其代表性。分样方法包括机械分样法、随机杯法、改良对分法和徒手分样法等。

1. 机械分样法

机械分样采用钟鼎式或圆锥式分样器、横格式分样器或土壤分样器和离心分样器分样(图 6-3)。例如，钟鼎式分样器是由铜皮或铁皮制成，顶部为漏斗，下面是一个圆锥体，顶点与漏斗相通，并设有活门。圆锥体底部四周均匀地分为 36 个等格(也有 38 或 44 个等格)，其中相间的一半格子经小槽通向内层，最后通向一出口的盛接器，另外相间的 18 个格子通过小槽通向外层，最后通向相对出口盛接器。该分样器适于中、小粒表面光滑的种子。使用时将活门关闭，样品倒入漏斗铺平，将盛接器对准出口，用手快速拔开活门。样品迅速下落，经圆锥体表面均匀分散落入各格子内，最后落入盛接器内，将种子分成两份，分样可多次进行。

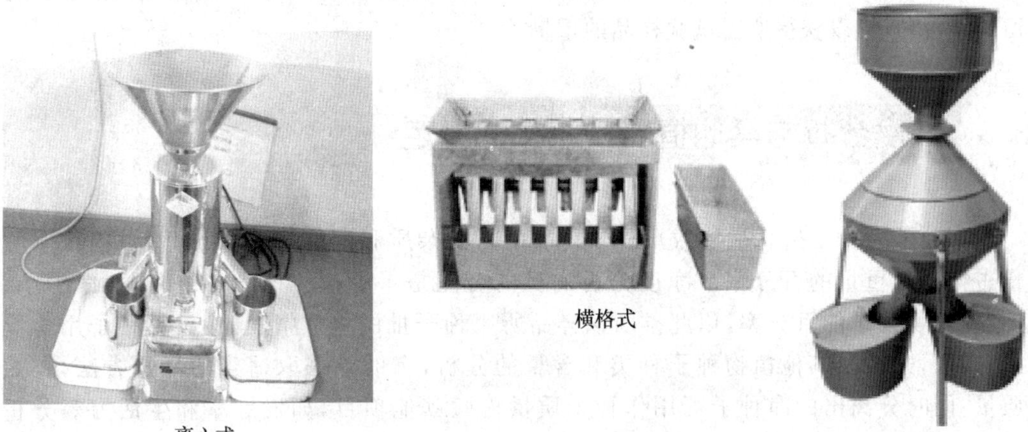

离心式　横格式　钟鼎式

图 6-3　分样器的主要种类

2. 随机杯法

此法特别适合于试验样品在 10 g 以下的种子，并要求带稃壳较少和不易滚动的种子。将 6～8 个小杯或套管随机放在一个盘上画定的方形内(表 6-2)。种子经过一次初步混合后，均匀地倒在盘上的方形内，落入杯内的种子合并后可作为试验样品。倒在盘上方形内的种子要尽可能保持均匀，检验员的注意力在于使种子在盘内方形上均匀分布，而不是装满杯子，若送验样品太多，杯子会埋在种子中，则再画一个更大的方形，重做一次。有时杯子未满，全部8个杯子里的种子也不够试样重，再画一个更小的方形，重复上述步骤。

表6-2 随机杯法不同草种子适宜的杯子和所画方形大小(ISTA,2004)

牧草种类	杯子内部尺寸/mm		方形/mm	样品/g	
	直径	深		送验样品	试验样品
草地羊茅	15	15	120×120	50	5
红三叶	12	14	100×100	50	5
紫花苜蓿	12	14	100×100	50	5
白三叶	10	8	100×100	25	2
翦股颖属	7	6	150×150	25	2.5

3. 改良对分法

由若干同样大小的方形小格组成一方框，装于一盘上。小格上方均开口，下方每隔一格无底。种子经初步混合后，按随机杯法均匀地散在方格内。取出方框，约有一半种子留在盘上，另一半在有底的小格内，继续对分，直至获得等于或不小于规定重的试验样品。

4. 徒手法

徒手分样仅限于以下带有稃壳的牧草，包括须芒草属、燕麦草属、阿司吹禾属、虎尾草属、蒺藜草属、双花草属、柱花草属、三毛草属和尾稃草属牧草的种子。分样时将种子均匀地倒在一个光滑清洁的平面上，用无边刮板混匀种子，聚集成一堆。再将种子堆平分为两部分，每部分再分成4小堆，排成一行，共两行。交替合并两行各小堆种子，如第一行的第一、三小堆与第二行的第二、四小堆凑集为一份，其余的则为另一份，保留其中的一份。继续按以上步骤分取保留的那份种子，以获得所需试验样品的重量。

6.3 净度分析与其他植物种子数的测定

牧草种子净度是指从被检牧草种子样品中除去杂质和其他植物种子后，被检牧草种子重量占样品总重量的百分率。净度分析的目的首先是了解检验样品各组分，如净种子、杂质、其他植物种子的百分率，以此推断该样品所属种子批的组成情况，为计算种子用价提供依据；其次，杂质及其他植物种子种类和含量的分析，有助于采取适当的清选方法，提高种子质量；同时分离出的净种子可用作种子质量检验其他项目，如发芽率和生活力等分析的样品。种子净度低，杂质多，杂草种子及其他牧草或作物种子含量多，会降低种子的利用价值。机械播种时，杂质多，不利于种子流动，往往造成缺苗；杂质还会影响种子的贮藏安全，造成种子发热，降低种子生活力；杂草及其他牧草和作物种子在播种后与牧草竞争，降低牧草产量；杂草还是许多病虫的中间寄主，致使病虫蔓延，影响牧草的生长发育；部分杂草种子还属于对家畜有毒有害植物。

6.3.1 净度分析的标准

净度分析的关键是区分净种子、其他植物种子和无生命的杂质。

1. 净种子

净种子是指报验者所叙述的种或在检验时发现的主要种，并包括该种的全部变种和品种。具有以下构造的种子，即便是未成熟的、瘦小的、皱缩的、带病的或发过芽的，如果能明确鉴别出是属于所分析的种，应作为净种子，但已变成菌核、黑穗病孢子团或线虫瘿的除外。

(1)完整的种子单位，包括瘦果、类似的果实、分果和小花。禾本科牧草中小花常有一个明显的颖果，其中含有胚乳或裸粒颖果都为完整种子单位。

(2)大于原来大小一半的破损种子单位。

个别属和种具有特殊规定：①豆科、十字花科牧草种子其种皮完全脱落的种子单位应列为无生命杂质。②甜菜属的种球或破损种球，包括附着的断柄，从种球突出而不超过种球的宽度，用筛孔为 1.5 mm×2.0 mm 的 200 mm×300 mm 长方形筛，筛选 1 min 留在筛上的，无论其是否含有种子均列入净种子。③禾本科牧草中的黑麦草属、羊茅属和匍匐冰草含有一个颖果的小花，颖果从小穗轴基部量起，达到或大于内稃长度 1/3 的，列入净种子(或其他植物种子)。但含有一个颖果的小花，且颖果长小于内稃长度 1/3 的，则为无生命杂质。其他属或种的小花，只要颖果含有一点胚乳，就作为净种子。燕麦草属、燕麦属、虎尾草属、鸭茅属、绒毛草属、早熟禾属和高粱属结实小花上附着一个不育小花，可不除去，而一起列入净种子。黑麦草属结实小花上附着的不育小花未延伸到结实小花的顶部(包括芒在内)，可不除去。羊茅属、鸭茅属、羊茅黑麦草和黑麦草属复粒种子单位要分开称重，复粒种子单位达 1%以上时须在检验证书上填明。

下列构造为复粒种子单位(图 6-4)：①附着一个可育或不育小花的结实小花，其附着小花已延伸到或超过结实小花的顶端(不包括芒在内)；②一个结实小花附着一个以上任何长度的可育或不育小花；③一个结实小花基部附着任何长度的不育小花。

小花附着单独的结实小花或不育小花而延伸长度(不包括芒在内)未超过可育小花的顶端作为一个单粒的种子单位，附着的可育或不育小花不必除去。

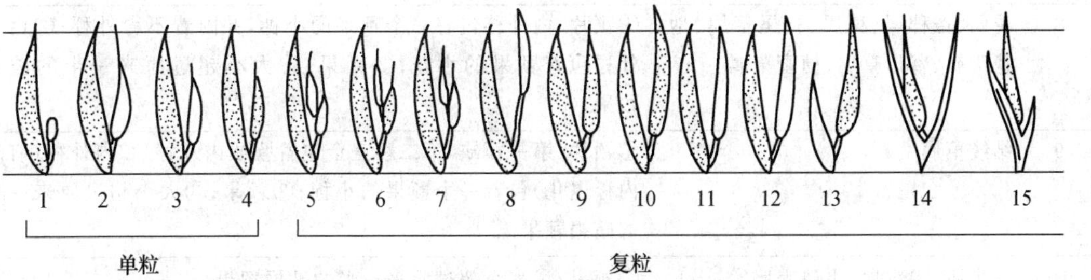

有细点部分代表可育小花，白色部分代表不育小花。

图 6-4 单粒种子及复粒种子单位的划分

草地早熟禾、粗茎早熟禾、鸭茅用吹风器将无生命的杂质除去。草地早熟禾和粗茎早熟禾的试验样品为 1 g，鸭茅为 3 g。

不同的牧草种子结构不同，其净种子定义也有差异(表 6-3)。

表 6-3 主要牧草的净种子鉴定标准(定义)(ISTA,2011)

编号	属名	净种子标准
1	豌豆属、紫云英属、苜蓿属、草木樨属、三叶草属、锦鸡儿属、鹰嘴豆属、山蚂蝗属、野豌豆属、百脉根属、猪屎豆属、羽扇豆属、山黧豆属、胡芦巴属、岩黄芪属、木豆属、银合欢属	①附着部分种皮的种子;②附着部分种皮而大小超过原来一半的破损种子。
2	红豆草属、胡枝子属、柱花草属	①含有一粒种子的荚果,胡枝子属带或不带萼片或苞片,柱花草属带或不带喙;②附着部分种皮的种子;③附着部分种皮而大小超过原来一半的破损种子。
3	冰草属、狗牙根属、雀麦属、画眉草属、猫尾草属、洋狗尾草属、发草属、三毛草属	①内外稃包着颖果的小花,有芒或无芒(匍匐冰草小花的颖果长度,从小穗轴基部量起,至少达到内稃长的1/3);②颖果;③大小超过原来一半的破损颖果。
4	黄花茅属、虉草属	①内外稃包着颖果的小花,附着不育外稃,有芒或无芒(虉草属中如有突起花药也包括在内);②内外稃包着颖果的小花;③颖果;④大小超过原来一半的破损颖果。
5	黑麦草属、羊茅黑麦草、羊茅属、鸭茅属、洽草属	①鸭茅属、羊茅属、羊茅黑麦草、黑麦草属复粒种子单位分开称重;②内外稃包着颖果的小花,有芒或无芒(羊茅属、黑麦草属和羊茅黑麦草的颖果至少达内稃长度的1/3);③颖果;④大小超过原来一半的破损颖果。 注:鸭茅需3 g试验样品吹风分离。
6	看麦娘属、蒴股颖属、菵草属	①颖片、内外稃包着一个颖果的小穗,有芒或无芒;②由内外稃包着颖果的小花,有芒或无芒(看麦娘属可缺内稃);③颖果;④大小超过原来一半的破损颖果。
7	绒毛草属、燕麦草属	①内外稃包着一个颖果的小穗(绒毛草属具颖片),附着雄小花,有芒或无芒;②由内外稃包着颖果的小花;③颖果;④大小超过原来一半的破损颖果。
8	黍属、雀稗属、稗属、狗尾草属、地毯草属、臂形草属、糖蜜草属	①颖片、内外稃包着一个颖果的小穗,并附着不育外稃;②由内外稃包着颖果的小花;③颖果;④大小超过原来一半的破损颖果。
9	结缕草属	①颖片(第一颖缺,第二颖完全包着膜质内外稃)和内外稃(有时内稃退化)包着一个颖果的小穗;②颖果;③大小超过原来一半的破损颖果。
10	玉米属、黑麦属、小黑麦属	①颖果;②大小超过原来一半的破损颖果。
11	早熟禾属、燕麦属	①内外稃包着一个颖果的小穗,并附着不育小花,有芒或无芒;②内外稃包着颖果的小花,有芒或无芒;③颖果;④大小超过原来一半的破损颖果。 注:燕麦属需从着生点除去小穗柄,仅含子房的单个小花归入无生命杂质;草地早熟禾、粗茎早熟禾需1 g的试验样品吹风分离。

续表 6-3

编号	属　名	净种子标准
12	虎尾草属	①内外稃包着一个颖果的小穗，并附着不育小花，有芒或无芒，明显无颖果的除外；②内外稃包着颖果的小花，有芒或无芒，明显无颖果的除外；③颖果；④大小超过原来一半的破损颖果。
13	狼尾草属、蒺藜草属	①带有刺毛总苞的具1～5个小穗(小穗含颖片、内外稃包着的一个颖果，并附着不育外稃)的密伞花序或刺球状花序；②内外稃包着颖果的小花(蒺藜草属带缺少颖果的小穗和小花)；③颖果；④大小超过原来一半的破损颖果。
14	须芒草属	①颖片、内外稃包着一个颖果的可育(无柄)小穗，有芒或无芒，附着不育外稃、不育小穗的花梗、穗轴节片；②颖果；③大小超过原来一半的破损颖果。

2. 其他植物种子

其他植物种子包括净种子以外的任何植物种类的种子单位，由其他作物、其他牧草和杂草组成，鉴别标准与净种子的标准基本相同，但下列情况除外：

(1)甜菜属的种子单位作为其他种子时不必过筛，可用单胚种的净种子定义。

(2)鸭茅、草地早熟禾和粗茎早熟禾种子单位作为其他植物种子时不必经过吹风程序。

(3)复粒种子单位应先分离，然后将单粒种子单位分为净种子和无生命杂质。

(4)菟丝子属种子易碎，呈灰白至乳白色，列入无生命杂质。

3. 无生命杂质

无生命杂质包括除净种子和其他植物种子以外的下列种子单位、其他杂质及植物结构：

(1)明显不含真种子的种子单位。

(2)小于定义规定大小的甜菜属种子单位。

(3)黑麦草属、羊茅属和匍匐冰草颖果未达到内稃长度1/3的小花。除燕麦草属、燕麦属、虎尾草属、鸭茅属、绒毛草属、早熟禾属、高粱属的种子之外其他属结实小花上附着的不育小花。

(4)小于或等于原来大小一半的破裂或损伤种子单位的碎片。

(5)净种子定义中未提及可划入净种子的那些附属物。

(6)种皮完全脱落的豆科、十字花科的种子。

(7)菟丝子属种子脆而易碎，呈灰白色以至乳白色的种子。

(8)脱下的不育小花、空的颖片、内外稃、稃壳、茎、叶、球果鳞片、果翅、树皮碎片、花、线虫瘿、真菌体(麦角、菌核、黑穗病孢子团)、泥土、砂粒、石砾及其他非种子物质。

(9)用均匀吹风法进行分离时，留在轻的部分中的所有物质(其他植物种子例外)；重的部分中小于或等于原来大小一半的破损小花、颖果和全部其他物质。

6.3.2 净度分析的程序

1. 试验样品的分取

(1)试验样品的重量　大量研究表明，大约2 500粒种子单位的重量在净度分析中具有代表性。对于每种牧草都有不同的净度分析试验样品的最低限量(表 6-1)。

(2)试验样品的分取　从送验样品中用分样器或徒手法分取规定重量的净度分析试验样品一份或规定重量一半的两份试验样品(半试样品)。

(3)试验样品的称重　当试验样品分至接近规定的最低重量时即可称重。试验样品称重所保留的小数位数因样品的重量而异。ISTA 种子检验规程规定试验样品 1 000 g 以上保留整数位,100.0～999.9 g 保留 1 位小数,10.00～99.99 g 保留 2 位小数,1.000～9.999 g 保留 3 位小数,小于 1 g 保留 4 位小数。

2. 试验样品的分析

称重后的试验样品可进行净度分析,分析时将样品倒在净度分析台上,开启灯光,借助放大镜用镊子或刮板逐粒观察鉴定,将净种子、其他植物种子、无生命杂质分离,并分别放入相应的容器或纸袋中。某种情况下需采取特殊手段,如均匀吹风或筛选等方法。净种子的分离必须根据种子的明显特征,借助机械或施加压力,在不损伤种子发芽力的基础上进行。

3. 结果计算与报告

样品经分离后对净种子、其他植物种子和无生命杂质分别称重,以克为单位,保留的小数位数与试验样称重相同。然后将分离后各组分的重量相加,作分母计算各组分的百分率,保留一位小数。百分率的计算应以各组分重量之和为基数,而不以试验样品原来的重量计算,但应将各组分重量之和与原来重量作比较,以便核对物质有无损耗或其他差错。

两份试验样品之间,各相同组分的百分率相差不能超过规定的容许误差,如超出容许范围,则须重新分析成对试验样品,直到得到一对在容许误差范围内的数值为止,但全部分析不超过 4 对。若某组分的相差值达容许误差值的 2 倍,则放弃分析结果,最后用余下的全部数值计算加权平均百分率。

净种子、其他植物种子、无生命杂质的百分率最后必须填在检验证书规定的空格内。若某一组分的结果为零,则用 0.0 表示;若某组分小于 0.05%,则填写"微量"。

6.3.3　其他植物种子数测定

1. 测定内容

其他植物种子是指样品除净种子之外的任何植物种子及类似种子的结构,包括其他作物种子、其他牧草种子或杂草种子。测定其他植物种子数是分析送验人指出的其他植物的种子数,根据送验人的要求可测定所有其他植物种子,或某一类种子(某些国家列为有害杂草的一些种),或特别指出的植物种子。在国际种子贸易中,这项分析主要用于测定种子批中是否存在有毒、有害植物种子及恶性杂草种子。不同的牧草种子测定其他植物种子数的试验样品都有最低重量要求(表 6-1)。根据对试验样品的测定范围可分为完全检验、有限检验和简化检验。完全检验是从整个试验样品中找出所有其他植物种子;有限检验是从整个试验样品中找出指定种;简化检验是仅用试验样品的一部分(1/5)进行检验。

2. 测定方法

(1)试验样品　测定其他植物种子的试验样品通常为净度分析试验样品重量的 10 倍,或与送验样品重量相同(表 6-1)。

(2)样品分析　借助于特殊的设备(如其他植物种子检测器)或放大镜和光照设备,对试验样品进行逐粒检查，分离出所有其他植物种子或某些指定检验种的种子，并计数每个种的种子数。如果检验仅限于指定的某些种的存在与否，那么在一个或全部指定种中发现有一粒或数粒种子，即可停止检验。检验员根据种子图谱、检索表和检验中积累的经验对其他植物种子进行鉴定，确定到种，部分难于鉴别的可确定到属。

(3)结果与报告　结果用测定试验样品实际数量中发现的每个种的种子数表示，也可折算成单位重量的种子数。检验证书上应填写测定种子实际重量、拉丁名和在该重量中发现的各个种的名称、拉丁名及种子数，并注明"完全检验"、"有限检验"或"简化检验"等字样。

6.4 发芽试验

种子的发芽力是指种子在适宜条件下能发芽，并能长成正常种苗的能力。种子发芽力通常用发芽势和发芽率表示。发芽势是指种子在发芽试验初期规定的天数内(常为初次计数时)正常发芽种子数占供试种子的百分比。种子发芽率是指发芽试验终期(末次计数时)全部正常发芽种子数占供试种子百分比。发芽势高则表示种子的生活力强，发芽出苗整齐一致。发芽率高则表示有生命的种子多。

最直观且令人信服的发芽方法应是在田间条件下的发芽，然而在田间条件下进行的种子发芽，其结果的一致性、重演性差，无法进行比较。这是因为不同地区不同季节的土壤气候条件千差万别，造成发芽结果难以重演，结果不一致，缺乏可比性。实验室控制及标准条件下的发芽试验，对发芽设备、发芽方法、发芽程序等进行了标准化，完全摆脱了不稳定因素的干扰，使种子在标准条件下获得整齐、迅速并且完全的发芽，使试验结果具有重演性、一致性和可比性，使试验误差尽可能控制在随机抽样范围内。

发芽的最终目的是了解田间种子用价情况，并提供检验结果，对正确掌握牧草的播种量、牧草种子贸易、牧草种子的贮藏和运输都具有重要的参考价值。

6.4.1 发芽试验设备

1. 发芽箱

发芽箱是提供种子发芽所需温度、湿度、光照条件，或具有自动变温功能的设备。常见的发芽箱有电热恒温发芽箱、变温发芽箱、调温调湿箱和光照发芽箱 4 种。

2. 发芽床

发芽床是提供水分和盛放种子的衬垫物，主要有纸床、砂床、有机介质床和土壤床。任何发芽床都要求保水良好，无毒、无病菌。

(1)纸床　供发芽床用的纸类有滤纸、吸水纸和纸巾等。国外有专供种子发芽用的各种规格的发芽纸。发芽纸应具有吸水良好、无毒、无病菌、韧性好，pH 值在 6.0～7.5 范围内等特点。纸床根据用法常分为以下几种：

①纸上(TP)发芽　种子置于一层或多层纸上发芽。

②纸间(BP)发芽　种子置于两层纸中间，分为 3 种类型：a. 将种子置于发芽纸上，另外用一层纸盖在种子上；b. 种子置于折好的纸封里，平放或竖放；c. 种子放在毛巾卷里或纸卷里，竖

着放，再置于塑料袋或盒内。

③褶裥纸(PP)发芽　把种子放在褶裥纸内，由类似于手风琴的褶裥纸条，分成50个褶裥，通常每个褶裥放两粒种子。

由于纸床污染，对已有病菌的样品鉴定困难时，幼苗出现中毒症状时或对幼苗鉴定发生怀疑时，也可用沙床或有机介质床替代纸床。

(2)砂床　选用无化学药物污染的细沙或清水沙为材料，使用前还要进行以下处理：①洗涤，除去较大石子和杂物后清水洗涤；②消毒，将洗过的湿沙，在高温(130℃)下烘干2 h，杀死病菌和其他种子；③过筛，取孔径为0.8 mm和0.05 mm的圆孔筛，将烘干的沙子过筛，取两层筛之间，直径为0.05～0.8 mm的沙粒作发芽床。沙的pH值应在6.0～7.5范围内。砂床根据用法常分为以下几种：

①沙上(TS)发芽　将种子压入沙的表层。

②沙中(S)发芽　种子播于沙上，然后加盖10～20 mm厚的沙，盖沙厚度取决于种子的大小。

(3)有机介质床

①有机发芽床上(TO)　把种子压入有机发芽介质的表层。

②有机发芽床中(O)　种子播在一层有机发芽床上，然后加盖10～20 mm厚度的有机介质，盖的厚度取决于种子的大小。为了保证通气良好，最好在播种前将底层耙松。

(4)土壤床　如有特殊需要，可用土壤作发芽床。其土质必须良好不结块，并无大的颗粒，如土质黏重应加入适量的沙。土壤中应不含混入的种子、细菌、真菌、线虫或有毒物质。使用前高温消毒，土壤pH值应在6.0～7.5范围内。

3. 发芽器皿及数种器

(1)发芽器皿　发芽试验中，发芽床还需用一定的容器安放。容器要求容易清洗和消毒，一般需配有盖。目前主要有玻璃培养皿、搪瓷盘和塑料培养皿。国际上常采用高度5～10 cm的透明聚乙烯盒，其容积因种子可大可小，如供中小粒种子发芽的容积为11 cm×11 cm×5 cm，大种子发芽的容积为16 cm×24 cm×5(10) cm。

(2)数种器　种子发芽试验中使用数种器可减轻人体疲劳，提高功效。常用的数种器有数种板、真空数种器和电子自动数粒仪。

①数种板　数种板常用于大粒种子，数种板的面积与发芽床大小相近。上层为一固定板，上有50或100个孔，孔的大小和形状与计数的种子相似，但可让样品中最大粒的种子落进去。固定板下衬有一块无孔可抽动的活板。操作时，数种板放在发芽床上，把种子散在板上，除去多余种子。然后核对，当所有孔都装上种子且每孔一粒种子时，抽去底板，种子落于发芽床的适当位置。

②真空数种器　通常由3部分构成：a. 真空系统，包括皮管。b. 数种盘或数种头，其形状为圆形或方形，上面均匀开有25、50或100个数种孔或窝眼。数种盘的大小同发芽床的大小相符合，比发芽盒小些。c. 真空排放阀门，操作时，在未产生真空前，将种子均匀散在数种盘上，然后接通真空，倒去多余的种子，并核对，使全部孔都放满种子，且每个孔中只有一粒种子；然后将数种盘倒转放在发芽床上，再解除真空，使种子按一定位置落在发芽床上。

6.4.2 标准发芽试验程序

1. 试样分取

净种子充分混匀后，不论种子大小，随机分取 400 粒种子，通常每一重复 100 粒，4 次重复。大种子可分取 200 粒，每一重复 50 粒，4 次重复。数取种子的方法有传统计数法、数种板和真空数种器 3 种类型。

2. 选用发芽床及种子置床

根据规程(表 6-4)选用适合于各种牧草种子的发芽床，之后用人工或数种器将种子置于发芽床上。置床时每粒种子在发芽床上应保持足够的距离，以尽量减少相邻种子对种苗发育的影响和病菌的互相感染；并要求注水一致，使种子吸水良好，发芽整齐。

表 6-4 草种子发芽试验技术规程(ISTA, 2011)

种名	规定		初次计数/d	末次计数/d	附加说明(包括破除休眠的建议)
	发芽床①	温度(℃)②			
冰草	TP	20～30；15～25	5	14	预先冷冻；KNO_3
沙生冰草	TP	20～30；15～25	5	14	预先冷冻；KNO_3
小糠草	TP	20～30；15～25；10～30	5	10	预先冷冻；KNO_3
匍匐翦股颖	TP	20～30；15～25；10～30	7	28	预先冷冻；KNO_3
草原看麦娘	TP	20～30；15～25；10～30	7	14	预先冷冻；KNO_3
盖氏须芒草	TP	20～35	7	14	光照；KNO_3
鹰嘴紫云英	BP；TP	15～25；20	10	21	
燕麦	BP；S	20	5	10	预先加热(30～35℃)；预先冷冻
地毯草	TP	20～30	10	21	KNO_3；光照
伏生臂形草	TP	20～35	7	21	H_2SO_4，KNO_3；光照
路氏臂形草	TP	20～35	7	21	H_2SO_4，KNO_3
无芒雀麦	TP	20～30；15～25	7	14	预先冷冻；KNO_3
鹰嘴豆	BP；S	20～30；20	5	8	
狗牙根	TP	20～35；20～30	7	21	预先冷冻；KNO_3；光照
洋狗尾草	TP	20～30	10	21	预先冷冻；KNO_3
鸭茅	TP	20～30；15～25	7	21	预先冷冻；KNO_3
弯叶画眉草	TP	20～35；15～30	6	10	预先冷冻；KNO_3
苇状羊茅	TP	20～30；15～25	7	14	预先冷冻；KNO_3
牛尾草	TP	20～30；15～25	7	14	预先冷冻；KNO_3
紫羊茅	TP	20～30；15～25	7	21	预先冷冻；KNO_3
冠状岩黄芪	TP；BP	20～30；20	7	14	

续表 6-4

种名	规定		初次计数/d	末次计数/d	附加说明(包括破除休眠的建议)
	发芽床[1]	温度(℃)[2]			
绒毛草	TP	20～30	6	14	预先冷冻;KNO_3
山黧豆	BP; S	20	5	14	
鸡眼草	BP	20～35	7	14	
多花黑麦草	TP	20～30;15～25;20	5	14	预先冷冻;KNO_3
多年生黑麦草	TP	20～30;15～25;20	5	14	预先冷冻;KNO_3
百脉根	TP; BP	20～30; 20	4	12	预先冷冻
白羽扇豆	BP; S	20	5	10	预先冷冻
大翼豆	TP	25	4	10	H_2SO_4
天蓝苜蓿	TP; BP	20	4	10	预先冷冻
紫花苜蓿	TP; BP	20	4	10	预先冷冻
白花草木樨	TP; BP	20	4	10	预先冷冻
黄花草木樨	TP; BP	20	4	10	预先冷冻
红豆草	TP; BP; S	20～30; 20	4	14	预先冷冻
毛花雀稗	TP	20～35	7	28	KNO_3;光照
巴哈雀稗	TP	20～35; 20～30	7	28	H_2SO_4,KNO_3
东非狼尾草	TP	20～35; 20～30	7	14	预先冷冻;KNO_3
虉草	TP	20～30	7	21	预先冷冻;KNO_3
猫尾草	TP	20～30; 15～25	7	10	预先冷冻;KNO_3
豌豆	BP;S	20	5	8	
草地早熟禾	TP	20～30; 15～25; 10～30	10	28	预先冷冻;KNO_3
黑麦	TP;BP;S	20	4	7	预先冷冻;GA_3
苏丹草	TP;BP	20～30	4	10	预先冷冻
圭亚那柱花草	TP	20～35; 20～30	4	10	H_2SO_4
杂三叶草	TP;BP	20	4	10	预先冷冻;用聚乙烯薄膜袋密封
红三叶草	TP;BP	20	4	10	预先冷冻
白三叶草	TP;BP	20	4	10	预先冷冻;用聚乙烯薄膜袋密封
春箭筈豌豆	BP;S	20	5	10	预先冷冻
毛苕子	BP;S	20	5	14	预先冷冻
结缕草	TP	20～35	10	28	KNO_3

注:①发芽床类型中 TP 为纸上,BP 为纸间,S 为沙中;②温度规定中,低温与高温间用"～"连接者表示需变温发芽,低温时间为 16 h,高温时间为 8 h。

3. 发芽器皿贴签

在发芽器皿底盘的侧面贴上标签，注明置床日期、样品编号、种名或品种名、重复次数等，然后盖好发芽器上盖或套一薄膜塑料袋。

4. 置箱培养与管理

按规程要求将发芽箱调至发芽所需温度，将置床后的培养器皿放进发芽箱的网架上进行恒温或变温发芽，当规定用变温时，通常保持低温 16 h。根据需要调节光照条件。种子发芽期间，每天检查发芽试验的情况，以保证适宜的发芽条件。发芽床始终保持湿润，不断加入水。温度保持在所需温度的±1℃范围。若发现霉菌滋生，应及时取出霉种子并将霉菌洗去。

5. 观察记录

整个发芽试验期间至少应观察记录两次，即首次计数和末次计数。末次计数在 7 天以上时，应增加中间计数次数，隔天或每隔两天计数一次，直至末次计数为止。初次计数和中间计数时，将符合规程标准的正常种苗，明显死亡的软、腐烂种子取出并分别记录其数目，而未达到正常发芽标准的种苗、畸形种苗和未发芽的种子留在原发芽床或更换发芽床后继续发芽。末次计数时分别记录所有正常种苗、不正常种苗、硬实种子、新鲜未发芽种子和死种子数。复粒种子单位产生一株以上的正常种苗，仅记录一株种苗。

6. 重新试验

当试验结束后，如果怀疑种子存在休眠(新鲜种子较多)、种子中毒或病菌感染而导致结果不可靠，对种苗的正确评定发生困难或发现试验条件、种苗评定或计数有差错，以及试验结果超过容许误差时，应用相同方法或选用另一种方法进行重新试验。

7. 结果计算

试验结束后首先计算每一重复各次计数的正常种苗之和，之后计算正常种苗、不正常种苗、硬实种子、新鲜未发芽种子及死种子占供试种子的百分率。其中正常种苗的百分率为发芽率。

$$发芽率=\frac{发芽终期全部正常种苗数}{供试种子数}\times 100\%$$

然后计算 4 次重复的平均数，计算至整数位。

6.4.3 促进种子发芽的处理方法

由于有些牧草种子存在着生理休眠、硬实性、抑制物质，在发芽试验末期，还留有相当数量的硬实或新鲜未发芽的种子。可采用一种处理或一个组合处理后再重新进行试验，得到比较完全的发芽。这些处理也可预先用于初次试验，预先处理的时间不包括在发芽试验时间内。预先处理方法和持续时间应填报在检验证书上。

1. 破除生理休眠的方法

(1)预先冷冻　在发芽试验之前，将置床后各重复的种子湿润，开始在低温下保持一段时间，通常在 5～10℃保持 7 d 时间。

(2)预先加热　将发芽试验的各重复种子放在 30～50℃(或 40℃)温度下加热处理，在空气流通条件下，加热 7 d，然后移至规定发芽条件下发芽。

(3)光照　当种子在变温条件下发芽时，每天 24 h 周期内，至少有 8 h 于高温光照条件下，光照强度为 750～1 250 lx 的冷白荧光灯。

(4)硝酸钾(KNO_3)处理发芽床　发芽床可用 0.2%的硝酸钾溶液湿润。在发芽试验开始时一次用硝酸钾溶液浸透发芽床，以后加水时应用蒸馏水。

(5)赤霉酸(GA_3)处理发芽床　常用 0.05%的赤霉酸溶液湿润发芽床。当休眠较浅时，用 0.02%的浓度已足够；当休眠很深时，须用 0.1%浓度。赤霉酸预处理常用于燕麦属、大麦属、黑麦属、小黑麦属和小麦属的牧草和作物种子。

(6)聚乙烯袋密封　当发芽试验结束时，仍发现有很高比例的新鲜未发芽种子，如三叶草属，将种子密封在聚乙烯袋中重新试验，常可诱导发芽。

2. 破除硬实的方法

对存在硬实的牧草种子，不必使其发芽，只需填报硬实率。如要求完善的发芽结果，必须进行处理。处理可在发芽试验开始时进行，但为了避免这种处理对非硬实种子产生不良影响，可在试验结束后，对剩下的硬实种子进行处理。

(1)浸种　将带有坚硬种皮的种子放在水中浸泡 14～48 h 后进行发芽试验。有些种需在沸水中浸泡，直至冷却。

(2)机械损伤　小心地把种皮刺穿、削破、锉伤或用砂纸摩擦。机械划破的最佳部位是靠近子叶顶端的种皮部分。

(3)酸液腐蚀　有些牧草硬实种子须放在浓硫酸中以腐蚀其种皮。将种子浸在酸液里，直至种皮出现孔纹，腐蚀时间从几分钟到 1 h 不等，但应每隔数分钟进行一次检查。腐蚀后的种子必须放入流水中充分洗涤，然后进行发芽试验。

3. 除去抑制物质

(1)预先洗涤　当果皮或种皮中含有抑制发芽的物质时，可在发芽试验前将种子放在 25℃的流水中冲洗，洗涤后将种子干燥，然后进行发芽试验。

(2)除去种子的其他结构　有些种子除去其外部结构可促进发芽，如禾本科牧草刺毛状总苞片、颖苞和内外稃等。

6.4.4　种苗评定

牧草种子发芽试验中每次计数时，正确评定种苗是一个非常重要的问题，直接关系到试验结果的准确性。在计算发芽率时仅将正常种苗作为发芽种子，因而计数时必须将正常种苗和不正常种苗鉴别开来。

1. 正常种苗

指生长在良好土壤、适宜湿度、温度及日光条件下能进一步发育为正常植株的种苗。

(1)完整种苗　种苗的各部分健康、完整、均衡、未受损伤。完整种苗具有下列结构的特定组合。

①发育良好的根系　具长而细的初生根，常布满大量根毛，末端细尖；除初生根外还产生次生根；某些属由数条种子根取代一条初生根。

②发育良好的种苗中轴　子叶出土发芽的种苗具细直且伸长的下胚轴；子叶留土发芽的

种苗具发育良好的上胚轴；禾本科牧草的某些属具不同伸长程度的中胚轴。

③特定的子叶数目　单子叶牧草具一片子叶，或呈绿色叶状体或留在种子内。双子叶牧草具两片子叶，子叶出土发芽的种苗子叶为绿色，呈叶片状；子叶留土发芽的种苗为肉质半球形并保留在种皮内。

④绿色伸展的初生叶　互生叶种苗具一片初生叶；对生叶种苗具两片初生叶。禾本科牧草具一发育良好直立的胚芽鞘，鞘内包含一绿色叶片延伸到其顶端，最后绿叶由胚芽鞘内伸出。

(2)轻微缺陷种苗　种苗带有轻微缺陷，但能够发育为正常植株。下列有轻微缺陷的种苗为正常种苗。

①初生根局部损伤　如出现变色或坏死斑点，已愈合的裂缝、裂口或浅裂缝、裂口；对于某些属，如菜豆属、野豌豆属、豌豆属等，初生根虽有缺陷，但有大量正常的次生根。

②下胚轴或上胚轴局部损伤　如出现变色或坏死斑点、已愈合的裂缝和裂口、浅裂缝和裂口，轻度扭曲。

③子叶局部损伤　如出现变色或坏死斑点，变形或损伤子叶组织的一半或一半以上能保持正常功能(50%规则)；双子叶牧草仅有一片正常子叶，且苗端或周围组织没有明显损伤或腐烂；3 片子叶替代两片子叶，只要其组织的一半或一半以上保持功能正常。

④初生叶局部损伤　如出现变色或坏死斑点，变形或损伤初生叶组织的一半或一半以上能保持正常功能；顶芽没有明显损伤或腐烂，仅有一片初生叶；3 片初生叶替代两片初生叶，符合 50%规则。

⑤胚芽鞘局部损伤　出现变色或坏死斑点；胚芽鞘从顶端开裂，但裂长不及总长的 1/3；受内外稃或果皮的阻力引起胚芽鞘轻度扭曲或成环状；胚芽鞘内的绿色叶片未延伸到顶端，但至少达到胚芽鞘长的一半以上。

(3)二次感染种苗　感染源不是来自种子本身，而是来自其他种子、种苗或种子周围的结构。

2. 不正常种苗

因一个或多个无法弥补的结构缺陷，即使生长在适宜土壤条件下，也不能发育为正常植株的种苗。不正常种苗分为以下 3 类：

(1)损伤种苗　种苗结构缺失或损伤程度达到影响正常发育。对种胚的损伤都是外部引起的，如机械挤压、高温、干燥及昆虫损伤，损伤种苗表现为子叶或幼枝开裂或与种苗其他部分完全分离；下胚轴、上胚轴或子叶具深裂缝或开裂；胚芽鞘损伤或顶端破裂，且裂长超出胚芽鞘总长的 1/3；初生根开裂、残缺或缺失。

(2)畸形种苗　因内部生理生化功能失调引起种苗发育减弱或不均衡。内部失调常由早期的外部影响引起，如亲代生长条件不良，种子成熟条件不良，过早收获，除莠剂或杀虫剂的影响，清选程序不佳或贮藏条件不适，也可能是由遗传物质变异或老化造成的。其特征表现为初生根停滞或细弱；下胚轴、上胚轴或中胚轴短粗、环状、扭曲或螺旋状；子叶卷曲、变色或坏死；胚芽鞘短并畸形、开裂、环状、扭曲或螺旋形；逆向生长(芽向下弯曲，根负向地性)；叶绿素缺失(黄化或白化)；细长种苗或玻璃状种苗。

(3)腐烂种苗　因初次感染造成种苗致病或腐烂，阻碍种苗的正常发育。这主要是因外部损伤或内部虚弱导致的真菌和细菌感染。

6.5 生活力测定

6.5.1 种子生活力测定的意义

种子生活力(seed viability)指种子发芽的潜在能力或种胚所具有的生命力。许多牧草种子因存在着休眠,特别是刚收获的牧草种子,发芽率很低,但实际上种子具生活力,只是处于休眠状态暂时不能发芽,因此全部有生活力的种子即包括能发芽的种子,也包括暂时休眠不能发芽而具有生命力的种子。

衡量种子有无生活力的标志是能否正常发芽,通常采用发芽试验的方法。然而,许多牧草特别是禾本科和豆科牧草种子,收获后即使供给适宜的发芽条件也不能发芽或发芽率很低,在这种情况下,仅用发芽试验测定其发芽率评定种子批质量,会得到偏差较大的结果。所以有必要进一步对种子进行生活力的测定,了解种子潜在发芽的能力,以便合理利用种子。

休眠种子可借助于各种预处理打破休眠,进行发芽试验,但这样往往需要延迟发芽时间。而种子贸易中,常因时间紧迫,不可能采用正规的发芽试验测定发芽率。在收获与播种间隔短的情况下,发芽试验会耽搁农时。上述情况则可用生物化学速测法测定种子生活力作为参考。目前常用于牧草种子生活力测定的方法有四唑染色图形技术。

6.5.2 四唑染色图形技术

四唑染色图形技术自 Lakon(1942)发明用于种子生活力测定以来,已在全世界广泛应用,1953 年列入国际种子检验规程。起初用于林木种子,现已广泛用于各种作物,特别是豆科和禾本科牧草。

1. 试剂

最常用的试剂是 2,3,5 - 氯化三苯基四氮唑(2,3,5 - triphenyl tetrazolium chloride),简称 TTC,或 TZ。其分子式为 $C_{19}H_{15}N_4Cl$,相对分子质量为 334.8,白色或淡黄色粉剂,微毒,易被光分解,应用棕色瓶盛装,并用黑纸包裹。配成溶液后也用棕色瓶盛装,黑纸包裹,染色反应在黑暗条件下进行。

2. 原理

种胚活体细胞含有脱氢酶,具脱氢还原作用,被活组织吸收的氯化三苯基四氮唑无色,从活细胞的脱氢酶上接受氢,在活细胞或组织内产生稳定而不扩散的红色物质三苯基甲臜(triphenyl formazan)。这样,染成红色的表示有生命的组织,而未染色的表示无生命的组织。胚完全染色的为有生活力种子,胚完全不染色的则为无生活力种子。此外有局部染色的种子,表明存在着一定面积的坏死组织,是否有生活力取决于坏死组织在胚体内的位置和面积的大小。

3. 测定

(1)试验样品　从净种子中数取 400 粒种子,分成 4 个重复,每重复 100 粒。

(2)预先湿润　多数牧草种子在染色前必须进行预先湿润。吸湿种子有利于进行切刺处理，不至于严重损伤种子器官或组织，并使染色更为均匀，有利于鉴定。有些种子吸湿处理前需除去颖壳或种皮。

(3)切刺　许多牧草种子在染色前须进行切刺处理，使其组织暴露出来，以利于四唑溶液的渗入，并便于鉴定。目前切刺方法如穿刺、纵切、横切均已标准化，这样有利于识别切刺处理中引起的组织损伤。

(4)样品染色　将经过预先湿润和切刺处理的种子样品放入培养皿，按要求(表 6-5)加入一定浓度的四唑溶液，使四唑溶液完全淹没种子，溶液不能直接暴露于光下。染色时间的长短因样品处理方式、四唑溶液浓度和温度而异，在 20～45℃范围的，温度每增加 5℃，染色时间则减半，通常染色温度为 30～35℃。当到达规定时间，或染色已很明显时，倒去四唑溶液，用清水冲洗后即可观察鉴定。

表 6-5　部分草种子四唑测定方法(ISTA，2011)

种名	预湿(20℃) 方式[①]	预湿(20℃) 最短时间/h	染色前准备	染色(30℃) 浓度/%	染色(30℃) 时间/h	鉴定准备	鉴定不染色最大面积	备注
冰草属	BP W	16 3	①去颖，胚附近横切；②纵切胚及 3/4 胚乳。	1.0 1.0	18 2	①观察胚外表面；②观察切面。	1/3 胚根	
翦股颖属	BP W	16 2	胚附近穿刺。	1.0	18	除去外稃露出胚。	1/3 胚根	
看麦娘属	BP W	18 2	去颖，胚附近横切。	1.0	18	观察胚外表面。	1/3 胚根	
燕麦草属	BP W	16 3	①去颖，胚附近横切；②纵切胚及 3/4 胚乳。	1.0 1.0	18 2	①观察胚外表面；②观察切面。	1/3 胚根	
臂形草属	BP W	18 6	①去颖，胚附近横切；②纵切胚及 3/4 胚乳。	1.0 1.0	18 18	①观察胚外表面；②观察切面。	2/3 胚根	
雀麦属	BP W	16 3	①去颖，胚附近横切；②纵切胚及 3/4 胚乳。	1.0 1.0	18 2	①观察胚外表面；②观察切面。	1/3 胚根	
洋狗尾草属	BP W	16 3	①去颖，胚附近横切；②纵切胚及 3/4 胚乳。	1.0 1.0	18 2	①观察胚外表面；②观察切面。	1/3 胚根	
鸭茅属	BP W	18 2	去颖，胚附近横切。	1.0	18	观察胚外表面。	1/3 胚根	
羊茅属	BP W	16 3	①去颖，胚附近横切；②纵切胚及 3/4 胚乳。	1.0 1.0	18 2	①观察胚外表面；②观察切面。	1/3 胚根	

续表 6-5

种名	预湿(20℃)		染色前准备	染色(30℃)		鉴定准备	鉴定不染色最大面积	备注
	方式*	最短时间/h		浓度/%	时间/h			
绒毛草属	BP W	16 3	①去颖，胚附近横切；②纵切胚及3/4胚乳。	1.0 1.0	18 2	①观察胚外表面；②观察切面。	1/3胚根	
黑麦草属	BP W	16 3	①去颖，胚附近横切；②纵切胚及3/4胚乳	1.0 1.0	18 2	①观察胚外表面；②观察切面。	1/3胚根	
百脉根属	W	18	保持种子完整	1.0	18	除去种皮露出胚。	1/3胚根，1/3子叶末端，如在表面为1/2。	如果测定硬实种子的生活力，可将子叶末端种皮切开进行浸泡(4 h)。
苜蓿属	W	18	保持种子完整	1.0	18	除去种皮露出胚	1/3胚根，1/3子叶末端，如果在表面为1/2。	如果测定硬实种子的生活力，可将子叶末端种皮切开进行浸泡(4 h)。
草木樨属	W	18	保持种子完整	1.0	18	除去种皮露出胚	1/3胚根，1/3子叶末端，如果在表面为1/2。	如果测定硬实种子的生活力，可将子叶末端种皮切开进行浸泡(4 h)。
红豆草属	W	18	保持种子完整	1.0	18	除去种皮露出胚	1/3胚根，1/3子叶末端，如果在表面为1/2。	如果测定硬实种子的生活力，可将子叶末端种皮切开进行浸泡(4 h)。
黍属	BP W	18 6	①去颖，胚附近横切；②纵切胚及1/2胚乳。	1.0 1.0	18 18	使胚露出	1/3胚根，1/4盾片末端。	
虉草属	BP W	18 6	①去颖，胚附近横切；②纵切胚及1/2胚乳。	1.0 1.0	18 18	切开使胚露出	1/3胚根，1/4盾片末端。	
猫尾草属	BP W	16 2	胚附近穿刺。	1.0	18	去外稃露出胚	1/3胚根	
早熟禾属	BP W	16 2	胚附近穿刺。	1.0	18	去外稃露出胚	1/3胚根	

续表 6-5

种名	预湿(20℃)		染色前准备	染色(30℃)		鉴定准备	鉴定不染色最大面积	备注
	方式*	最短时间/h		浓度/%	时间/h			
黑麦属	W W	4 18	①切下胚和盾片;②纵切胚及3/4胚乳。	1.0 1.0	3 3	①观察胚外表面、盾片背面;②观察胚外表面、切面、盾片背面。	除一条根原基外的根区,1/3盾片末端。	盾片中央的不染色组织表明受热损伤。
三叶草属	W	18	保持种子完整。	1.0	18	除去种皮露出胚。	1/3 胚根,1/3 子叶末端,如果在表面为1/2。	如果测定硬实种子的生活力,可将子叶末端种皮切开进行浸泡(4 h)。

注:①BP 为纸间,W 为水中。

(5)观察鉴定　在解剖镜下进行观察鉴定,辨别有生活力和无生活力的种子。根据种胚主要结构的染色情况进行判断,如对禾本科牧草种子的胚芽、胚根、胚轴和盾片及豆科牧草种子的胚根、胚芽、胚轴和子叶等部位进行仔细的观察。通常,胚的全部或主要结构染成鲜红色的,为有生活力的种子;凡胚的主要结构之一不染色,或染成浅色斑点者为无生活力的种子。禾本科牧草种子的胚芽、胚根、盾片中央不染色,或盾片末端、胚根不染色斑点超过1/3的为无生活力的种子。豆科牧草种子胚根和子叶末端不染色的面积超过1/3,胚轴或接近胚芽部分的子叶不染色者为无生活力种子。

对带有稃壳的禾本科牧草种子及小粒豆科牧草种子,需用乳酸苯酚透明剂使稃壳、胚乳或种皮、子叶变为透明,以便观察种胚的染色情况,正确判断种子的死活。

6.6 水分测定

6.6.1 种子水分测定的意义

种子水分(seed moisture content)又称种子含水量,是指种子样品中含有水的重量占供检种子样品重量的百分率,按规定程序将种子样品烘干,用失去重量占供检验样品的初始样品重量的百分率表示。水分测定方法在尽可能保证除去较多水分的同时,减少氧化、分解或其他挥发性物质的损失。种子水分有两种形式,即自由水和束缚水,它们均为水分测定的对象。自由水具有普通水的特性,极易蒸发,种子含水量的增减主要是自由水的变化。因此,在取样、样品储存、分样、磨碎和称重过程中,尽可能预防这部分水分的蒸发,否则造成水分测定结果偏低。束缚水被种子中亲水胶体紧密结合,很难蒸发,利用烘干法测定水分时,自由水很快蒸发逸出,而后种子内的束缚水缓慢散失。只有通过适当提高温度、延长烘干时间,这部分水分才能全部逸出,否则也造成水分测定结果偏低。

种子水分含量是种子质量的重要指标，种子水分测定具有重要的意义。种子在收获、清选或药物处理时，应当含适宜的水分，不然会发生破碎和挤压等机械损伤或药物中毒现象。具有安全含水量的种子有利于贮藏和运输，不易因病虫的侵害和温度等因素而引起劣变，能保持良好的生活力，并相对减轻运输负担。因而种子含水量的测定对指导种子收获、清选、药物熏蒸及种子贮藏、运输和贸易都有着极其重要的作用。

6.6.2 水分测定方法

水分测定可以采用恒温烘箱法和水分仪测定法。

6.6.2.1 恒温烘箱法

恒温烘箱法一般分高恒温烘箱法(130～133℃，1 h±3 min，2 h±6 min，4 h±12 min)和低恒温烘箱法(101～105℃，(17±1) h)两种。一般根据种子特性和大小采用不同的方法，牧草与草坪草种子及禾谷类作物除了可以采用低温方法外还可采用高温法(表 6-6)，树木种子一般多采用低温法，如紫穗槐、松、柏等。含油量高的植物适宜低温烘箱法，如大豆、亚麻等。

表 6-6 采用低温烘干方法测定的草种

拉丁名	种属	研磨/切	高温	高温干燥时间/h	预先干燥需求
Agrostis spp.	翦股颖属	否	是	1	
Avena spp.	燕麦属	粗磨	是	2	水分含量≤17%
Bromus spp.	雀麦属	否	是	1	
Cicer arietinum	鹰嘴豆	粗磨	是	1	水分含量≤17%
Cynodon dactylon	狗牙根	否	是	1	
Cynosurus cristatus	洋狗尾草	否	是	1	
Dactylis glomerata	鸭茅	否	是	1	
Elytrigia spp.	偃麦草属	否	是	1	
Festuca spp.	羊茅属	否	是	1	
Lolium spp.	黑麦草属	否	是	1	
Lotus spp.	百脉根属	否	是	1	
Lupinus spp.	羽扇豆属	粗磨	是	1	水分含量≤17%
Medicago spp.	苜蓿属	否	是	1	
Melilotus spp.	草木樨属	否	是	1	
Onobrychis viciifolia	红豆草	否	是	1	
Paspalum spp.	雀稗属	否	是	1	
Phleum spp.	猫尾草属	否	是	1	
Poa spp.	早熟禾属	否	是	1	
Trifolium spp.	三叶草属	否	是	1	
Vicia spp.	野豌豆属	粗磨	是	1	水分含量≤17%

注：高温栏内标注“是”，表示可以采用高恒温法烘干测定的种类。

1. 仪器设备

(1)研磨机　用不吸湿的材料制成；其构造能够保证种子被尽量磨碎，在研磨过程中尽量隔绝空气；研磨速度要快且均匀，避免磨碎材料发热，尽量减少空气流动，降低水分损失；研磨机可调节到所规定的研磨细度。

(2)电热恒温烘箱　烘箱可选用重力对流或机械对流(鼓风对流)类型，应为电力加热。由恒温调节器控制，绝缘良好，温度范围 103～130℃，保证整个烘箱内各部分温度均匀一致，使烘箱架平面上方保持在设定的温度。在上层烘箱架，样品附近测定温度精确到 0.5℃。在预热达到所需温度 103～130℃后，打开烘箱门放入样品盒，烘箱应能在 30 min 内回升到设定温度。烘箱干燥能力必须是高温测定时间等于或少于 2 h。

(3)样品盒　样品盒必须由耐腐蚀的金属或玻璃制成，厚度约 0.5 mm，有与之配套的盒盖，以将水分的吸收和散失减少到最低限度。盒底平整、有边，边沿水平。盒与盖标有相同号码。使用前，将其在 130℃下烘干 1 h(或以相同功效的其他方法)，在干燥器中冷却。烘干有效层是指试验样品在样品盒内的分布不超过 0.3 g/cm^2。

(4)干燥器和干燥剂　干燥器必须配有一块厚金属片，以促进样品迅速冷却，并装有适当的干燥剂，如五氧化二磷、活性矾土或颗粒为 1.5 mm 的 4A 型分子筛。

(5)分析天平　精确度为±0.001 g。

(6)筛子　需备孔眼为 0.50 mm、1.00 mm、2.00 mm 和 4.00 mm 的金属丝筛子。

(7)切片工具　对大粒和坚硬的植物种子进行切片，可使用解剖刀或刀身长 4.0 cm 以上的修枝刀。

2.水分测定程序

(1)测定前仪器用具的准备　首先检查干燥器中的干燥剂是否具有干燥功能，否则替换新干燥剂或烘干再利用。在水分测定前将要用的铝盒(含盒盖)洗净后，于 130℃的条件下烘干1 h，取出后置于干燥器中冷却后称重，再继续烘干 30 min，取出后冷却称重，当两次烘干结果误差小于或等于 0.002 g 时，取两次重量平均值；否则，继续烘干至恒重。需要研磨的种子要准备研磨机并清理干净，调节所需的细度。恒温烘箱温度按方法要求调好所需温度，稳定在130～133℃。

(2)试验样品　测定应取两份独立分取的重复试样，根据所用样品盒直径大小，每份试样重量达到下列要求：5 cm＜直径＜8 cm，4.5±0.5 g；直径≥8 cm，10.0 g±1.0 g。

在分取试验样品以前，送验样品须按下列方法之一进行充分混合：①用匙在样品容器内搅拌；②将原样品容器口对准另一个同样大小的容器口，在两个容器间重复往返倾倒种子。按规程规定方法分取每份试验样品，样品暴露在空气中时间不得超过 30 s。

所接收的水分测定样品，必须装在一个完整的防湿容器中，尽量排除其中空气。样品接收后尽快进行测定。测定时，样品在检验室空气中暴露时间应减至最低限度，对于不需要研磨的种子，样品从接收的容器中拿出，直至试验样品密闭在准备烘干的样品盒内所经过的时间不应超过 2 min。

(3)称重与烘干　称重以 g 为单位，保留 3 位小数。样品盒与盖在称样品前空时称重，加大约所需样品的重量后，再称样品盒和盖及样品的烘前重量，称重后迅速放入恒温烘箱内，并将打开的样品盖近置样品边。等烘箱温度升至所需温度后开始计时，烘制时间长短是由种子的种类、特性与大小确定，选择高温时间(130～133℃，1 h±3 min，2 h±6 min，4 h±12 min)或低温(101～105℃，(17±1) h)进行烘制。烘制时间结束后放入干燥器中冷却，需 45 min 左右。冷却后，称样品盒和盖及样品的烘后重量。在进行测定时，检验室空气相对湿度必须低于70%。

(4) 研磨　除高油分种子难以磨碎，或特别像高碘价油分的亚麻种子易于氧化增重的种子外，大粒种子在烘干前必需研磨(表6-6)。如果不能研磨种子，可采用切碎方法。

细磨程度应达到至少有50%的研磨材料通过0.5 mm筛，而留在1.00 mm筛上的不超过10%。粗磨程度至少有50%的研磨材料通过4.00 mm筛，而通过2.00 mm筛上的材料不超过55%。所有的研磨过程所需时间必须不能超过2 min。研磨机使用时确保一个样品没有污染到另一个样品。

调节研磨机以得到要求大小的颗粒，可先取少量样品试磨，弃去不用，取数量略多于测定所需的样品。

(5)切碎　大的树种子(千粒重>200 g)和具有坚硬种皮的树种子需要切碎，如豆科种子或高油含量的种子，应切至小于7 mm大小来代替研磨。切碎必须在2个次级样品中，每个次级样品重约等于从送样样品中抽取5个完整种子的重量。样品暴露在空气中的时间不应超过4 min。

(6)预先烘干　如果是需要研磨的种子，其水分含量高于17%(大豆种子高于10%，水稻种子高于13%)，必须进行预烘干。称取两个次级样品，每个样品至少称取(25±1) g，放入已称重的样品盒内。然后将这两个次级样品放在样品盒内130℃烘箱烘5～10 min，使水分降至表6-6需求。预烘干后的材料至少在实验室暴露放置2 h。

预烘干后，重新称量在样品盒中次级样品的重量，测定水分散失。此后立即将这两份半干的次级样品分别研磨，按规程程序进行水分测定。需切片的树木种子不需预烘干。

很湿的玉米种子(25%以上)必须均匀地铺放在样品盒内，厚度不超过2 mm，分别称取放入样品前后样品盒与盒盖的重量。将盒盖放在样品盒上，一同迅速地放入温度恒定在(103±2)℃的烘箱内，烘干(17±1) h。当烘箱回升至所需温度时，开始计时。到达规定的时间后，盖好样品盒的盖子，并放入干燥器冷却30～45 min。

冷却后，称出样品盒、盒盖和样品的总重。在进行测定时，检验室空气相对湿度必须低于70%。

3.计算与结果表达

(1)计算　水分以重量百分率表示，每次重复计算保留三位小数，最后结果修约保留一位小数，公式如下：

$$含水量 = \frac{M_2 - M_3}{M_2 - M_1} \times 100\%$$

式中M_1为样品盒和盖的重量(g)，M_2为样品盒和盖及样品的烘前重量(g)，M_3为样品盒和盖及样品的烘后重量(g)。

若用预烘干，水分可从第一阶段和第二阶段所得结果来计算。如果S_1是第一阶段失去的水分，S_2是第二阶段失去的水分，两次均按上法计算，以百分率表示，样品的初始水分可按下式计算。

$$含水量 = \left[(S_1 + S_2) - \frac{S_1 \times S_2}{100}\right] \times 100\%$$

(2)容许差距　若一个样品的两份测定之间的差距不超过0.2%，其结果可用两份测定的算数平均数表示。否则，重新测定。

6.6.2.2 水分仪测定法

送验样品必须盛放在一个完整、防湿的容器内，并且尽可能排除其中空气。测定过程中，将样品暴露在检验室空气中的时间应减少到最低限度。水分测定仪工作环境要求，室温在15～25℃，相对湿度为45%～75%。

1. 测定程序

测定应使用两份独立分取的试验样品，其样品重量(或体积)依据仪器而定。分取试验样品前送验样品应按规定方法进行充分混合。每份试验样品均应按此方式分取，样品暴露在空气中的时间不超过30 s。

当样品温度与放置水分测定仪的检验室温度差异较大时，可能会发生冷凝现象。因此，测定前样品应作均衡处理，使之与检验室温度相近。

2. 结果计算与表示

水分含量以重量百分比表示，按下式计算平均值，结果保留一位小数。

$$含水量 = \frac{M_1 + M_2}{2} \times 100\%$$

其中，M_1 和 M_2 分别为水分测定仪两次重复的读数值。

3. 容许误差

如果两次测定的差异不超过0.2%，水分测定结果即以对同一样品的两次重复测定值的算数平均值表示。否则应重新做两次重复测定。如果第二次检验结果在容许差距范围内，填报第二次检验结果。如果两次检验重复和再次检验的平均结果均在容许差距外，应放弃结果，检查仪器设备和试验程序问题，再重新检验。

参考文献

[1] GB/T 2930—2001　牧草种子检验规程. 北京：中国标准出版社，2001.

[2] NY/T 1238—2006　牧草与草坪草种苗评定规程. 北京：中国标准出版社，2006.

[3] GB 6142—2008　禾本科草种子质量分级. 北京：中国标准出版社，2008.

[4] GB 6141—2008　豆科草种子质量分级. 北京：中国标准出版社，2008.

[5] 韩建国. 实用牧草种子学. 北京：中国农业大学出版社，1997.

[6] 徐本美，韩建国译. ISTA种苗评定与种子活力测定方法手册. 北京：北京农业大学出版社，1993.

[7] 颜启传. 种子检验的原理与技术. 北京：农业出版社，1992.

[8] ISTA. ISTA Handbook on Seed Sampling (Second edition), Bassersdorf, CH-Switzerland: International Seed Testing Association(ISTA), 2004.

[9] ISTA. International rule for seed testing. Bassersdorf, CH-Switzerland: International Seed Testing Association(ISTA), 2011.

[10] Lakon G. Topographischer nachweisis der keimfahigkeit der getreidefruchte durch tetrazoliumsalze. Berichte der Deutschen Botanischen Gesellschaft, 1942, 60:299-305.

chapter 7

第 7 章 牧草种子活力

7.1 种子活力的概念及意义

7.1.1 种子活力概念的提出

在草地畜牧业生产实践中,牧草种子最重要的价值是它的种用价值,即作为繁殖体生产新一代植株的价值。因而,种子的成苗(特别是在多变的、非生长最适条件的田间情况下)能力就成为种子重要的质量特征。长期以来,发芽试验一直是鉴定种子这一特征的标准,因而也就是评估种子质量的重要手段之一。标准的发芽试验具有简便、易行、重复性好等优点。在许多情况下,发芽试验的结果常与种子在田间出苗情况呈密切相关,因而也就能较好地反映种子真实质量的优劣。然而,也会遇到一些发芽试验不能很好反映种子真实质量的情况。有时在发芽试验中发芽率很高的种子在田间的表现却不尽如人意。有时发芽率相近的同一品种的不同种子批播种后的田间表现或在相同条件贮藏后的表现却具有相当大的差异(表 7-1)。

表 7-1 标准发芽率相近的种子批在田间、贮藏和运输后的表现(Delouche & Baskin, 1973; Naylor, 1981; Wang & Hampton, 1989; Hampton & TeKrony, 1995) %

植 物	种子批号			
	1	2	3	4
一年生黑麦草				
标准发芽率	96	95	94	92
田间出苗率	90	67	78	79
花生				
标准发芽率	93	92	95	97
田间出苗率	84	71	68	82
高羊茅				
贮藏前的发芽率	90	91	90	88
贮藏 6 个月后发芽率	91	90	84	74
贮藏 12 个月后发芽率	90	73	58	24
绛三叶				
贮藏前的发芽率	90	90	94	88
贮藏 6 个月后发芽率	90	90	92	76
贮藏 12 个月后发芽率	92	89	84	48
红三叶				
贮藏前的发芽率	90	90	90	90
贮藏 12 个月后发芽率	71	90	66	89
草地雀麦				
运输前的发芽率	94	96	93	90
远洋运输后的发芽率	87	19	74	53

这种情况的出现说明种子在表观的发芽率表现之下还存在着更深层次的质量差异，发芽试验在评估种子质量上还存在着一些不足之处。概括起来，这些不足主要来源于以下几个方面：

(1)从理论上讲，种子质量是一连续性的性状。质量的升高（种子发育）和降低（种子劣变）都是连续性的过程，而发芽试验的结果则是用间断性的参数来表示的。发芽试验的结果被划分为几个截然分开的类别，种子或被判为“发芽的”，或为“不发芽的”，连续的分布完全被人为地切断。这样，两个类别交界的个体（种子）就常不易被确定应属于哪一类别，试验结果的真实性也就因而受到影响。另一方面，这种间断性划分的结果又完全忽略了同一类别的差异。例如，在“发芽”的种子中，既含有生活力很高的种子，又含有勉强能在实验室条件下发芽的低质量种子。从发芽试验的结果看，这种差别就完全消失。把质量表示的事物给予数量化表示，固有其方便的一面，如易于标准化，结果清楚、明白、易于解释等。但另一方面，这样做的结果有时会给出一些赝象：假如有两批发芽率分别为100%和50%的种子，如按发芽率计算播种量的话，200粒50%发芽率的种子应有与100粒100%发芽率种子同样的出苗率。实际上，这种情况出现的机会极少。Goss(1933)明确地揭示出这一问题，他谈到：“假如我们将发芽率分别为96%和62%的两批种子相比较，就62%发芽率的这批种子来说，很难想象，能使其1/3种子已致死的贮藏条件，不会对这余下尚存活的62%种子产生影响……那么这62%的可发芽种子的活力也必定是受到了损伤。”显而易见，这62%的可发芽种子与前一批种子中92%的可发芽种子在质量上是有差别的，而发芽试验却不能指出这些差别。

(2)由于国际间种子交换、买卖的需要，20世纪中期，由国际种子检验协会(ISTA)制定出了标准的发芽试验程序。发芽试验标准化的结果是使世界各国都采用了同一试验条件及试验程序，从而得出的结果就可以在世界范围内通用。这固然是有利的一面，但同时，发芽试验标准化也对准确评价种子质量带来一些问题。这是因为，标准发芽试验要在“最适的”发芽条件下，给予“充足的”时间，使种子取得“最大发芽率”。这样，从发芽结果得到的信息就只能是“种子最大的成苗潜力”，而最大的成苗“潜力”并不一定能完全反映种子实际的成苗表现。

(3)由于发芽试验观察的目的仅限于发芽与否，有一些影响种子质量的其他因素是不能在发芽试验中测得的。例如，种子贮藏物的多少就是一个在发芽及种苗早期表现不出差别的特性，但在较迟阶段的生长中，这一特性却可能会对种苗有一定意义的影响。

Nobbe是第一个指出发芽试验的不足，并提出“活力”概念的人。早在1876年，他就发现了在可发芽种子中，仍存在着诸如发芽速度、种苗生长速度等方面的差别。他把这些差别的存在归结为种子在“驱动力”(driving force)上的不同。他的“驱动力”的概念经多次转译、精练，最后以今天的“活力”(vigour)一词被广泛地接受了。在Nobbe之后，很多种子科研人员的工作对“活力”概念的早期发展都起了积极作用。特别值得一提的是Hiltner和Ihssen在1911年创立的“砖砾试验”和一些北美种子工作者在30年代早期创立的“冷冻试验”，至今仍是活力测定的重要方法。虽然在当时还没有形成比较完整和系统的“活力”概念，“活力”一词也还未被广泛采用，但种子活力的某些重要含义实际上已被应用到生产实践中去了。

活力概念的“正式”确立是1950年在华盛顿召开的“国际种子检验协会(ISTA)”国际会议上。那次会议讨论了大量有关发芽试验及活力的报告。Franck(1950)指出，欧洲一直沿用的最适条件下进行的发芽试验（至今仍沿用的标准发芽试验），应与美洲一直使用的土壤中及冷冻条件下进行的发芽试验（即现在活力测定中的冷冻试验）有所区别。前者应作为标准的发芽试验，而后者应属于活力试验。在发言中，Franck 还请求大会进一步统一发芽试验的程序及术语等，使之明确地与活力试验有所区别。这次会议以后，“活力”这一术语便被广泛地采用。

7.1.2 种子活力的实质

7.1.2.1 种子活力与活力变化

1950 年的 ISTA 会议虽然广泛应用了“活力”这一术语，并确认了“活力”概念在种子质量评定上的重要意义，但并未能提出合适的、被广泛接受的定义来描述种子活力。在活力概念发展的早期，发芽速度曾被认为是活力的标准。到 20 世纪六七十年代活力的概念趋于统一，各方面基本上同意活力应是包括一切(绝非一两个)有利于成苗(无论在良好条件或不良环境下)特性的总和。1977 年 ISTA 采用了 Perry 为种子活力下的定义：“种子活力是指种子或种子批在发芽和种苗期间决定其内在活性和表现性能潜在水平的所有特性总和”，“表现好的种子称为高活力种子，表现不好的称为低活力种子”。应特别注意的是“总和”二字，任何个别的特性特别是许多生化方面的特性(如酶活力水平、ATP 水平等)只能反映活力的个别方面，而不能概括活力的整体面貌。该概念在 ISTA 之后出版的《种子活力测定方法手册》中得到了延用。Perry(1981)在第 1 版《种子活力测定方法手册》中，就上述活力定义进一步作了说明，指出造成种子活力差异的性状有：①发芽期间一系列生物化学过程与反应，如酶的活性和呼吸强度；②种子发芽与种苗生长速度及整齐度；③田间出苗和生长速度及整齐度；④逆境条件下种子的出苗能力；⑤植株生长发育、群体的整齐度及最终产量。Hampton 和 TeKrony (1995)在总结了前人对种子活力研究的基础上，认为种子活力不像种子发芽率那样是一个可以测算的指标，因而在他们主编出版的 ISTA《种子活力测定方法手册》第 3 版中提出种子活力是指种子各种潜在表现性能综合特征的概念，包括田间表现性能和耐贮藏性。与种子活力有关的表现性能包括：①种子发芽与种苗生长速度和整齐度；②包括种苗出土程度、速率和整齐度在内的田间表现性能；③种子贮藏运输后的表现性能，特别是发芽能力的保持特性。

对种子发育及衰老过程的了解，可以更好地理解活力的概念。图 7-1 表示活力随种子发育及劣变过程而变化的模式。从雌雄配子的结合开始，种子进入发育阶段。种子中(主要是种胚中)各代谢器官开始发育，重要的结构及功能物质(如膜系统、酶系统等)逐渐完善。与此同时，贮藏物质也逐渐积累，种子的综合生命能力(活力)也随之逐步升高。最后，种子发育达到了一个称“生理成熟”的阶段。在此刻，种子内的各机构已充分发育完全，贮藏物质也积累到了最高点(这两者在某些情况下不一定同时发生，如在有后熟现象的种子中)。此刻的种子有最高的活力水平。

从生理成熟开始，尽管种子可能还留在母体上，而它实际上已进入了“贮藏”阶段(广义的贮藏)。在“贮藏”中，种子劣变开始发生。首先是生物大分子(例如酶、结构蛋白、脂类、核酸等)开始变性，膜系统及一些细微结构随之发生损伤。这些变性及损伤的结果使种子的生化反应活性降低，生化活性的降低又使生理过程受害，其结果是使种子发芽率下降。由于内部结构和功能的衰变，种子对不良环境抵抗力下降，其中许多种子丧失在田间情况下(常常是非最适发芽条件)发芽及成苗的能力。当所有劣变过程进展到(或称积累到)一定程度时，种子甚至丧失了在实验室条件(最适发芽条件)下的发芽能力。

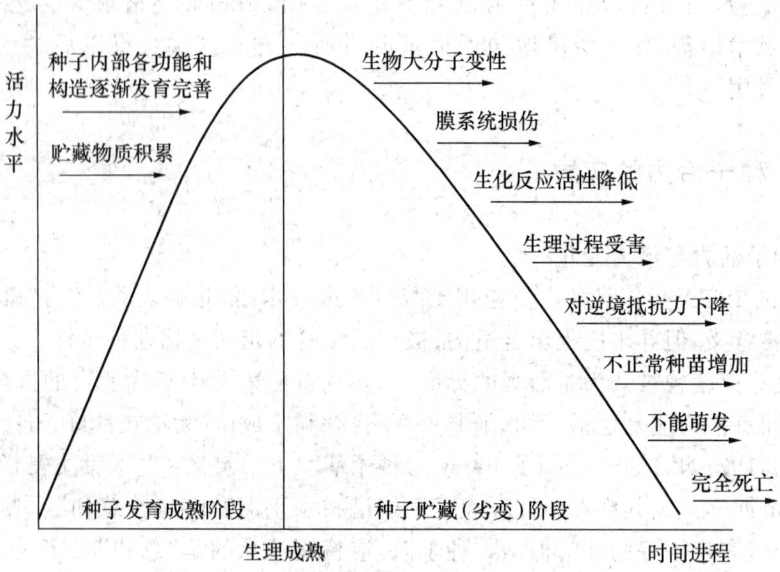

图 7-1　种子活力随种子发育和贮藏变化模式图

在种子的劣变过程中，活力从生理成熟时的最高水平，随劣变程度的加深而降低到种子死亡之时的最低点。因种子死亡，此时的活力水平可称为零活力。

7.1.2.2　影响种子活力的因素

在种子的发育阶段，任何影响种子发育的因素都会阻碍种子达到其潜在的最高活力，从而影响到种子的活力水平。种子生理成熟后，在贮藏过程中，任何促进种子劣变的因素都会加快种子活力的下降。因而，总括起来讲，决定种子活力的因素有以下 3 个。

1. 种子本身的遗传特性

由于物种的不同，不同种的种子(甚至同一种中不同的品种)无论在成熟还是在劣变过程中都显示出巨大的多样性。许多短命植物在不足 1 个月(甚至更短)的时间即可完成发育阶段，而许多裸子植物种子从受精到成熟则需逾年的时间。种子的劣变速度更显示出极大的不同。若以种子的贮藏寿命作为表示种子劣变速度的指标，短命的非干藏种子(recalcitrant seed 也译作"顽拗型"种子)仅有几个月的贮藏寿命，而莲子却有达千年的贮藏寿命，这些差别无疑与这些种子在活力上的差别有密切关系。

2. 种子在发育过程中遇到的环境条件

母株的营养状况、不良的气候条件、病虫害的侵袭等，也影响着以后种子的活力。在发育阶段，各种因素主要通过影响种子的成熟度来影响种子的活力。在种子内部的代谢机构未发育完全或贮藏物质未得到充分积累时，若遇到恶劣的环境条件，往往会使种子早熟，早熟的种子并非未能达到他们的"最高活力水平"，而是未能达到本类种子所应具有的"潜在最高活力水平"。

3. 种子成熟后的贮藏(广义的贮藏)条件

种子收获、脱粒、分级等加工过程中的机械损伤，种子库中的温度、相对湿度、气体成分及病虫害感染情况等，都是影响活力的重要因素(表 7-2)。现阶段种子活力的研究实际上大部分集中在种子的这一阶段(贮藏中的种子)。

表 7-2　不同含水量、不同贮藏温度下贮藏 18 个月后草地雀麦种子的发芽率(Hampton，1990)　%

种子批(含水量 14.6%)	贮藏前发芽率	种子含水量(10℃)/%			种子含水量(20℃)/%		
		9.5	11.6	14.6	9.5	11.6	14.6
1	97	95	98	37	95	97	1
2	98	88	89	14	84	78	0

7.2 种子活力的生理生化基础

7.2.1 种子的劣变

种子达到生理成熟后进入广义的“贮藏”阶段，在此阶段种子发生老化(aging)和劣变(deterioration)，种子活力随之下降。种子的劣变可定义为：“降低种子生存能力，导致种子丧失活力及发芽力的不可逆变化”。

种子的劣变是一个伴随着种子贮藏时间的增加而发生的、自然的、不可避免的过程。一般认为，种子的劣变开始于种子生理成熟时。劣变发生时，种子的各功能、结构受到损害，劣变对这些功能的损害随时间进程而逐渐增加。劣变过程要一直持续到种子的死亡或种子被使用(播种)。

种子本身的含水量，贮藏环境中的温度、湿度及氧气浓度等是决定种子劣变速度的主要因素。还有一些因素，例如种子的成熟度、清选及加工时的机械损伤、贮藏中的病虫害感染等，也与种子的劣变有着密切的关系。一方面，这些因素可加快种子劣变的速度；另一方面，在种子发生劣变后，这些因素较易影响(侵染)种子。然而，这些因素与种子劣变无本质性的联系。Roberts(1979)曾指出，即使完全消除了这些因素的存在，种子劣变仍能发生。

7.2.2 种子劣变的原因

在多年的研究探索中，人们对种子劣变的现象早有了解，并积累了不少宝贵的经验和结果。对种子劣变的最初起因曾提出过多种假设。如：①种子生活力的丧失是由于呼吸机制丧失殆尽的结果；②有毒有害物质(如甲酸、乙酸、乳酸、酚类物质、丙酮、游离脂肪酸等)及过量的正常代谢中间产物在种子中积累；③种子丧失生活力是由于其失去了 GA 类促进生长性物质，而 ABA 类抑制生长性物质相对过剩所致；④干藏种子的膜系统损伤或生物大分子(如蛋白质和核酸)的自然变性。此外，在生产实践中引起种子劣变的往往是各种因素的综合作用。

McDonald(1999)在总结了最近 15 年种子劣变研究的结果后，认为种子劣变是由于种子内部自动氧化或由于氧化酶的催化作用而产生的自由基攻击脂类物质，造成脂类物质过氧化的结果。这一劣变过程最早发生于胚根根尖部分。

种子中自动氧化产生的自由基主要有超氧离子($O_2^{\cdot -}$)、过氧化氢(H_2O_2)和氢氧根

(—OH)。超氧离子是种子细胞内氢醌、无色核黄素、硫醇等物质自动氧化或黄素蛋白脱氢酶催化作用下产生的；过氧化氢是超氧离子自动与氢结合，或在超氧离子歧化酶作用下与氢结合，或由失去两个电子的氧气与氢结合形成；氢氧根是在铁存在的情况下超氧离子和过氧化氢经酶的催化作用形成的。

自由基对脂质的攻击导致脂质过氧化，常开始于含油酸、亚油酸、亚麻酸等不饱和脂肪酸的膜上，自由基攻击的结果常使不饱和脂质紧靠双键的亚甲基上产生一个自由基——氢基(—H)，氢基可以和带有一个超氧自由基(ROO^-)的羧基(ROOH)所带的自由基结合。这些自由基的形成，将对膜系统造成进一步的攻击，并诱导产生更多的新自由基，加快自由基结合的速度，最终导致膜功能的丧失。

脂质过氧化尽管发生于所有的细胞内，但与种子含水量有密切的关系。一般种子含水量低于6%时，水分子在自由基与生物膜系统之间形成的水膜成为不连续的，阻隔作用丧失，自由基与膜的直接接触机会增加，脂质过氧化过程加速。随着细胞水分含量的增加，水氧化产生的自由基与生物膜之间形成了阻隔作用，脂质过氧化的速度较慢，当种子含水量超过14%时，脂质的过氧化可能被脂肪氧化酶等水解氧化酶类再次激活，随着水分含量的增加，脂质过氧化作用增强。种子水分含量在6%～14%，脂质过氧化作用最小，这是由于水可作为缓冲物质在生物膜和氧化产生的自由基间起阻隔作用，同时该水分含量范围还不足以使脂肪氧化酶的催化作用被激活。

脂质过氧化常导致线粒体的生物膜受到破坏，线粒体DNA受损，进而造成线粒体的功能异常，复制受阻，呼吸作用下降，ATP含量降低；自由基的产生和脂质的过氧化还使α-淀粉酶、β-淀粉酶、水解酶、DNA连接酶、磷酸酶、脂肪合成酶等酶类的合成能力下降；脂质的过氧化造成生物膜紊乱，细胞器受损，功能失调；自由基导致的脂质过氧化还可破坏核膜，进而使DNA受损，这样造成有缺陷DNA合成，mRNA错误地转录，酶的合成作用降低(图7-2)。

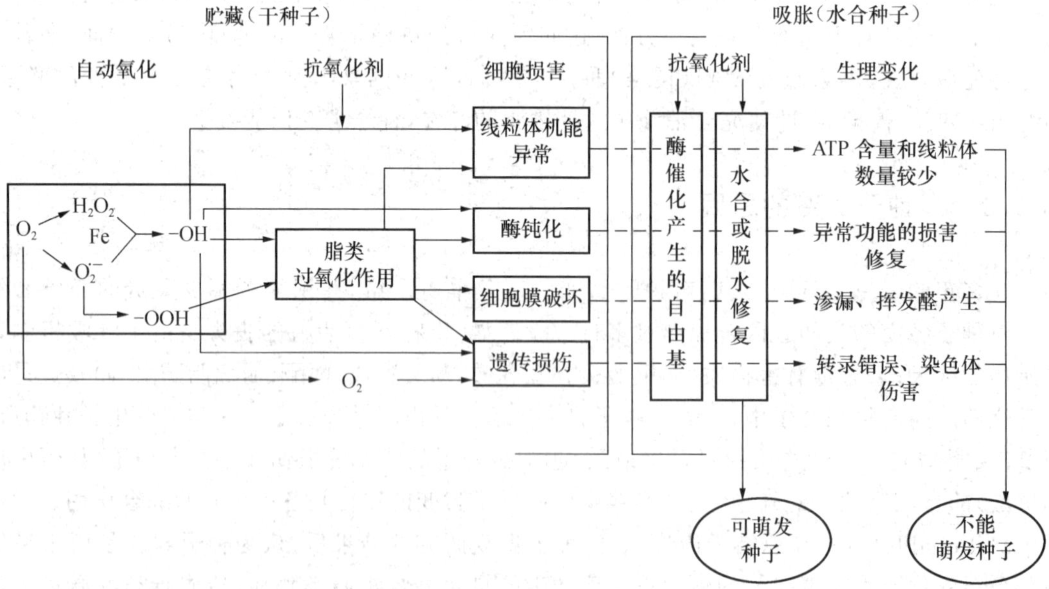

图7-2　贮藏和吸胀期间种子劣变的模式与其生理变化(McDonald，1999)

7.2.3 种子劣变引起的细胞结构与功能及生理生化变化

7.2.3.1 细胞结构与功能的变化

1. 膜结构与功能的变化

膜系统在细胞的各种生理及生化作用上起着非常重要的作用。细胞膜的半透性可以控制无机盐、糖类、氨基酸及养分的通过;某些酶、光敏色素、激素的作用点多在细胞膜上;细胞膜还参与酶、蛋白质和多糖的合成。

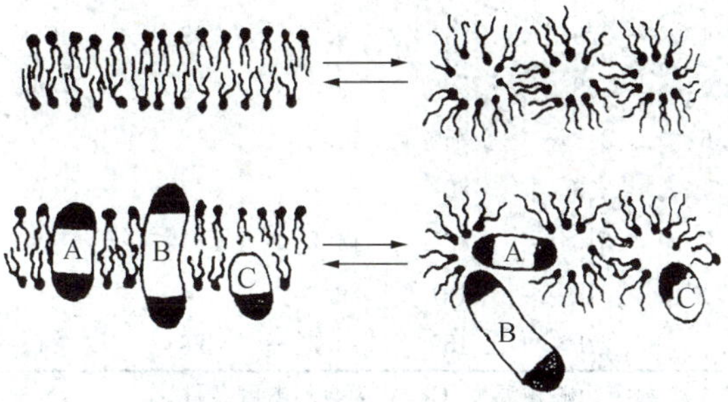

图 7-3 在不同水合状态下膜脂的排列(Simon,1978)

上图:左,片层结构,极性头部排列到外侧与水接连,构成双层。右,当水分低于 20%时,极性头部向内,亲脂尾部向外,呈放射状排列。

下图:模式同上,只是在膜脂中镶嵌有 3 个完整的蛋白质。

细胞膜主要由磷脂和球蛋白组成,磷脂常排列成两层。磷脂分子的疏水基(尾部)彼此衔接,亲水键(头部)与水分子结合。种子成熟时或种子吸胀后,膜分子排列是有序的,两层磷脂分子中间杂以球蛋白,球蛋白的极性端向外。但当种子干燥脱水时,失去水膜的保护,磷脂分子变为无序,膜的完整性丧失(图 7-3)。再吸胀,膜又可恢复原来的排列而获得完整性。高活力种子恢复迅速,低活力种子恢复慢,活力太低的种子可能根本不能恢复。

当把种子浸入水中时,种子内的可溶性物质如可溶性糖类、无机盐及自由氨基酸等会渗漏到种子之外,这些渗漏出的物质多数带电荷。因此,渗漏的程度可从种子浸提液的电导性看出,渗漏程度可说明细胞膜的完整性。当种子活力降低时,其各种可溶性物质的渗出量会增加,相应地浸提液的电导性也增加(表 7-3)。

种子越老化,其生理机能越衰退,对膜的修补能力越低。种子的渗漏现象在吸胀刚开始时速度最快,稍后随着膜的修补而恢复其完整性,渗漏随之减弱。活力高的种子,其修补能力亦高,渗漏亦少。

表 7-3 新收获和贮藏 10 年的绛三叶种子糖、淀粉、自由氨基酸、无机磷和不溶性蛋白质含量及电导率、发芽率的变化(Ching 和 Schoolcraft,1968)

样品及处理	糖		淀粉(干种子)/(mg/g)	自由氨基酸		不溶性蛋白(干种子)/(mg/g)	无机磷		电导率/(mho/(g 干种子·30 mL 水))	发芽率/%
	干种子/(mg/g)	浸出物/%		干种子/(μg/g)	浸出物/%		干种子/(μg/g)	浸出物/%		
新收获	74.7	0.6	207	513	0.5	330	539	0.9	48	99
贮藏 10 年[①]										
6;3	74.7	0.6	192	299	23.4	305	462	0.1	70	98
8;3	68.1	0.6	195	335	28.9	295	592	0.5	77	96
12;3	77.1	0.5	178	377	23.8	321	876	0.5	89	98
16;3	61.5	1.4	177	467	49.2	320	926	24.9	100	74
20;3	36.9	1.3	171	1 044	63.8	318	1 169	61.6	176	0

续表 7-3

样品及处理	糖 干种子 /(mg/g)	糖 浸出物 /%	淀粉 (干种子) /(mg/g)	自由氨基酸 干种子 /(μg/g)	自由氨基酸 浸出物 /%	不溶性蛋白 (干种子) /(mg/g)	无机磷 干种子 /(μg/g)	无机磷 浸出物 /%	电导率 /(mho/(g 干种子·30 mL 水))	发芽率 /%
6;V	82.8	0.8	198	487	18.3	335	924	13.0	44	98
8;V	75.8	0.8	182	498	22.1	302	839	9.5	51	99
12;V	57.1	4.0	170	737	65.6	335	1 451	33.3	81	0
16;V	32.6	2.3	172	987	74.9	304	1 840	63.1	229	0
20;V	18.4	2.3	168	1 148	82.5	327	2 253	68.2	378	0
6;22	74.1	0.7	196	430	28.4	329	851	9.2	49	94
8;22	75.9	0.9	188	368	37.0	299	596	9.4	78	86
12;22	48.7	4.0	158	790	68.6	313	1 750	41.1	118	0
16;22	29.0	1.8	159	1 096	80.4	309	2 808	61.8	347	0
6;38	78.9	0.9	185	375	38.7	310	855	14.2	57	89
8;38	64.1	3.8	186	650	69.1	314	1 197	29.2	74	0
12;38	24.4	2.1	179	906	79.1	275	2 159	70.3	226	0

注:①第一个数字表示种子贮藏时的原始含水量(%),第二个数字为贮藏温度(C),V 为自然贮藏条件。

2. 细胞器完整性的丧失

在种子的劣变过程中,种子细胞内的各种细胞器均发生变化,包括细胞核、线粒体、液泡、质体和内质网等,其完整性均逐渐丧失。随着种子的衰老,细胞核常有染色质结块,颜色变深,核仁模糊等现象出现,甚至发生细胞核的破裂。液泡亦有破裂现象,其内含物外逸往往使酶的活力下降,并使渗漏现象加剧。质体受衰老的影响,表现为内外膜变形,重者则引起膨胀,间质密度下降,固有功能逐渐丧失。老化后产生的畸形粉粒,在种子吸胀萌动后,其淀粉含量不会发生变化。随着老化的加深,内质网发生一系列的变化,先是出现不规则形状,之后出现膨胀现象,继而变得长而薄,最后只有一些肥短型的保留下来。与此同时,高尔基体亦有解体现象,数量减少。

线粒体在老化劣变过程中,首先其间质表现色浓而稠密,外形不规则,内部出现空隙。伴随着劣变的加重,线粒体的损伤不断加深,出现内膜与网壁联结的现象,除个别的突出嵴外,一般都出现收缩现象。更为严重时,内膜完全解体,整个线粒体出现膨胀,间质显得稀薄色淡,此时已进入不可逆的质变状态,其固有功能丧失。

3. 染色体畸变与基因突变

种子经过长期贮藏而至老化、劣变,染色体畸变及基因突变的频率增加。当种子干燥贮藏时,染色体的损害程度为包括温度、种子含水量及时间的函数。一般含水量越高或者温度越高,在单位时间内染色体的损害程度越大。当种子含水量及贮藏温度高时,种子的寿命必然缩短。大多数情况下,种子在某种贮藏环境中加速死亡,则染色体畸变的频率增加。大麦种子经人工加速老化处理后,其发芽率下降,伴随的染色体畸变频率增加(图 7-4)。染色体的畸变包括:单桥状、单断片,双桥状、双断片、单断片及单桥状、多断片,双断片及多桥状、双断片及双桥状等类型。

种子老化后,基因突变增加,但大多数突变属隐性,不大容易觉察。易于觉察的突变体有花粉败育、种苗白化和叶绿体异常等性状。当种子老化劣变时,这些突变均有增加。

7.2.3.2 生理生化过程的变化

1. 呼吸代谢的失调

当种子老化、劣变时，其呼吸代谢发生失调，此现象远出现在发芽速度减缓之前。高活力种子吸水后呼吸强度大，耗氧量远较低活力种子高。种子吸胀后呼吸商(RQ)较高，常为1.4或更高，这主要是进行无氧呼吸及糖酵解代谢，呼吸效率不高所致。种子的吸胀后期，有氧呼吸逐渐增加，呼吸商随之下降，但老化及低活力的种子，由于线粒体受损，其呼吸商往往居高不下，具有特别高的呼吸商。由于种子的老化，线粒体损伤及效能的衰退，使三羧酸循环及细胞色素氧化酶的代谢途径不能畅通而引起代谢途径的变化，ATP的合成能力下降(表7-4)。

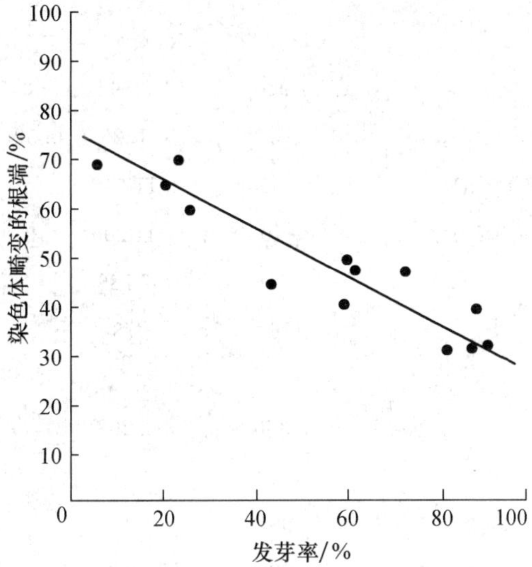

图7-4 大麦种子加速衰老后，发芽率下降与根端第一次细胞分裂时，具有一个或多个染色体畸变率的关系(Roose，1982)

表7-4 绛三叶的新陈种子各种活力指标(品种 Dixie)(Ching，1973)

指 标	1970(贮藏6个月)		1955(贮藏15年)	
	22℃	30℃	10～20℃	22℃
萌发时期				
0 h:				
ATP/(pmol/粒)	38	12	9	8
细胞色素氧化酶/(nmol/(min·粒))	2.70	1.90	1.92	1.52
酸性磷酸酶/(μmol/(min·粒))	21.8	14.5	11.2	15.1
DNA/(μg/粒)	3.67	3.80	3.20	3.33
3 h:				
ATP/(pmol/粒)	1 710	1 620	1 079	698
呼吸强度/(μL O_2/(100粒·h))	236	174	162	120

续表 7-4

指　标	1970(贮藏 6 个月)		1955(贮藏 15 年)	
	22℃	30℃	10～20℃	22℃
20 h：				
ATP/(pmole/粒)	3 100	3 070	2 135	1 810
呼吸强度/(μLO$_2$/(100 粒·h))	250	202	174	115
蛋白质合成/(cpm/(10 粒·2 h))	2 855	1 760	1 225	930
酸性磷酸酶/(μmol/(min·粒))	26.8	20.4	13.2	11.3
40 h：				
ATP/(pmol/粒)	2 900	2 892	3 185	1 935
种苗大小/cm	1.57	1.25　0.52	0.16	
蛋白质合成/(cpm/(100 粒·2 h))	17 306	11 046	9 830	3 382
RNA 合成/(cpm/100(100 粒·2 h))	59 106	41 208	31 298	18 246
DNA 合成/(cpm/10 粒)	3 554	2 786	1 951	1 378
总发芽率/%	76	78	60	12
96 h：				
ATP/(pmol/粒)	2 360	2 208	3 066	2 036
种苗大小(S)/cm	4.38	2.96	1.45	0.89
总发芽率(G)/%	98	96	98	69
活力指数(G×S)	430	204	151	61

当种子老化、劣变时，伴随产生不同的挥发性化合物，包括膜的脂肪过氧化作用产生的乙醇、乙醛、戊烷、戊醛及呼吸代谢所产生的乙醇和乙醛。当老化的种子放出大量的挥发性物质特别是醛类，往往能进一步导致微生物感染而引起损伤。因这种物质能促进真菌孢子的萌发，并吸引真菌向发芽种子一方生长，从而使种子受到感染，种子的发芽率会大幅度降低。挥发性醛类在种子发芽过程中生成量的多少，不仅与种子活力成反比，也与田间出苗率的多少呈极显著的负相关。

2. 酶活性的变化

种子老化时，酶活性也发生变化，一般规律是分解性酶的活性增强，其他酶的活性下降。阿拉伯高粱和苏丹草因自然衰老而失去活力时，过氧化氢酶的活性下降。谷氨酸脱羧酶活性的下降与种子老化呈正相关。在代谢作用中起主要作用而受老化影响最深的酶是脱氢酶，脱氢酶活性的下降，几乎与种子生命力的下降平行。乙醇脱氢酶及苹果酸脱氢酶的活性均受老化的影响，人工老化后高羊茅种子葡萄糖-6-磷酸脱氢酶、6-磷酸葡萄糖酸脱氢酶、苹果酸脱氢酶活性明显降低。绛三叶种子细胞色素氧化酶的含量随种子的老化程度增加而明显降低(表 7-4)，细胞色素氧化酶活性的下降，使产生 ATP 的偶联反应无法进行，ATP 合成量下降，又使大量的合成代谢无法进行。淀粉类种子老化中，淀粉酶活性下降。DNA 聚合酶活性对种子活力有着重要的影响，种子发芽生成种苗的过程中，细胞分裂形成新细胞，细胞核的生成而需要大量的 DNA，DNA 聚合酶直接参与 DNA 的合成，如果因种子老化 DNA 聚合酶活力下降，对种子活力会有明显的影响。

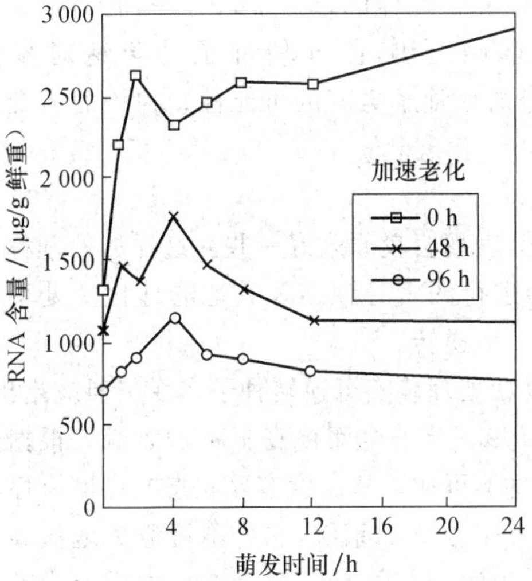

图 7-5　高羊茅不同老化程度种子发芽过程中整粒种子 RNA 含量的变化(浦心春等，1996)

当种子衰老时，有些酶的活性反而增高，如蛋白酶和脱氧核酸酶。前者活性的增强可引起其他酶的分解，后者可使 DNA 断裂并分解，从而影响 DNA 合成新的 DNA 或 mRNA。

3. 遗传物质的降解及蛋白质合成能力降低

随着种子老化程度的增加，种子活力降低，发芽过程中对 DNA、RNA 和蛋白质前体的吸收以及合成这些大分子的能力都明显下降(表 7-4)。高活力高羊茅种子吸胀开始时，贮存的 RNA 活化很快，并在吸胀 4 h 开始合成新的 RNA(图 7-5)，而老化种子不仅干种子胚中 RNA 含量少(表 7-5)，RNA 在吸胀时活化很慢，吸胀后期的合成量也少。Roberts 等(1973)发现，发芽率在 95%以上的黑麦种子，胚中 DNA 含量为 10.2 mg/g，而对应的低活力种子只有 3.1 mg/g，而且 DNA 所含的碱基数也不同，前者有 300 对，后者只有 200 对，说明衰老的种子 DNA 已解体。

表 7-5　不同老化时间高羊茅种子胚中 RNA 含量(浦心春等，1996)　　μg/g 鲜重

加速老化时间	发芽率/%	RNA 总量	多聚腺苷 RNA	多聚腺苷 RNA 占 RNA 总量/%
0	97.75	1 321.1	45.87	3.47
48	86.75	1 087.0	30.43	2.80
96	18.75	710.1	14.20	2.00

种子老化时，DNA 分子常常断裂，其断裂的严重性往往与老化成正比。老化种子吸胀时，对 DNA 的修补能力下降，断裂的低分子 DNA 会导致合成不适用的 mRNA。蛋白体是蛋白质合成的场所，蛋白体由蛋白质和 rRNA 组成，老化种子其胚合成 rRNA 的速率减慢。当种子内合成蛋白质时，mRNA 与蛋白体聚合成多蛋白体，多蛋白体的多寡可说明蛋白合成能力的高低，活力低的种子，其胚内的多蛋白体含量均较活力高的种子为低。绛三叶种子蛋白质的合成能力随种子老化程度的增加而降低(表 7-4)。

4. 内源激素的变化

植物内源激素对种子的发育和萌发起着极大的作用，每一种激素都有其独特的作用，一种激素的作用往往不能为另一种激素所替代。种子老化时，内源激素常发生量的变化，而老化后的细胞及生理系统也会丧失对激素的反应能力。影响种子萌发及生长的各种内源激素(赤霉素、细胞分裂素及乙烯)生成能力的下降及丧失是种子老化的基本过程。

7.2.3.3　种子劣变的不可避免性和不可逆性

1. 种子劣变的不可避免性

在生产实践中，只能延缓种子的劣变速度，但不能完全消除劣变。种子的贮藏中，外界因

素(如电离辐射、病虫害侵袭等)也会促使种子劣变,在这种情况下,劣变必然是会发生的。假如将种子贮藏在一个近乎理想的条件下(例如超低温条件),种子中所有与代谢有关的劣变起因都可以被排除,外界的干扰因素也可排除。但是,即使在这样的条件下,仍然不能消除引起劣变的因子之一——生物大分子自然变性。从理论上讲,除非使种子处于绝对零度(−273.3℃),否则就不能消除原子的运动,也就不能消除种子劣变的可能性。种子的劣变是不可避免的。

2. 种子劣变的可逆性与不可逆性

在某些情况下,劣变的种子经一定处理后,其发芽表现会较原来好一些。这样的处理称为"复壮"(revigouration)。在生产实践中,播前对种子进行的水分预措及其他物理化学处理等很多属于这类处理。复壮处理似乎可使种子的劣变发生逆转。

若以发芽力来作为唯一的判别标准,则这样的复壮处理确实可逆转种子劣变。但应指出,发芽只是种子质量性状的一个方面,提高种子发芽力并不等于全面提高了种子质量。根据热力学第二定律"如无外界能量输入,任何独立的系统将不可逆地从高度有序状态向低度有序状态发展"。这一定律应用于种子上,若将种子看作是一个独立的系统,它将不可避免地从高度有序状态(生命力强)向低度有序状态(生命力降低)过渡。这样,种子的劣变从本质上讲就是一个不可逆的过程。然而,在种子中胚是决定种子生命现象的主要部分,若将种子的胚与种子的其他部分看做是两个独立的系统。假若使用某些处理方法将种子其他部分系统的能量向种子胚这一系统中输入,则种胚系统可以从较低的有序态向较高的有序态转变。这时就可说种子的劣变是可以逆转的。

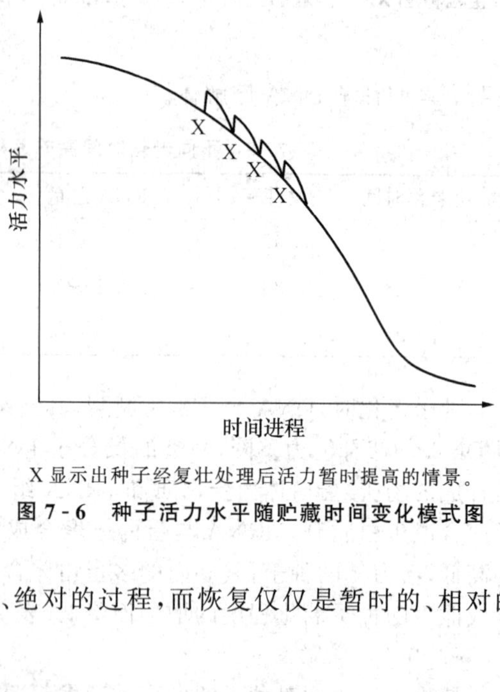

X 显示出种子经复壮处理后活力暂时提高的情景。

图 7-6 种子活力水平随贮藏时间变化模式图

种子劣变的逆转是极有限的过程。首先,它只能发生于种子的某些特征(如发芽)上,绝不可能使种子的总体活力得以恢复提高;其次,它只能发生于种子劣变过程中的某一阶段,活力很高的种子和活力太低的种子一般不会对"复壮"处理有明显的反应;最后,"复壮"处理只能有限地提高种子的活力,恢复的水平不会超过种子的最高初始水平。图 7-6 清楚地示出了种子活力水平下降与"复壮"处理活力恢复的关系。从图中可以看出,种子的劣变是一长期的、绝对的过程,而恢复仅仅是暂时的、相对的过程。

7.3 种子活力的测定

种子活力并不能被直接地测定。活力水平的高低必须要依赖于种子的某些特性来反映。活力的高低实际上也就是通过对这些特性的测定来间接地进行评定的。

7.3.1 活力测定的要求

1. 灵敏性

活力概念是在发芽试验不能准确评价种子质量的情况下才产生的。因而，对活力测定的第一个要求是它的灵敏性。活力测定方法应比发芽试验更灵敏，能够在发芽试验测不到的方面测定到种子质量的变化。简单地讲，就是要测定出“可发芽”种子内部之间的差异。另一方面，好的活力测定方法应能测定到距种子丧失发芽力（死亡）尽量远时发生的劣变征状，从而灵敏地预测出种子的寿命。

2. 目的性及可解释性

活力测定的方法目前已有许多种。由于人力、物力及其他条件的限制，一次活力测定不可能（也无必要）使用多种方法。因此，就要有选择，使其尽量有针对性和有目的性。

测定结果的可解释性在很大程度上依赖于测定的目的性。无针对性的测定可能会得出无法解释甚至错误的结论。例如，种子中酶的活性常与活力是正相关的，但许多水解酶及呼吸酶在刚收获的高活力种子中活性并不高。假如种子贮藏不好而受潮吸水，这些酶会被激活（或新合成），就会有较高的酶活力水平。如恰逢这时测定，并以酶活力作为种子活力的指标，会得出完全错误的结论。

3. 精确度高、重复性好、简便、迅速

这是对每一种测定方法的共同要求。一个好的活力测定计划往往不仅要涉及多种测定方法，而且要涉及种子在田间的表现。这一要求就大大影响了活力测定的简便、迅速及可重复性。

4. 标准化、数量化

活力测定的标准化程度是限制活力概念被广泛应用的重要原因之一。种子的田间出苗表现是反映活力的重要因子。然而，由于不受人为控制、变化多端的田间条件，使各地甚至同一地区的不同时间所做出的测定值差别很大而难以比较。对在可控制的条件下进行的各种实验室测定，目前不同地区（及个人）所采用的试验程序和条件也常不同。这也限制了测定结果的通用性。

7.3.2 活力测定的方法

7.3.2.1 方法的多样性

活力涉及种子从分子水平到群体水平上的所有特性。因而，任何一个能反映某一特性的测定都可以作为活力测定的方法。如从分子水平上测定酶活性、膜透性开始，到生理生化水平上测定各过程（如呼吸强度的测定），直到发芽试验、田间出苗及生长等种子个体及群体水平上的测定，可见测定方法很多，而且新方法还在不断地涌现。

7.3.3.2 活力测定方法简介

1. 活力测定的方法

Perry(1977)将活力测定方法分成两大类：

(1)直接方法　指那些在发芽试验中对种子施以模拟田间条件下可能出现的胁迫条件的测定方法（如冷冻法、砖砾法等）。

(2)间接方法　指在实验条件下进行的发芽试验及一些种苗评价试验等。

这样分类似有不足之处。首先，按 Perry 原意，“直接方法”是要模拟田间的不良（或非最适）条件。然而，田间的不良条件往往是几个因子（水、温度、盐分等）综合作用的结果。单以一个因子（如冷冻试验中的温度因子）并不能很准确地模拟出田间条件。其次，“直接方法”中包括田间出苗一项。其实，在田间条件好的情况下，它与实验室在土壤介质中做的发芽试验并无多大差别。第三，Perry 似乎忽略了生理生化方面的测定。而种子活力高低的基础就在于生理生化方面的差别。根据测定的性质，应将常用的活力测定分为如下几类。

(1)生理生化测定　包括对各种酶活力的测定、膜系统的测定、呼吸代谢的测定等。

(2)种子发芽及种苗评价　包括标准发芽试验、发芽速度测定、种苗（或胚根）生长速度测定等。

(3)在逆境条件下的测定　类似于 Perry 的“直接方法”，主要包括冷冻试验、砖砾试验、人工加速老化试验等。

(4)田间出苗及种苗评价　主要涉及种子在田间的发芽及生长情况的观察及测定。

2. 测定方法的评价

(1)生理生化测定　活力的根本基础是种子内部生理生化及反应过程的完整状态。图 7-1明确示出，生理生化的变化（劣变）是发生于活力下降过程中最早的事件，而发芽及种苗的表现则是后续的结果。甚至在种苗未出现可见的活力下降症状的情况下，生理生化过程就可能受损伤而达到了相当的程度。生理生化测定的最大优点是它的灵敏性高。它能测出发生于劣变早期的、尚不能被发芽及种苗评价试验所测定到的变化。生理生化测定的缺点是专一性太强。一个测定往往只能反映某一个方面的情况。有时涉及的面很窄（如对某种酶的测定），不足以全面反映种子的真正活力水平。

(2)种子发芽及种苗评价试验　其特点是能较全面地反映活力的总面貌。因种子发芽及种苗生长是种子内部各生理生化反应及过程的综合体现。因而，这类反映活力总面貌的测定就要比反映个别特性的生理生化测定全面一些，准确一些。这类测定不及生理生化测定之处是灵敏性比较差。从图 7-1 可以看到，种子萌发及种苗生长是迟于生理生化反应的事件。在发芽及种苗上出现可见的异常时，往往种子劣变已达到了相当程度。

(3)在胁迫情况下的发芽及种苗评价测定　与生理生化测定相比，这类测定有与第二类测定（种子发芽及种苗评价试验）相同的优点——全面、准确。又比第二类测定更有针对性。由于试验条件中包括了在田间时常会遇到的各种逆境（如低温），因而其结果往往与种子在田间的表现有较好的平行关系。

(4)田间出苗及种苗生长评价　这类试验是最能反映种子活力的方法，它比胁迫情况下的测定更进了一步。因涉及的田间条件不仅仅包括一两项的逆境条件，而是各类逆境条件的综合，且其试验的基质常为种子要在其上播种、生长的土地。故结果最能反映种子的活力。这类测定的缺点是不能标准化，试验条件为不受人类控制的因子（气候、土壤），在不同地区测出的结果往往会相差很大。这就为其结果的可接受性增加了困难。另外，这种测定方法还延误时间，等到看出田间出苗结果时，往往已误过了这批种子当年应及时播种的农事季节，从而使得这项测定失去了实用意义。假如把测定的结果作为下一个生长季节的种子鉴定标准，那么，这个测得的结果实质上已不能反映这批种子使用时的实际情况。再者，这类测定还常受人力、物力、季节等其他一些客观条件的限制，目前它的应用还远远不及前三类方法普遍。

3. 活力测定标准化问题

为使种子活力的概念能更广泛地应用，成为种质交换、评估及种子贸易中重要的质量标志指标，活力测定的标准化是十分必要的。从测定方法本身来讲，标准化应主要包括 3 方面的内容：①试验程序的标准化；②试验条件的标准化；③结果表示的标准化。这些方面的标准化在某些场合下是很难做到，甚至是不可能的。

(1)连续性与间断性问题　种子的质量(活力)是一连续性性状(若以群体概念表示，则在每一批种子中是一连续性分布)。而为使测定标准化，则往往需将结果表示数量化。例如，大多数生理生化测定的结果本身就是以间断性的数值来表示的。不以数值表示的像种苗评价、TTC 胚染色等也常需要以数值性的间断点将之分成若干区段(如“1/2 以上子叶坏死为不正常幼苗、若干大面积的胚不着色则为死种子”、“至少有 3 条正常须根存在才能称正常种苗”等)。这种数量化表示有两个主要问题：一是取点问题，二是区间长度问题。点的选择有很大的人为性，要使选取的点得到广泛的承认，并非一件易事(目前大概仅有少数几个测定方法，如发芽试验及 TTC 法等的取点得到较为广泛的承认)。区间长度的确定甚至更难，为使测定简化，希望点选得越少、区间长度越长越好。而为使测定准确，则点越多、区间越短越好。质量性状的连续性特征与测定结果的数量化表示，从本质上说是相互冲突的。在活力测定的标准化过程中，只能人为地制定兼顾两方面的、可被普遍接受的“标准”。在连续性与间断性问题上，活力测定并不比发芽试验测定有本质上的优越之处。相反，活力测定的标准化因其涉及的层次多、范围广，要比发芽试验的标准化难度大得多。

(2)物种多样化问题　活力测定要针对成百上千的、各具不同性状的物种。且不说为每一种植物做出一套“标准”的测定方法，就是为常见的作物制订一些“推荐性”的测定方案，需花费相当的时间及精力。而欲使这些“推荐性”的方案得到广泛的承认及应用，则更需众多的、各个国家(及地区)的种子工作者们的共同努力。

(3)环境条件多样性问题　活力测定优于标准的发芽测定之一是其针对性比较强。测定者可根据不同的环境条件来选择特定的测定方法(甚至测定条件及程序)，从而使之能更准确地预示种苗在类似的田间条件下的表现。然而，这也给活力测定的标准化带来一定困难。由于各地的环境条件(包括气候条件、种植季节等因素)千差万别，很难推荐出哪一种方法是适合于各地的“标准”方法。甚至测定时的测定条件、程序等有时也需根据当地的具体条件或对种子的不同要求(如用于立即播种或用于长期种质保存等)而有所修改。对于涉及田间表现的测定(如田间出苗)，由于根本无法控制测定条件，标准化也就无从谈起。

4. 活力测定的建议

ISTA 和 AOSA 的专门机构已在众多的方法中筛选出了一些较好的方法并分别推荐在各自的有关手册中。如 ISTA 1995 年出版的第 3 版《种子活力测定方法手册》中，将电导率测定和加速老化测定定为推荐使用的种子活力测定方法，实现了较高程度的活力测定的标准化。

在前面对测定方法的评价中已经提到，目前应用的几类方法各具特点，但又各有其局限性。因而，用单独的一类测定方法常会有不尽人意的时候。由此可以将几类方法有目的地组合起来同时用于对活力的测定。生理生化测定灵敏度高，但不全面，太专一；而发芽及种苗评价灵敏度虽不太高，但较全面；不良环境下的测定又有针对性比较强的特点。如果把这三类方法组合起来，其结果应是比较好的。在使用有目的的组合方法评价种子活力这方面做一些探索将是十分有意义的。

活力测定方法及公式可以假设为：

种子活力(值)＝生理生化测定(值)＋发芽及种苗评定(值)＋不良环境下的测定(值)

5. 休眠种子的活力及活力测定

种子休眠是其生活史中一个特殊的阶段，虽然在此阶段中一些常见的能表示种子活力水平的特性(如发芽)及代谢活动是受阻抑而不能显示出来的，但其生命活动并没有终结，因而它具有活力。

一般认为只有用某种方法(包括其自行解除休眠)将休眠打破后才能测定其活力。其实对正在休眠中的种子也可以进行活力测定。从理论上讲，尽管有各种形式的休眠，但其对种子的阻抑作用总是某(些)方面的。种子在其他的方面总能以一定的方式表示出其生命力。那么，利用这些未被阻抑的特性(及过程)就能够对休眠种子的活力进行测定。其次，对休眠种子进行活力测定在实践上也有一定的意义。

对休眠种子进行活力测定可参考以下几个方面：①不涉及发芽及种苗评价方面的测定；②不测定与萌发过程有较密切关系的有关过程及活性；③可测定不受(或不立即受)萌发过程影响的一些酶的活性；④膜透性方面的测定可重点考虑；⑤某些激素水平的变化可加以利用；⑥种子中多种有毒物质的积累水平也可作为重要的测定指标；⑦对某些代谢降解物如核苷、游离脂肪酸等，也可作适当考虑。

参考文献

[1] 傅家瑞. 种子活力的生理生化研究现状. 徐是雄，唐锡华，傅家瑞等著. 种子生理的研究进展. 广州：中山大学出版社，1987，64－150.

[2] 韩建国，浦心春，毛培胜. 高羊茅种子老化过程中酶活性的变化. 草地学报，1998，6：84－89.

[3] 浦心春，韩建国，王培，毛培胜. 高羊茅种子活力丧失过程中遗传物质的降解. 草地学报，1996，4(3)：180－185.

[4] 陶嘉龄，郑光华. 种子活力. 北京：中国科学出版社，1991.

[5] Abdul-Baki A A, Anderson J D. Physiological and biochemical deterioration of seed. In Kozlowski T T ed. Seed Biology. New York/London: Academic Press, 1972, 2: 283－315.

[6] AOSA. Seed Vigour Testing Handbook. Association of Official Seed Analysts, NE USA, 1983.

[7] Ching T M. Biochemical aspects of seed vigor. Seed Sci, & Technolo, 1973, 1: 73－78.

[8] Ching T M, Schoolcraft I. Physiological and chemical differences in aged seed. Crop Sci, 1968, 8: 407－409.

[9] Delouche J C, Baskin C C. Accelerated aging technique for predicting the relative storability of seedlots. Seed Sci, and Technol, 1973, 1: 427－452.

[10] Fiala F. ISTA Handbook of Vigour Test Methods, 2nd edition, Zurich, Switzerland.

[11] Franck W J. Introductory remarks concerning a modified working of the international rules for seed testing on the basis of experience gained after the World War. Proceedings of the International Seed Test Association, 1950, 16: 405－430.

[12] Goss W L. Proc Assoc Off. Seed Anal,1933,275 - 278.

[13] Hampton J G, TeKrony D M. ISTA Handbook of Vigor Test Methods, 3rd Edition. Zurich, Switzerland,1995.

[14] Hampton J G,Coolbear P. Potential versus actual seed performance—can vigour testing provide an answer? Seed Sci & Technol,1990,18:215 - 225.

[15] Hampton J G. Seed vigour testing, Proc. ISTA/ USSR Workshop, Novosibirsle, USSR, 1990.

[16] Hilttner L,Ihssen G. Uber das schlechte auflaufen und die auswinterung des getredes infolge befalls des saatgutes durch fusarium. Landwirtschaftliches Jahrbuch Bayern, 1911,20 - 60,315 - 362.

[17] McDonald M B. Seedlots potential: viability, vigour and field performance, Seed Sci & Technol,1994,22: 421 - 425.

[18] McDonald M B. Seed deterioration: physiology, repair and assessment. Seed Sci & Technol,1999,27:177 - 237.

[19] Naylor R E L. An evaluation of various germination indices for predicting differences in seed vigor in Italian ryegrass. Seed Sci and Technol,1981,9:593 - 600.

[20] Nobbe T. Handbuch der Samenkunde Wiegandt-Hempel-Parey, Berlin,1876.

[21] Perry D A. Report of the vigour test committee 1974—1977. Seed Sci & Technol, 1978,6:159 - 181.

[22] Perry D A. ISTA Handbook of Vigour Test Methods, 1st edition Zurich, Switzerland, 1981.

[23] Roberts E H. Storage environment and the control of viability, In Viability of Seed. Roberts E H ed, London: Chapman and Hall LTD, 1972.

[24] Roberts E H. Oxidative processes and the control of seed germination. In Seed Ecology. Heydecher W ed. London:Butterworths,1973, 189 - 218.

[25] Roberts E H. Seed deterioration and loss of viability. Adv Seed Res & Technol, 1979, 4:25 - 42.

[26] Roose G E. Induced genetic changes in seed germplasm during storage. In Khan A A ed. The Physiology and Biochemistry of Seed Development, Dormancy and Germination, Amsterdar: Elsevier Biochemical Press,1982, 409 - 434.

[27] Simon E W. Plant membranes under dry condition. New York:In Dry Biological System ALP,1978,205 - 224.

[28] TeKrony D M, Egli D B. Relationship of seed vigour to crop yield: A review. Crop Science, 1993, 31: 816 - 822.

[29] Wang Y R,Hampton J G. Red clover (*Trifolium pratense* L.) seed quality. Proc Agron Soc,1989, 2, 19: 63 - 68.

Chapter 8

第 8 章

牧草种子生产

8.1 牧草种子产量

牧草与农作物相比其种子产量很低，主要原因是由于育种家在牧草育种过程中，目标是营养枝丰富的牧草产量而非种子产量；其次是多年生牧草与一年生农作物相比，具有营养繁殖的能力，表现为有性繁殖能力减弱，结实率很低。还有，多数牧草仍保留着某些野生的特性，如种子的成熟不一致、落粒性强等，限制了种子产量的提高。牧草的利用是为家畜提供优质高产的饲草，以提高生殖枝和降低牧草质量来增加牧草种子产量的育种途径可取性较小，因此，只有通过管理技术的投入，改善牧草种子产量组成成分，才能获得种子产量的提高。

8.1.1 牧草种子产量的组成成分

牧草种子产量指单位面积上形成的种子重量，牧草的最高种子产量是在单位面积最大种子数目的条件下获得的。单位面积上种子数目的多少取决于单位面积上的生殖枝数目、每个生殖枝上的花序数、每个花序上的小花数、每个小花中的胚珠数和平均种子重量，这五个因素构成了牧草种子的产量组成成分。

1. 单位面积的生殖枝数

一般在一定的生殖枝数目范围内牧草种子产量随生殖枝数目的增加而增加，两者之间呈极显著的相关关系，在鸭茅、多年生黑麦草、草地早熟禾等的试验研究也表明了生殖枝数目对于产量的影响(表 8-1)。但当生殖枝增加到一定数目之后，牧草种子产量不再增加，并在一个相当宽的生殖枝数目范围内生产相近的牧草种子产量，一味追求生殖枝数目并非能够达到更高的种子产量(图 8-1)。牧草种子生产中应通过田间管理措施保持单位面积具有一定数量的生殖枝，以提高牧草种子的产量。各种不同的牧草种子生产对生殖枝数目的要求也有一定的差异(表 8-2)。

表 8-1 禾本科牧草生殖枝数目与种子产量的关系

牧草名称	生殖枝数/m^2	种子产量/(kg/hm^2)	资料来源
鸭茅	195	570	
	360	960	
	445	1 310	Rolston(1991)
草地羊茅	436	448	
	824	684	
	1 174	1 235	Fallcowski(1987)
多年生黑麦草	891	548	
	922	737	
	1 303	1 127	Hampton(1987)
草地早熟禾	531	453	
	600	563	
	650	753	Fallcowski 等(1987)

表 8-2　禾本科牧草种子生产所需要的生殖枝数目（Hampton 等，1997）

牧草名称	生殖枝数/m^2
鸭茅	600～850
高羊茅	600～900
紫羊茅	1 500～3 000
多年生黑麦草	
牧草型	1 800～3 000
草坪型	2 000～3 500
多花黑麦草	1 000～2 000
草地早熟禾	800～2 000

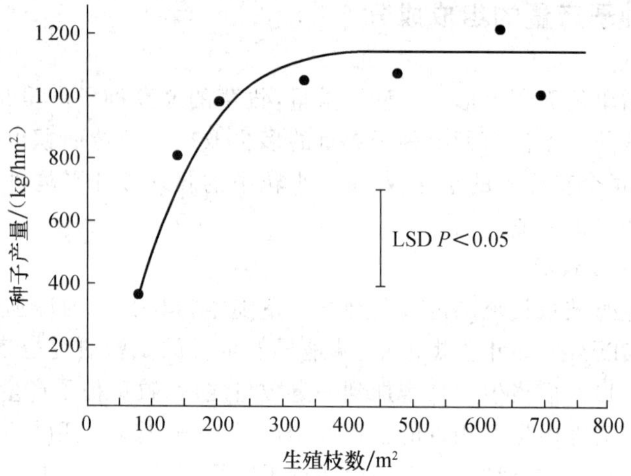

图 8-1　高羊茅种子产量与生殖枝数目间的关系（Hare，1992）

2. 每个生殖枝上的花序数（禾本科牧草为小穗数）

豆科牧草的花序数与种子产量之间存在着极显著的正相关关系，一般随生殖枝上的花序数目的增加，种子的产量随着增加。施用生长调节剂后促进豆科牧草紫花苜蓿和白三叶花序数目的增加，进而增加了牧草种子产量。

禾本科牧草每个生殖枝上的小穗数目的变化通常很小，因此每个生殖枝上的小穗数通常对种子产量的影响较小。在河北坝上地区的老芒麦种子生产研究中，生长三年老芒麦的每生殖枝小穗数为 32.7，生长二年老芒麦的每生殖枝小穗数为 33.7，两者相差较小。但往往秋季和冬季形成的分蘖枝比春季形成的分蘖枝具有更多的小穗数目。多年生黑麦草不同品种间每个生殖枝上的小穗数目存在显著差异；不同的品种小穗数目在生产年份间也存在着差异。Elgersma（1990）研究提出，9 个多年生黑麦草品种间小穗数目的范围为 19.7～22.3 个，而下一个生长季则为 21.7～24.8 个。

3. 每个花序上的小花数（禾本科牧草为每个小穗上的小花数）

豆科牧草每花序上的小花数与花序生育期的温度有密切关系，较高的温度条件可促进每花序上小花数目的增加。豆科牧草在开花过程中随着时间的推移，每个花序上的小花数表现为下降的趋势。

禾本科牧草每小穗上的小花数目常受环境因素、生殖枝条发育时间的影响，春季晚发育的多年生黑麦草花序，每个小穗上的小花数较早发育的从6.6个下降为4.6个，每小穗上的小花数目会随着单位面积上生殖枝数目的增加而下降。禾本科牧草每小穗上的小花数目随小穗在花序上的位置不同而异，一般花序中部区域的小穗的小花数目较高，如基部小穗的小花多年生黑麦草为6.3朵，高羊茅为5.4朵，中部小穗的小花多年生黑草为6.8朵，高羊茅为6.5朵，顶部小穗的小花多年生黑麦草为5.2朵，高羊茅为6.3朵。

4. 每个小花中的胚珠数

不同的牧草每小花中的胚珠数目各不相同，禾本科牧草的每一小花中最多含有一枚胚珠(不孕小花不含胚珠)，豆科牧草草木樨、红豆草、二色胡枝子等每小花含一枚胚珠，紫花苜蓿含8～10枚胚珠，白三叶含5～7枚。牧草种子生产中并不是所有胚珠都能发育为一粒种子，往往由于牧草自身的结构障碍、遗传特性、环境因素的影响，有近一半的胚珠不能够正常发育为种子，从而影响牧草种子产量的提高。

5. 平均种子重量

各种牧草种子的重量是由遗传基础决定的，但牧草种子生产中，气候条件适宜，田间管理水平较高，可获得粒大饱满的种子，使牧草单粒种子重量增加，进而提高了牧草种子的总产量。

8.1.2 牧草种子产量的划分

1. 牧草的潜在种子产量

牧草潜在种子产量(potential seed yield)为种植牧草的单位面积土地上花期出现的胚珠数(每一胚株具有发育为一粒种子的潜力)乘以单粒种子的平均重量，即单位面积土地理论上能获得的最大种子数量，又称理论种子产量。由以下种子产量组成成分计算：

$$\text{潜在种子产量}=\frac{\text{花序数}}{\text{单位面积}}\times\frac{\text{花数}}{\text{花序}}\times\frac{\text{胚珠数}}{\text{花}}\times\text{平均种子重量}$$

禾本科牧草可表达为：

$$\text{潜在种子产量}=\frac{\text{生殖枝数}}{\text{单位面积}}\times\frac{\text{小穗数}}{\text{生殖枝}}\times\frac{\text{小花数}}{\text{小穗}}\times\text{平均种子重量}$$

2. 牧草的表现种子产量

牧草表现种子产量(presentation seed yield)为单位面积土地上所实现的潜在种子产量数，即牧草植株上结实种子数量乘以平均种子重量，由潜在种子产量中除去未授粉、未受精和受精后败育胚珠之后占的种子产量，可由以下种子产量组成成分计算：

$$\text{表现种子产量}=\frac{\text{花序数}}{\text{单位面积}}\times\frac{\text{花数}}{\text{花序}}\times\frac{\text{种子数}}{\text{花}}\left(\frac{\text{胚珠数}}{\text{花}}\times\text{结实率}\right)\times\text{平均种子重量}$$

禾本科牧草可表示为：

$$\text{表现种子产量}=\frac{\text{生殖枝数}}{\text{单位面积}}\times\frac{\text{小穗数}}{\text{生殖枝}}\times\frac{\text{种子数}}{\text{小穗}}\left(\frac{\text{小花数}}{\text{小穗}}\times\text{结实率}\right)\times\text{平均种子重量}$$

3. 牧草的实际种子产量

牧草实际种子产量(harvested seed yield)为实际收获的种子产量，也称收获种子产量，是表现种子产量中除去因落粒和收获过程中损失种子之后的种子数量，可表示为：

$$\text{实际种子产量}=\text{表现种子产量}-\text{落粒损失的种子量}-\text{收获过程损失的种子量}$$

牧草潜在种子产量的高低主要依赖于单位土地面积上花序数目、每一花序的小花数目及每花中胚珠数目的多少。潜在种子产量的高低取决于牧草开花之前的环境条件和田间管理水平。而潜在种子产量实现的百分比(表现种子产量占潜在种子产量的百分比)取决于开花、传粉、受精及种子发育过程中气候条件的好坏和管理水平的高低、传粉率的高低、受精率的高低及受精后种子发育过程中因营养或病虫情况出现的败育率的高低,最终决定于每一小花中实际成熟的种子数及平均种子重量。实际种子产量的高低除取决于决定表现种子产量高低的因素外,还取决于牧草开花、成熟的一致性、落粒性和收获的难易程度及收获机械等因素。

8.1.3 牧草潜在种子产量与实际种子产量的差距及原因

8.1.3.1 牧草潜在种子产量与实际种子产量的差距

在牧草种子生产中,如果按照单位面积内植株上出现的胚珠数来计算牧草潜在种子产量,那么几乎所有牧草的潜在种子产量都相当高,例如紫花苜蓿潜在种子产量可达到 12.1 t/hm^2,高羊茅可以达到 9.0 t/hm^2,但最终实际种子产量都很低,两者之间存在着很大的差距,事实上牧草实际种子产量常常是潜在种子产量的 10%~20%或更低(表 8-3)。

表 8-3 部分牧草及农作物潜在种子产量和实际种子产量(Lorenzetti,1993)

种 名	花序数/(个/m^2)	花数/花序	胚珠数/花	千粒重/g	潜在种子产量/(t/hm^2)	结实率/%	实际种子产量/(t/hm^2)	实际种子产量占潜在种子产量/%
紫花苜蓿	3 750	16	10	2.0	12.10	8	0.5	4
白三叶	600	100	6	0.5	1.8	50	0.4	22
红三叶	750	110	2	1.6	2.6	25	0.6	23
百脉根	400	6	40	1.2	1.2	40	0.2	17
多年生黑麦草	200	200	1	2.0	8.0	40	1.0	13
鸭茅	600	760	1	1.0	4.6	40	0.8	17
高羊茅	660	680	1	2.0	9.0	50	1.0	11
玉米	8	900	1	300.0	21.6	90	10.0	45
小麦	500	2	1	200.0	22.4	75	6.0	26

8.1.3.2 潜在种子产量高而实际种子产量低的原因

1. 传粉受精率低,受精合子败育率高

种子生产中限制潜在种子产量实现的主要因素是传粉率低、受精率低、受精后合子败育率高和结实率低等。禾本科牧草只有 60%的小花能够完成传粉和受精过程,而豆科牧草如果没有适宜的传粉昆虫很可能出现 100%的未授粉小花。同时环境因素对开花时间、花粉的成熟、花粉的传播与萌发、传粉昆虫的活动及子房双受精都有很大的影响。

受精胚珠因条件不能满足其发育需求,在种子发育过程中会败育。受精之后会出现细胞分裂紊乱、合子分解、胚珠瓦解等现象。多年生黑麦草开花 10 d 后有 20%~30%的受精小花败育,21 d 后近 50%的受精小花败育。种子在发育中败育的主要原因是营养枝与生殖枝之间对同化产物的竞争及没有足够的同化产物以同时满足所有受精合子生长发育的需要。白三叶一朵小花胚珠可达 7 枚,但很少有多于 2~3 枚的胚珠发育为种子,常常受精后的胚珠有一半败育。

2. 落粒性强，持留性差

大多数牧草种子成熟后在植株上持留性极差，种子收获前禾本科牧草种子常从花序上脱落，豆科牧草种子常从荚果中崩落（炸裂），这是造成实际种子产量低的另一个重要因素。多年生黑麦草、大黍、路氏臂形草和棕籽雀稗落粒率分别为 30%、58%、61% 和 43%。湿地百脉根种子成熟后荚果炸裂率为每天 10%。

3. 收获过程中的损失

牧草种子收获过程中的刈割、搬运、捡拾和脱粒等程序都会造成种子的损失，从而降低实际种子产量。收获过程中的损失视牧草种、品种、收获时间和收获条件而不同。白三叶种子收获过程中的损失为 12%～75%，禾本科牧草种子收获过程中的损失为 13%～42%。一般情况下，牧草从表现种子产量到实际种子产量因自然落粒和收获损失要丧失30%～75%。

8.1.4 提高牧草实际种子产量的可能性

牧草种子生产中通过适宜环境的选择、田间管理技术的研究和运用来提高实际种子产量，如美国俄勒冈州西部以种子生产为目的的农场，多花黑麦草种子平均产量已达 2 081 kg/hm^2，多年生黑麦草种子产量平均达 1 608 kg/hm^2，鸭茅种子产量平均达 1 009 kg/hm^2，高羊茅种子产量平均达 1 599 kg/hm^2。试验田中牧草实际种子产量，多年生黑麦草达 2 900 kg/hm^2，鸭茅达 1 350 kg/hm^2，白三叶达 1 230 kg/hm^2，高羊茅达 3 600 kg/hm^2。随着生产者素质的提高、科学研究的深入、实用技术的推广，牧草的实际种子产量会有大幅度的提高。

8.2 牧草种子生产地区的选择

牧草种子生产对生产地区的要求与牧草生产截然不同。牧草种子生产对地域的要求比较严格，某些地区牧草生长良好，牧草产量很高，但不能开花结实或结实率很低。不同种及品种适宜进行种子生产的地区各不相同，同一牧草在不同的地区，种子产量相差很大。例如，在不施肥条件下，柱花草种子生产试验中广州地区种子产量不足 75 kg/hm^2，而在海南三亚地区却达到 225～375 kg/hm^2。紫花苜蓿在辽宁地区平均产量为 75 kg/hm^2，而在甘肃河西地区最高可达 600 kg/hm^2。多年生黑麦草在云南曲靖产量为 336 kg/hm^2，而在宁夏黄灌区可达 1 389 kg/hm^2。高羊茅在北京产量为 607 kg/hm^2，而在宁夏银川可达 2 266 kg/hm^2，在新疆石河子可达 2 000 kg/hm^2。许多种子生产单位由于不了解牧草与草坪草种子生产对生产地区气候环境条件的特殊要求，选点不慎，往往会造成巨大的经济损失。所以，牧草种子生产中必须根据牧草生殖生长对环境条件的需求，选择适宜的地区进行种子生产，以获得优质高产。

决定一个种或品种是否适于在某一地区生产种子，首先要考虑气候条件，其次要考虑土地条件。

8.2.1 牧草种子生产对气候的要求

牧草种子生产中气候条件是决定种子产量和质量的基本因素，与其他条件不同，气候条件不能被生产者所左右。必须根据牧草生长发育特点和结实特性对气候条件的要求,选择最佳气候区进行牧草种子生产。牧草种子生产对气候的要求为:适于种或品种营养生长所要求的太阳辐射、温度和降水量;诱导开花的适宜光周期及温度;开花过程中天气晴朗无雨,适于传粉受精,受精后需适量的水分满足种子的发育;成熟期稳定、干燥、无风的天气且昼夜温差大;种子收获后营养生长期较短。

8.2.1.1 日照长度

许多牧草,日照长度决定其是否开花及开花效应强度。光周期对牧草的生殖生长具有极其重要的生态效应。了解光周期效应,有助于合理地选择牧草种子生产地区。低纬度的热带和亚热带地区有利于短日照植物开花,并提高结实率。高纬度的温带地区有利于短日照+长日照和长日照植物开花结实。

牧草中典型的短日照植物有绿叶山蚂蝗、大翼豆、加勒比柱花草、矮柱花草、圭亚那柱花草、盖氏须芒草、路氏臂形草、糖蜜草和大黍等。牧草中有一类短日照植物在花芽分化中要求短日照和低温条件,像无芒雀麦、虉草等牧草必须在高纬度地区的春季或秋季通过短日照及低温条件才能开花。

多数温带牧草的开花需经过双诱导,即植株必须经过冬季(或秋春)的低温和短日照感应或直接经短日照,之后经过长日照的诱导才能开花,一般短日照和低温诱导花芽分化,长日照诱导花序的发育和茎的伸长(表 8-4)。牧草中长日照植物有紫花苜蓿、箭筈豌豆、白花草木樨、白三叶、羊草、高羊茅、红豆草等。这类牧草只有通过一定时期的长日照(往往日照时数大于 14 h)才能进行花芽分化,否则将处于营养生长状态。

表 8-4 需双诱导才能开花的牧草所需条件(Heide,1994)

牧草名	短日照(<12 h)		长日照(>16 h)	
	温度/℃	日照时间/周	温度/℃	日照时间/周
草地早熟禾	3～18	6～10	3～12	8～12
看麦娘	6～18	6	6～15	6～8
鸭茅	9～21	8～10	0～3	>20
高山猫尾草	3～15	9～12	3～12	12～14
翦股颖	3～12	15	3～6	15
多年生黑麦草	3	12～16	3	12～16
草地羊茅	3～15	16～20	3～12	18～20
紫羊茅	11～15	12～20	3～12	20

牧草中还有一类中日照植物,在经过接近于 12 h 的光照条件下才能开花。这类牧草在热带禾本科牧草中比较常见。如无芒虎尾草的某些品种、弯叶画眉草的某些品种、毛花雀稗的一些品系。

8.2.1.2 辐射量

晴朗多光照的气候条件有利于牧草种子产量的提高。牧草发育后期辐射量高的地区,种子生产的潜力较大。如果牧草长期处于低云笼罩的情况下,其种子的生产潜力小。赤道地区常常受云雾的遮盖,地面接收到的辐射总量比 10°～20°纬度地区少;温带地区因太阳高度角较小，辐射总量较赤道地区少。

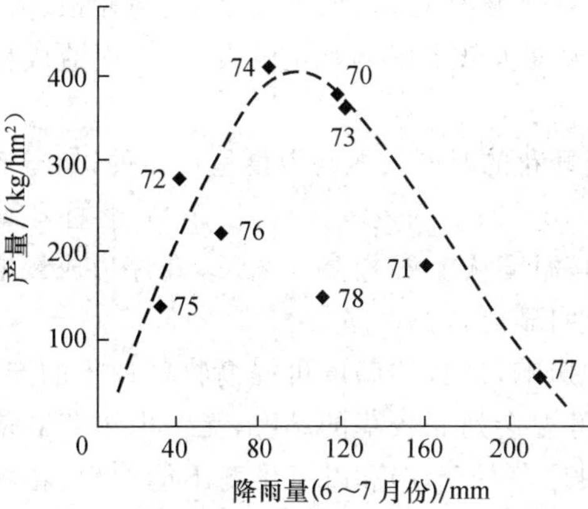

图 8-2　开花期到收获期(6～7 月份)降雨量对紫花苜蓿种子产量的影响(1970—1978 年数据)(Hacquet，1990)

辐射有利于光合作用，有利于开花、授粉，有利于传粉媒介昆虫的活动，有利于抑制病害的发生。禾本科牧草开花如遇阴冷天气，小花处于关闭状态；光照对于异花授粉的豆科牧草尤为重要，这类牧草多靠蜂进行授粉，蜂喜欢在强光、艳日下活动，若阴天下雨蜂停止活动，从而影响授粉结实。不同光照强度对牧草种子产量组分有影响，遮阴不利于生殖枝、花序和小花的发育，进而影响种子产量(表8-5)。牧草从开花到种子成熟期如遇阴天下雨将使种子产量显著下降，如紫花苜蓿从开花到收获(6～7 月份)降雨量对种子产量的影响，如果这一时期的降雨量超过 100 mm，种子产量明显下降(图8-2)。多年生牧草种子生产地的选择中要尽量避开结实期阴雨连绵的气候地区。

表 8-5　不同光照强度(100%为全日照)对牧草生殖枝发育的影响(Ryle，1961；1966)

牧草名称	光照强度/%	生殖枝占分蘖枝条/%	花序/生殖枝	小花/花序	初级分枝/花序
多年生黑麦草	100	100	14.5±0.95	140±7.1	19.4±0.46
	50	100	12.1±1.27	142±7.9	20.0±0.92
	25	100	9.7±0.77	138±7.2	20.4±0.80
	5～10	88	3.2±0.34	45±3.8	18.0±0.99
草地羊茅	100	100	4.3±0.33	194±9.4	12.0±0.37
	50	80	1.7±0.26	197±7.7	12.8±0.37
	25	79	1.5±0.28	180±12.4	12.6±0.31
	5～10	0	0	—	—
鸭茅	100	67	1.9±0.35	520±47.2	14.5±0.42
	50	40	1.0±0.0	581	14.8±0.49
	25	13	1.0±0.0	534	13.5

8.2.1.3　温度

温度对牧草生长发育的整个过程都有影响，包括营养生长、花芽分化、开花、花粉萌发、结实、种子成熟等过程。并且每一时期的最适温度和温度效应各不相同。多年生牧草中草地早熟禾、无芒雀麦、虉草、鸭茅等需要一段低温期(低于 5℃)，经春化后才能开花，其分蘖枝条要经过早春、晚秋甚至冬季的低温之后才能发育为生殖枝。

不同的牧草生长的最适温度不同，只有生长在最适温度条件下才能获得较高的结实率。

例如草地早熟禾、无芒雀麦、紫羊茅、冰草、多年生黑麦草等牧草只有在15～24℃的条件下才能正常生长，若温度太高会影响其生长发育。另一些像矮柱花草、无芒虎尾草、狗牙根、大黍、毛花雀稗、象草等在25～35℃下才能正常生长，若温度太低将影响其生长发育，进而造成种子产量下降。

在适宜生长的温度范围内，牧草从花序分化至开花的时间长短与温度呈负相关，如圭亚那柱花草，温度每升高1℃，这一时间缩短3.3 d。在10～31℃的范围内，温度越高，矮柱花草花序分化越快，花序数越多。红三叶在花序发育期间，温度从12℃提高到20℃，花序形成量增加4～5层，每个花序中的种子数增加68%，种子产量明显提高。

各种牧草开花、授粉及结实都受到温度变化的影响，适宜的温度可提高牧草种子的产量，温度偏高或偏低都将造成种子产量的降低。秋季低温会妨碍牧草的结实，无芒虎尾草双倍体品系，开花期日温要求在19℃或20℃以上；东非狼尾草处于10℃以下雄蕊不能伸出，花粉的可育度降低。当气温低于20℃或高于30℃时，对无芒雀麦开花授粉极为不利，影响花粉成熟和散出。老芒麦开花的最适温度为25～30℃，紫花苜蓿开花的最适温度为22～27℃，羊草开花的最适温度为20～30℃，苏丹草开花期温度不能低于14℃。

8.2.1.4 湿度

适量的降水对牧草种子发育初期是必要的，但种子成熟期和收获期要求干燥的气候条件。牧草营养生长阶段需要充足的水分供应，如降水量不能满足要求的地区，必须有灌溉条件才能适合于作种子生产。有些牧草授粉要求较高的相对湿度，否则降低花粉的萌发率，如穗槐蓝花粉萌发要求相对湿度大于92%。有些牧草开花需要适中的相对湿度，如老芒麦需要45%～60%的相对湿度，羊草需50%～60%的相对湿度，紫花苜蓿为53%～75%。种子成熟期过多的降雨量会造成种子产量大幅度下降。大部分禾本科和豆科牧草种子成熟期和收获期要求干燥、晴朗的天气，部分豆科牧草种子成熟期如湿度太低将造成荚果炸裂引起收获前种子的大量损失。

8.2.2 牧草种子生产对土地的要求

土地是选择牧草种子产地时必须考虑的重要因素之一。适宜的土壤类型，良好的土壤结构，适中的土壤肥力对获得优质高产的牧草种子是非常必要的。

8.2.2.1 土壤类型、土壤结构及土壤肥力

大部分牧草喜中性土壤。紫花苜蓿、黄花苜蓿、白花草木樨、红豆草、草木樨状黄芪、截叶铁扫帚等牧草适于钙质土，紫花苜蓿、羊草、碱茅等牧草适宜轻度盐碱土壤，盖氏须芒草、弯叶画眉草、卵叶山蚂蝗、头形柱花草等牧草适于热带酸性土壤。

用于牧草种子生产的土壤最好为壤土，壤土较黏土和沙土持水力强，有利于耕作和除草剂的使用，壤土还适于牧草根系的生长和吸收足够的营养物质。土壤肥力要求适中，肥力过高或过低，会导致营养生长过盛或不足从而影响生殖生长，降低种子的产量。土壤中除含有足够的氮、磷、钾和硫之外，还应含有与牧草生殖生长有关的微量元素硼、钼、铜和锌等。

8.2.2.2 地形及土地布局

用作生产牧草种子的地块，应选择在开旷、通风、光照充足、土层深厚、排水良好、肥力适中、杂草较少地段上。

在山区进行牧草种子生产最好将土地布置在阳坡或半阳坡上。一般使用普通的收获机械，土地的坡度应小于10°，如若坡度太大，种子和秸秆在收获机的平筛内难以分离，使大量种子混于秸秆之内，造成减产。紫花苜蓿、红三叶、扁穗雀麦等牧草要求排水良好的土地，所以在低洼地进行这些牧草的种子生产时，应配置排水系统。对于豆科牧草还应注意最好布置于邻近防护林带、灌丛及水库近旁，以利于昆虫传粉。

属异花授粉的同种牧草的不同品种如果在同一地区进行种子生产，在各品种之间为了防止串粉造成生物混杂，必须建立隔离带。

8.3 牧草种子生产的田间管理

在牧草种子生产的发展实践中，诸如播种时间、肥料种类、施肥量、施肥时间、杂草控制、收获时间、收获方法等问题一直是种子生产者所关注的问题。优质的种子或种植材料，适宜的气候和土地条件，再加上严格的田间管理措施，才能获得较高的牧草实际种子产量。

8.3.1 播种

8.3.1.1 播种方式和方法

1. 播种方式

在种子田建植过程中，为了增加结实率和牧草种子产量，以收获种子为目的播种技术多采用无保护的单播方式。这是由于保护作物对多年生牧草生长具有一定的影响，会造成种子产量的下降。如垂穗披碱草以黍子为保护作物，紫花苜蓿以谷子为保护作物，种子产量均较无保护作物的播种减少25%～34%。

2. 播种方法

牧草种子田的播种可采用点播、条播和撒播的方法。植株高大的牧草或分蘖能力强的牧草可采用点播的方法，一般点播的株行距采用60 cm×60 cm或60 cm×80 cm，这种播种方法可使牧草处于阳光充沛、营养面积大、通风良好的环境中，在肥沃的土壤上能促使牧草形成大量的生殖枝。生长期内杂草非常严重的情况下可考虑撒播，撒播有利于对杂草的抑制，撒播草地土壤不易侵蚀，管理费用较低。

多年生牧草的种子生产常常采用条播，不仅有利于田间管理，也有利于机械作业。条播时需要根据种植牧草种类、管理水平和土壤条件等因素，确定适宜的行距。条播的行距常为15 cm；宽行条播视牧草种类、栽培条件不同，有30、45、60、90、120 cm的行距。获得最高种子产量的行距因牧草种类而异，如草地早熟禾为30 cm，紫羊茅、无芒雀麦和冰草为60 cm，鸭茅为90 cm(表8-6)。多花黑麦草的行距以15～30 cm为宜，虉草、高羊茅的行距在30～60 cm、白三叶的播种行距在30～90 cm、紫花苜蓿的播种行距在60～90 cm可收获较高的种子产量。

8.3.1.2 播种时间及播种量

1. 播种时间

播种时间因种而异，一年生牧草只能进行春播，越年生牧草可秋播，次年形成种子。对于多年生牧草必须考虑其对光周期和春化的反应。长日照植物可进行春季播种，如紫花苜蓿、红豆草春季播种到秋季可收获种子。那些要求短日照和低温条件的牧草适合于夏末或初秋播种,以便在冷季到来之前形成足够的分蘖,随之而来的冷季和短日照刺激这些分蘖形成生殖枝。要求短日照和低温,之后需长日照的植物也适于秋季播种,次年可进行种子生产,如多年生黑麦草等牧草。此外,白三叶、无芒雀麦、百脉根等牧草既可春播也可秋播。

表 8-6　播种行距对冷季型牧草种子产量的影响(Canode,1980)

牧草名称	行距/cm	种子产量/(kg/hm²)				
		第 1 年	第 2 年	第 3 年	第 4 年	第 5 年
草地早熟禾	30	603	814	689	569	499
	60	579	784	659	568	503
	90	429	611	541	486	436
紫羊茅	30	836	631	557	549	569
	60	924	696	580	547	578
	90	846	597	497	509	614
无芒雀麦	30	1 200	870	705	645	
	60	1 305	968	792	741	
	90	1 203	908	792	741	
沙生冰草	30	889	651	602	328	
	60	926	771	686	704	
	90	805	689	643	637	
鸭茅	30	173	154	248	226	
	60	342	250	322	306	
	90	406	336	415	373	

2. 播种量

用于种子生产的播种量比用于牧草生产的播种量少,窄行播种时的播量只是牧草生产播量的一半,宽行播种量只是窄行播种量的 1/2～2/3(表 8-7)。进行种子生产时,禾本科牧草应具有发育良好的生殖枝,若播量太高,营养枝增加,抑制生殖枝的生长发育。豆科牧草要求留有一定空间,以利于昆虫传粉。

表 8-7　种子田牧草的播种量

(内蒙古农牧学院,1987;希斯等,1992;贾慎修,1995)　　kg/hm²

牧草	窄行条播	宽行条播	牧草	窄行条播	宽行条播
紫花苜蓿	7.5	6.0	鸭茅	12.0	9.0
白花草木樨	7.5	6.0	老芒麦	18.75	10.5
黄花草木樨	7.5	6.0	披碱草	18.75	10.5
白三叶	4.5	3.0	羊草	22.5	11.25
绛三叶	4.5	3.0	多年生黑麦草	12.0	9.0
百脉根	5.0	3.0	多花黑麦草	12.0	9.0
猫尾草	6.0	4.5	冰草	15.0	9.0
草地羊茅	12.0	9.0	无芒雀麦	15.0	10.5
紫羊茅	12.0	7.5	虉草	9.75	7.5
高燕麦草	15.0	9.75	草地早熟禾	9.0	7.5

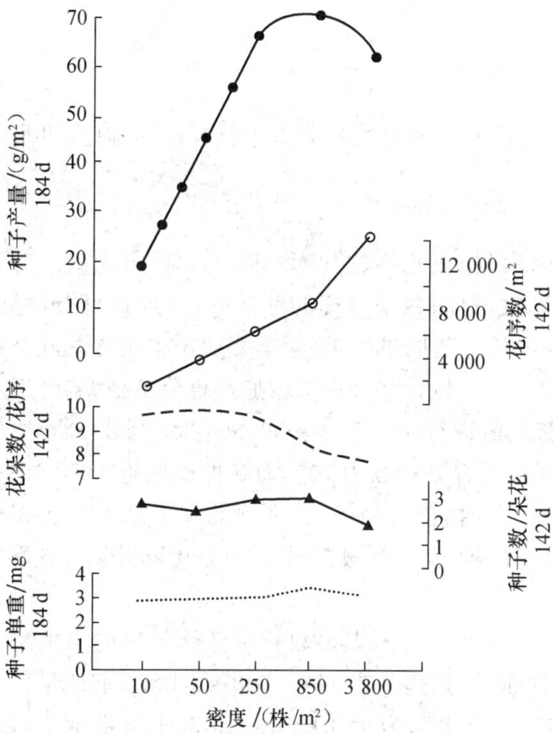

图 8-3 矮柱花草植株密度与种子产量及产量组成成分的关系(Shelton & Humphreys,1971)

一年生牧草田间的植株密度与播种量之间有着密切的关系,生产中常常用播种量来控制一年生牧草的植株密度。一年生豆科牧草矮柱花草的最高种子产量的密度为 850 株/m²(图8-3),密度在 250 株/m² 以下,种子产量与密度的对数值呈正相关。超过 250 株/m²,种子产量趋于稳定,超过 850 株/m²,种子产量下降。要使播种当年种子产量最高,建植密度应达 250 株/m²,其播种量为 25~40 kg/hm²。

但对于多年生牧草,由于生长多年植株分蘖或分枝,常常导致枝条数量的增加,引起种子产量的下降。在甘肃酒泉地区的 5 年试验表明,紫花苜蓿种子田建植时,可采用 80 cm 行距和 15 cm 株距,在第 2 年收获种子后进行内疏枝,达到 80 cm 行距和 30 cm 株距,使植株密度达到中等水平,可以保持较高的种子产量水平。

多年生牧草的分蘖可补偿建植时密度的不足,因而建植密度低时不会影响种子产量。草地早熟禾和紫羊茅的播量与分蘖密度和种子产量关系的研究表明(表 8-8),加大播种量可增加秋季分蘖数,但到了冬季不同播种量间的分蘖密度差异减小,种子收获时,每平方米可育分蘖枝数没有显著差异,但高播量的种子产量显著减少,原因是播种密度大,营养枝增加,抑制了生殖枝的发育。

表 8-8 播种量对草地早熟禾和紫羊茅种子产量的影响(Meijer,1984) kg/hm²

牧 草	播种量	产量	牧 草	播种量	产量
草地早熟禾	3	1 658	紫羊茅	4	1 311
	6	1 708		8	1 346
	12	1 696		16	1 319
	24	1 570		32	1 143

3. 播种深度

播种深度是建植成败的重要因素之一,影响播种深度的主要因素有种子大小、土壤含水量、土壤类型等。牧草以浅播为宜,豆科牧草和禾本科牧草相比应更浅一些,因豆科牧草大部分属子叶出土类型,出苗顶土比禾本科牧草困难。一般牧草种子在沙质壤土上以 2 cm 播深为宜,大粒种子以 3~4 cm 为宜;黏壤土为 1.5~2 cm。小粒种子播深可更浅,如红三叶播深为 1~1.5 cm,白三叶播深为 0.5~1 cm,草地早熟禾、剪股颖等牧草的种子可播于地表,播后镇压与土壤充分地接触,以利于种子吸水萌发。

8.3.2 施肥

根据土壤养分状况、气候条件和牧草种子生产对营养物质的需求进行合理的施肥，可最大限度地提高牧草种子产量。

8.3.2.1 禾本科牧草种子生产中的施肥

氮肥是影响禾本科牧草种子产量的关键因素，施氮肥可增加禾本科牧草种子产量。对于温带禾本科牧草秋季施氮肥通常可以增加分蘖数，提高冬季分蘖的存活率，增加可育分蘖数。但秋季施氮肥不能过量，以防刺激过度的营养生长。草地早熟禾、紫羊茅秋季施肥占总施肥量的 50%为宜，鸭茅、草地羊茅和猫尾草秋季施肥占 33%为宜。为了增加可育分蘖数，温带禾本科牧草春季施氮是必要的，春季施氮可在抽穗之前进行。多年生黑麦草（品种为 S24）春季施氮 120 kg/hm^2，如果在幼穗分化期施入所得到的可育分蘖数为 100，而在抽穗期施入得到的可育分蘖数为 92（30%抽穗时施入）和 74（70%～80%抽穗时施入）。在河北坝上地区无芒雀麦种子生产试验中，春秋季分施氮肥可以获得最高的种子产量，秋季施 70～120 kg/hm^2，春季施 30～90 kg/hm^2，秋春季施氮肥比例为 2∶1。

氮肥施入量对牧草种子产量有着明显的影响（表 8-9），大多数牧草随施氮量的增加种子产量提高。获得最高种子产量的施氮水平因种而异，如鸭茅为 160～200 kg/hm^2，草地早熟禾为 60～80 kg/hm^2，紫羊茅为 180 kg/hm^2，多年生黑麦草为 120 kg/hm^2。对于热带禾本科牧草施氮可增加分蘖可育率、增加穗数、增加每穗的种子数，棕籽雀稗施氮量分别为 0 kg/hm^2、100 kg/hm^2 和 400 kg/hm^2，种子产量为 60 kg/hm^2、301 kg/hm^2 和361 kg/hm^2。纤毛蒺藜草、无芒虎尾草、莫桑比克尾稃草、伏生臂形草需施氮 100～200 kg/hm^2 可以获得最高种子产量。纳罗克非洲狗尾草种子生产的最佳施氮量控制在75～100 kg/hm^2。

表 8-9 不同施氮水平对牧草种子产量的影响（Norderstgaard，1980）　　kg/hm^2

牧　草	施氮水平	种子产量
紫羊茅（17 个试验平均值）	30	960
	60	1 000
	90	1 020
草地羊茅（15 个试验平均值）	45	1 130
	90	1 160
	135	1 110
鸭茅（17 个试验平均值）	45	890
	90	1 020
	135	1 090
多年生黑麦草（11 个试验平均值）	45	1 240
	90	1 440
	135	1 500
猫尾草（13 个试验平均值）	45	380
	90	410
	135	410

磷肥对禾本科牧草种子产量也有一定的促进作用，尤其是热带的酸性土壤含磷量低，改善磷肥的供应状况，可以增加禾本科牧草的种子产量。钾是流动养分，需要经常补充。种子收获后大量的秸秆从田间运走，造成钾的大量损失。禾本科牧草种子生产中，如果施用了大量的氮肥，那么保证磷、钾的平衡供应是非常重要的。

8.3.2.2 豆科牧草种子生产中的施肥

豆科牧草可有效地利用共生的根瘤菌增加对氮的吸收，因此豆科牧草对氮的需要较少。豆科牧草的种子生产中对磷、钾肥的需要量较高。豆科牧草追施磷、钾肥最好是在花期或开花之前。研究表明，紫花苜蓿的种子产量随着施肥水平的提高而增加，直到施磷肥达到 140 kg/hm^2 产量达最高峰；增加黄红灰化土的磷肥施用量，使银叶山蚂蝗的花数增加，种子产量增加 35%；增施磷肥使矮柱花草种子产量增加 20%；增施磷肥可使红豆草种子产量增加 100%（表 8-10）。

表 8-10 磷肥（过磷酸钙，含 P_2O_5 12%～18%）施量对红豆草种子产量的影响（陈宝书，1992） kg/hm^2

施肥量	第 1 年收获	第 2 年收获	第 3 年收获
0	154	950	875
225	188	1 250	1 250
450	207	1 440	1 425
1 125	218	1 700	1 625
1 500	282	1 851	1 750
1 875	219	1 900	1 800

许多豆科牧草从孕蕾期到种子成熟对氮的需要量增加，此时根瘤老化，根瘤菌的活动能力降低，因而显示出氮的供应不足。往往在蕾期追施氮肥可增加种子的产量。紫花苜蓿蕾期施入氮肥可使种子产量增 20%～30%；银叶山蚂蝗施氮，花序分化前施入，种子增产 31%，花序分化起施入，种子增产 26%。于不同时间对白三叶追施氮、磷、钾肥，抽茎期施入的种子增产 25.4%，始花期施入的增产 35.6%，盛花期施入增产 49.7%。

硫是蛋白质的组成元素，豆科牧草的生长中需要大量的硫，种子生产中保证足够的硫肥才能达到稳定和高产。紫花苜蓿、绿叶山蚂蝗种子生产中都需要施硫肥。在土壤硫酸根含量为 2 mg/kg 的白三叶种子田施入 20 kg/hm^2 硫酸钙可使种子产量从 356 kg/hm^2 增加到 512 kg/hm^2。

8.3.2.3 牧草种子生产中的特殊养分

硼对牧草种子生产具有特殊的作用，在土壤含硼量足以满足营养生长的情况下，施硼仍可增加牧草种子产量。施硼可增加白三叶的授粉率、结实率，促进紫花苜蓿的开花，增加红三叶花朵蜜量、小花数和每朵的结实数。硼有利于非洲狗尾草授粉过程中花粉萌发的细胞代谢和花粉管的伸长，促进授粉和增加结实率。一般牧草种子生产中土壤含硼量的临界值是 0.5 mg/kg，施肥量应为 10～20 kg 硼砂（硼化钠）/hm^2，或用 0.5%的硼砂溶液叶面喷施。

钙可提高地三叶的结实率，钙还可刺激南非狗尾草花粉粒的萌发。此外铜、镁、锌都有促进牧草花粉粒萌发的作用。增施铜和铜肥可增加豆科牧草种子的产量。

8.3.3 灌溉

雨量较少的地区进行灌溉对牧草的建植、营养生长及种子成熟都是必要的。种子生产最理想的气候区是在牧草的开花成熟期环境干燥，太阳辐射量高，不易受病虫的袭击，种子收获也不易受气象灾害的影响，种子高产的潜力较大。这种条件下，运用灌溉措施控制水分供应使植株形成尽可能多的花芽，并促进开花，保证种子成熟期水分供应，可为高产提供有利条件。

种子生产中常用的灌溉方式有漫灌、沟灌和喷灌等方式。漫灌对水的浪费很大且灌溉量不好控制。在我国西北干旱地区，依靠黄河等河流、夏季高山融雪进行漫灌。沟灌可以避免漫灌对水的浪费，但要求种子田地形具有一定的坡度，以利于水在地表的流动。喷灌是农业生产技术发达国家普遍采用的灌溉方式，在节水和灌溉效果等方面具有一定的优势，但一些喷灌设备需要较高的投资成本，适合于规模化生产。

生长在黑钙土上的紫花苜蓿，灌溉可提高种子产量。如果秋季灌溉 1 次，营养生长期灌溉 3 次，土壤含水量可维持在田间持水量的 65%，花后则降至 31%～40%，可获得最高种子产量。在新疆地区的研究表明，在现蕾至初花期和结荚期灌两次水（480 mm）的处理，苜蓿种子产量最高，为 773.41 kg/hm^2，同时其种子饱满程度也最好，说明在结荚期适当补充种子成熟所需水分，有利于提高苜蓿种子的产量和质量。在宁夏银川高羊茅种子生产灌溉试验中，于返青、拔节、抽穗、灌浆期分别进行灌溉，均比未灌溉提高种子产量，并增加生殖枝数、小穗数、小花数、千粒重。利用灌溉保持 80%的田间持水量，与未灌溉的对照相比，纤毛蒺藜草种子产量由 624 kg/hm^2 增至 842 kg/hm^2。在干旱季节对大翼豆进行灌溉使种子平均产量由对照的 956 kg/hm^2 增至 1 635 kg/hm^2。

牧草种子产量的基础是在建植阶段和花序分化这两个阶段奠定的，因而在这两个阶段之前应进行灌溉。在营养生长后期或开花初期适当缺水对增加种子产量有一定好处。然后在整个开花期保持灌水，使种子产量提高。大量的试验证明，干湿交替有利于牧草种子生产。

8.3.4 杂草防治

杂草同牧草竞争可降低牧草种子的产量；杂草会污染牧草种子降低牧草种子的质量，使其难以销售；混有杂草种子的牧草种子，给清选带来很大困难，提高了清选成本，反复清选还会引起牧草种子的损失。

8.3.4.1 化学防治

播种前用对土壤无残毒的触杀性除草剂杀死土壤表层中的杂草幼苗。一般施用 1～2 L/hm^2 的非可湿性双吡啶类除草剂敌快特（Diquat）和百草枯（Paraquat）商品药剂（20%的有效成分）较为合适。播种前 20 d 施入氟乐灵（Trifluralin），并将除草剂施入土壤表层，杂草萌发时便被杀死。也可于播种前对土壤进行适当灌溉促进杂草种子萌发，再用无残毒的灭生性除草剂喷施杀灭杂草的幼苗。

牧草出苗之后要根据田间杂草的种类选择除草剂。一般禾本科牧草可用三氯乙酸（TCA）杀死禾本科杂草野燕麦等，可用 2-甲-4-氯（MCPC）、2,4-D、麦草畏、噻草平、溴苯腈等杀灭阔叶杂草。豆科牧草在苗后控制阔叶杂草可用2-甲-4-氯丙酸(用于红三叶草地)、2,4-D丁酯、碘苯腈、溴苯腈和噻草平(不能用于百脉根)。对于禾本科杂草可用拿草特、对草快、敌草隆、去莠津(适于红三叶、紫花苜蓿、百脉根和红豆草种子田)等。

施用除草剂防除杂草不仅可提高牧草种子质量,而且可提高牧草种子的产量。鸭茅施用灭草呋喃乳剂15 kg/hm^2 防除一年生早熟禾可使种子生产量提高七成。紫羊茅种子田施用麦草畏(0.28 kg/hm^2)和2,4-D(0.58 kg/hm^2)可使种子产量提高25%。紫花苜蓿连续4年在生长季开始施用1.6 kg/hm^2 的塞克津,种子产量提高60%。红三叶草地中施用氟草胺或氟草胺与2,4-D丁酯混施,种子产量提高10%~39%。

8.3.4.2 生态防治

杂草的生态防治是通过合理的管理措施达到控制杂草的目的。在地段的选择上要尽可能避开杂草,如选择初垦草地或初垦林地,杂草较少。建植阶段防治杂草比建植后防治更为有利,可利用杂草和所建植牧草对环境条件的要求不同,选择适合的播种期,避开杂草的侵害。如在温带秋季播种,这时杂草种子的萌发受到了温度的限制,而适合于多年生牧草种子的萌发;或春季在杂草种子大量萌发之前播种牧草,使牧草先于杂草建植成功。

利用田间管理措施造成有利于牧草的竞争环境抑制杂草的发育。如提高施肥水平,加速牧草的建植速度,使牧草尽早形成茂密的草层结构,从而抑制杂草的侵入。用割草机割掉高秆杂草,阻止其开花,控制种子产生。利用放牧或刈割等措施都可达到防除杂草的目的。对于茎秆较矮的杂草,可通过调整刈割高度,避免收获时混入杂草种子。

8.3.5 病虫防治

种子田中,大量多汁的植株在田间生长很长时间,为病虫提供了有利的生长环境。因而种子田的病虫防治显得尤为重要。某些带病种子是种子贸易特别是国际种子贸易的主要障碍。

8.3.5.1 牧草种子生产中的病虫害

直接危害禾本科牧草种子的病害有麦角病(*Claviceps paspali*, *C. purpurea*)、瞎籽病(*Gloeotinia temlenta*)和黑穗病(*Ustilago bullata*)。受麦角病严重危害的牧草有棕籽雀稗、毛花雀稗、巴哈雀稗、大黍、纤毛蒺藜草、多年生黑麦草、草地早熟禾和雀麦等。在开花期病菌孢子侵入子房后发育代替了胚珠,造成结实不良。瞎籽病的病原菌常常危害多年生黑麦草的花器,降低种子的产量和质量。黑穗病危害多种禾本科牧草,病菌主要破坏花器,感病植株小穗内小花的子房和小穗的颖片基部被病菌破坏,形成泡状孢子堆而代替了籽粒,从而造成种子减产。

豆科牧草的病害大多由真菌引起,如红三叶与白三叶的颈腐病(*Sclerotinia trifoliorum*)、根腐病(*Fusarium oxysporum*, *F. solani*, *F. roceum*)、三叶草北方炭疽病(*Kabatiella caulivora*)、苜蓿锈病(*Uromyces striatus*)、苜蓿白粉病(*Leviellula taurica*)、苜蓿叶斑病(*Pseudopeziza medicaginis*)、柱花草炭疽病(*Colletotrichum gloesporioides*)、大翼豆锈病(*Uromyces appendiculatus*)等。受病侵染后的牧草表现为子房发育不全,落花落荚使种子产量、质量下降。

危害牧草种子生产的害虫有蚜虫、蓟马、盲蝽、籽象甲、苜蓿籽蜂等,这些害虫常常取食花蕾、幼花、子房或吸食花器的汁液,或蛀食种子,造成种子产量下降。

8.3.5.2 牧草种子生产中的病虫害防治

1. 选用抗病虫品种

不同的牧草品种对于病虫的抗性显然不同，选择抗病虫品种是防治病虫害的重要措施之一。紫花苜蓿中的 Cherokee 和 Teton 两个品种对于苜蓿锈病抗性高，红三叶中的 Daliak 品种是三叶草北方炭疽病的高抗品种，圭亚那柱花草中库克（Cook）品种极易感炭疽病，而来自哥伦比亚的品种 184 和 136 抗性较强；距瓣豆栽培品种 Belalto 对叶斑病和红螨的抗性比普通距瓣豆强。

2. 播种无病虫害的种子

从外地引入的种子或其他播种材料必须进行植物检疫，防止病虫随种子一起引入，特别是那些可传染同属其他种或其他品种，甚至可传染其他属植物的病害。还可通过种子处理达到消灭病虫的目的。如禾本科牧草的黑穗病可用温水浸种、用萎锈灵和福美双等化学药剂处理种子杀死病原菌的冬孢子；用菲醌（种子重量的 0.3%）或福美双拌种可消灭苜蓿叶斑病夹杂在种子残体上的越冬子囊孢子；可用干热法（70℃温度下 6 h）消灭三叶草种子上所带炭疽病病菌。

3. 施用化学药剂

使用杀菌剂、杀线虫剂或杀虫剂消灭危害牧草的病菌和害虫，又称化学防治。化学防治可明显地提高牧草种子的产量，于土表施入唑菌酮（18 kg/hm^2）和叠氮钠（125 kg/hm^2）可控制麦角病。用苯菌灵（28～56 kg/hm^2）表土施药可清除土壤中瞎籽病的初侵染源。在进行化学防治时应注意不伤害益虫，包括传粉媒介昆虫和捕食性有益昆虫。施用砜吸磷或三溴磷可以有效地防治紫花苜蓿种子生产中的害虫，但对苜蓿的传粉者切叶蜂没有影响。

通过施用溴硫磷（500 g 乳剂/hm^2）防治马铃薯盲蝽，可提高湿地百脉根种子产量 40%。在紫云英种子生产中，用多菌灵或甲基托布津1 000倍液喷雾防治白粉病、菌核病，用吡虫啉 10～20 g/hm^2 防治蚜虫、蓟马等害虫。甘肃酒泉地区牛角花齿蓟马、豌豆蚜和红苜蓿蚜是苜蓿种子田的主要害虫，利用现蕾期喷施 90%敌百虫和结荚期喷施 40%氧化乐果乳油，种子产量最高，达 992 kg/hm^2，仅在现蕾期喷施 90%敌百虫产量次之，为861 kg/hm^2，分别较对照不防治虫害处理增产 134%和 103%。现蕾期防治处理不仅明显降低了处理一周内害虫的田间数量水平，而且使后期的害虫虫口密度得到了明显抑制。

4. 轮作和消灭残茬

轮作具有自然土壤消毒的作用，对牧草种子田进行轮作以免田间菌虫量逐年累加，造成病虫害的流行。如多年留种羊茅，瘿蚊逐渐增多，经 5～6 年将使其种子颗粒无收；连续留种紫花苜蓿其黄斑病病发率第二年为 40.8%，第三年为 92.3%，造成叶子脱落，严重影响了种子的产量。合理的轮作倒茬既有利于牧草的生长，又使某些病虫失去了寄主，达到了消灭或减少病虫数量的目的。种子收获后田间留下的残茬及田埂上的野生寄主植物，是下一生长季中重要的初侵染源，因而刈后清除残茬、杂草和野生寄主可以收到防治病虫的效果。

8.3.6 人工辅助授粉

多年生牧草大多数属于异花授粉的植物，授粉情况对种子产量和质量影响极大，生产上常采用人工辅助授粉提高牧草的授粉率，增加牧草种子的产量。

8.3.6.1 禾本科牧草的人工辅助授粉

禾本科牧草为风媒花植物，借助于风力传播花粉。在自然情况下，结实率并不高，视牧草的种类不同分别为20%～90%，多在30%～70%的范围内。人工辅助授粉，可以显著地提高种子产量。对猫尾草、无芒雀麦、草地羊茅、鸭茅等种子田进行一次人工辅助授粉，使种子增产11.0%～28.3%；进行两次人工辅助授粉，可使种子增产23.5%～37.7%。

对禾本科牧草进行人工辅助授粉，必须在大量开花期间及一日中大量开花的时间进行。禾本科牧草人工辅助授粉的方法很简便，授粉时用人工或机具于田地两侧，拉张绳索或线网于牧草开花时从草丛上掠过。空摇农药喷粉器或小型直升机低空飞行都可使植株摇动，起到辅助授粉的功效。

8.3.6.2 豆科牧草的辅助授粉

大多数豆科牧草是自交不亲和的，所以种子生产中需要借助于昆虫进行授粉。蜜蜂（*Apis mellifera*）、蝗蜂（*Bombus* spp.）、碱蜂（*Nomia melanderi*）和切叶蜂（*Megachile rotundata*）等是豆科牧草的主要授粉者。为了促进豆科牧草的授粉，提高其种子产量，在豆科牧草种子田中需配置一定数量的蜂巢或蜂箱。在授粉昆虫中，放养的蜜蜂对于苜蓿的授粉作用有限，有时蜜蜂无法打开龙骨瓣，难以实现授粉的目的。切叶蜂或碱蜂对紫花苜蓿有性花柱的打开和传粉起着非常重要的作用，几乎每一次采花都能引起花的张开和异花授粉。Skepasts等（1984）在紫花苜蓿种子生产田的不同位置放养50 000只切叶蜂/hm^2 可获得665～920 kg/hm^2的种子产量。而当地平均产量为200～400 kg/hm^2。在杂三叶田中以50 000只/hm^2放养切叶蜂，可使种子产量从228 kg/hm^2 提高到345 kg/hm^2。蜜蜂对百脉根、蝗蜂对红三叶的授粉有特别效果。故在不同的牧草种子田中应配置相应的蜂类，一般每公顷配置3～10箱蜂用于传粉。

8.3.7 植物生长调节剂的运用

植物生长调节剂可明显增加牧草种子的产量。禾本科牧草的倒伏情况比较严重，往往造成大量受精合子败育。无芒雀麦、鸭茅、猫尾草等牧草施用矮壮素（CCC），可缩短节间长度，增加抗倒伏，从而提高种子产量。高羊茅、紫羊茅、多年生黑麦草施用生长延缓剂氯丁唑（PP333）可抑制节间伸长，增加抗倒伏能力，减少种子败育，增加花序上的结实数，使种子产量显著提高（表8-11）。生长调节剂还可使牧草成熟期趋于一致，减少因种子成熟不一致，随成熟随脱落的损失。白三叶种子生产田施氯丁唑可增加花序数，增加成熟花序的比例，增加种子产量。初夏施1 kg/hm^2 氯丁唑可使白三叶种子产量平均增加271%，干旱年份增产效应更加明显。生长调节剂可减少白三叶的营养生长，但花梗长度不缩短，从而减少了叶的遮阴，为传粉创造了良好条件，而且有利于种子成熟和收获。

8.3.8 牧草种子收获后的田间管理

8.3.8.1 残茬清理

牧草种子收获后及时清除稿秆和残茬可解除对分蘖节的遮阴，对于牧草的分蘖形成、枝条感受低温春化、生殖枝的增加和来年种子产量的提高都具有重要的作用。残茬的清理可以采用火烧、放牧和刈割的方式进行。

表 8-11　生长调节剂对多年生黑麦草种子产量及产量组成成分的影响

(Hampton 和 Hebblethwaite,1985)

处理/(kg/hm²)	种子产量/(kg/hm²)	收获指数	生殖枝数/(枝/m²)	小穗数/生殖枝	种子数/小穗	千粒重/g	种子数×10⁴/m²
1982 年							
对照	111.3	0.13	2 468	20.7	1.19	1.85	6.04
EL500 1.0	186.3	0.21	3 228	20.3	1.67	1.73	1 076
EL500 2.0	213.8	0.25	3 048	20.9	1.59	1.78	12.00
PP333 1.0	222.8	0.24	3 096	20.6	1.89	1.77	12.63
PP333 2.0	256.3	0.30	3 285	20.3	2.21	1.76	14.59
1983 年							
对照	148.4	0.13	3 146	19.9	1.25	1.89	7.85
EL500 2.0	225.2	0.22	3 735	19.9	1.76	1.72	13.09
PP333 1.0	229.6	0.25	4 147	17.2	1.89	1.70	13.57

注:EL500 为生长调节剂调嘧啶。

夏秋干旱种子收获后进入休眠期的地区,牧草收获后马上焚烧残茬通常能提高多数禾本科牧草下一年的种子产量(表 8-12)。焚烧残茬一定在秋季分蘖开始前进行,种子收获后及时焚烧残茬可提高草地早熟禾、细羊茅、高羊茅、多年生黑麦草、鸭茅、冰草、臂形草、标志雀稗等牧草的种子产量,焚烧可防治麦角病、叶锈病、瞎籽病、线虫等病虫害,抑制种子落地后产生的自生苗、杂草。在结缕草种子生产中,采用返青期前 1 个月进行火烧处理,可以提高种子田生殖枝数、小穗数、种子数、结实率和千粒重等产量组分,显著提高种子产量。

表 8-12　种子收获后不同残茬清理方法对下一年牧草种子产量的影响

(Chilcote 等,1980)　　kg/hm²

清理方法	细羊茅	紫羊茅	多年生黑麦草	细弱翦股颖	草地早熟禾	鸭茅
不清理残茬	282	409	908	434	—	967
刈割留茬 7 cm,运走稿秆	362	747	1 035	402	1 119	1 178
种子收获后马上焚烧	1 035	1 243	1 278	596	1 303	1 263

夏秋降水多的地区,牧草种子收获后残茬枝叶还处于青绿状态,可用刈草机低茬刈割运走稿秆或用放牧的方式清除残茬,以利于新分蘖或枝条处于光线充足的条件下,同时减少覆盖物有利于枝条感受低温的刺激。某些牧草如硬羊茅、匍匐翦股颖焚烧处理不利于种子生产,而种子收获后应马上刈割残茬并将稿秆运走。草地早熟禾留茬 2.5 cm 刈割并运走稿秆可得到与焚烧残茬种子增产相似的效果。高羊茅、紫羊茅种子生产田种子收获后放牧绵羊可起到与焚烧和低茬刈割相同的效果。

8.3.8.2　疏枝

多年生牧草随种植年限的增加,枝条密度增加,盖度增大,导致枝条间对营养物质的竞争加剧,进而影响牧草种子产量的提高。牧草种子收获后疏枝可增加来年或以后几年的牧草种子产量。

用耙地或行内疏枝的方法可减少高羊茅的枝条密度，进而增加来年的牧草种子产量。播种行距小于 60 cm 条播的禾本科牧草行内疏枝种子增产的效果较好，如播种行距为 30 或 60 cm的鸭茅，行内每隔 30 cm 用旋耕机耕除 30 cm 的植株可增产 33%。在行距 50 cm 的无芒雀麦种子田内，采用留 10 cm 去 20 cm 的疏枝处理可以获得种子高产。扁穗冰草采取疏行处理，使行距从 15 cm 扩宽到 45 cm 时，提高了小穗数、小花数、种子数、千粒重，种子产量达到较高水平。

豆科牧草白三叶，采取行间中耕和行内疏枝相结合的措施可使产量从 275 kg/hm^2 提高到 338 kg/hm^2。紫花苜蓿 91 cm 行宽，行内每隔 15 cm 的距离耕除 30 cm 植株，可使种子产量从1 166 kg/hm^2 提高到1 305 kg/hm^2。紫花苜蓿行间中耕或行内疏枝可抑制枝条的向上生长，减少倒伏，有利于昆虫的传粉，增加每一枝条上的果荚数和每荚的种子数。

8.4 牧草种子的收获与加工

牧草种子的收获在种子生产中是一项时间性很强的工作，必须给予极大的重视，并事先要做好一切准备及有关组织工作。适时收获可避免种子的损失，收获太早会降低种子活力，收获太晚会造成种子的脱落损失。种子收获后的干燥及清选工作对于提高种子的质量，保证种子的种用价值、种子的安全贮藏具有重要的意义。

8.4.1 牧草种子的收获

8.4.1.1 种子收获的时间

牧草种子生产中的种子收获最适时间常常是难以确定的，所收获的种子产量往往低于表现种子产量。确定种子的收获时间，须要考虑两个问题：既能获得品质优良的种子，也要注意尽可能地减少因收获不当造成的损失。在生产实践中，常根据开花期、种子含水量、种子颜色、胚乳成熟度等指标来确定种子的适宜收获时间。

由于牧草开花期较长且不一致，造成种子成熟也很不一致，很多牧草在种子成熟时很容易落粒，收获不及时或收获方法不当会造成很大损失。多年生黑麦草、草地羊茅、多花黑麦草、鸭茅等牧草种子成熟时因种子落粒每公顷可损失种子 100～290 kg。因此，为了防止落粒，减少损失，必须及时收获。

种子成熟可分为乳熟期、腊熟期和完熟期。当用康拜因收获时，一般可在蜡熟期或完熟期进行，而用割草机、人工收获或收割后需在草条上晾晒时，可在腊熟期进行。多数牧草从盛花期到获得最大种子干重（收获期）的时间约为 30 d，气候条件的变化会影响这一时间的判断。

种子含水量可作为指示收获的一个指标，对于大多数牧草，当种子含水量达到 35%～45%时便可收获（表 8 - 13）。具柄百脉根开始收获的最佳时间是种子成熟后的 2～4 d（图 8 - 4），这时种子含水量为 35%，荚果呈浅褐色，并已有 3%～4%的荚果开裂；多年生黑麦草种子收获的最适时期是种子含水量为 43%，种子含水量低于 43%，落粒损失增加（图 8 - 5）。种子含水量的测定应在开花结束 10 d 之后每隔 2 d 取一次样进行测定或用红外水分测定仪于田间直接测定。

表 8-13　牧草种子收获的适宜时间(Fairey 和 Hampton,1997)

牧草名称	割倒后草垄上干燥	联合收割机直接收获
鸭茅	形态成熟等级 3.4～3.6 种子含水量 35%～40%	盛花期后 26～30 d
紫羊茅	形态成熟等级 4.0～4.5 种子含水量 35%～40%	盛花期后 24～38 d 形态成熟等级 4.5～5.0 种子含水量 20%～30%
高羊茅	含水量 43%	盛花期后 29～30 d
草地早熟禾	形态成熟等级 3.3 种子含水量 38%	初花期后 23 d 种子含水量 35%
多花黑麦草	形态成熟等级 3.0 种子含水量 40%～45%	盛花期后 28～30 d 形态成熟等级 3.3～3.4 种子含水量 37%～40%
多年生黑麦草	形态成熟等级 2.5～3.5 种子含水量 40%～47%	盛花期后 28～30 d 形态成熟等级 3.0～4.5 种子含水量 25%～35%
猫尾草	形态成熟等级 3.6 种子含水量 37%～40%	盛花期后 33～38 d 种子含水量 23%～31%
红三叶	盛花期后 42 d	盛花期后 42 d(人工干燥)
白三叶	盛花期后 21～26 d	—
紫花苜蓿	果荚 2/3～3/4 变为黑褐色	干燥剂处理后 3～10 d 内收获,这时果荚和叶的含水量为 15%～20%
百脉根	大部分果荚变为浅褐或褐色	—

注:形态成熟等级,花序完全绿色为 1;不完全绿色或黄色为 3;完全黄色为 5。

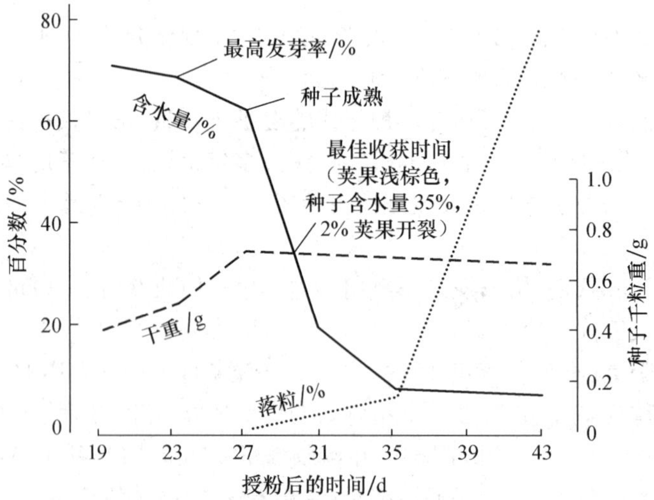

图 8-4　具柄百脉根根据种子含水量、果荚炸裂和种子重量综合决定的最佳收获时间(Hare 和 Lucas,1984)

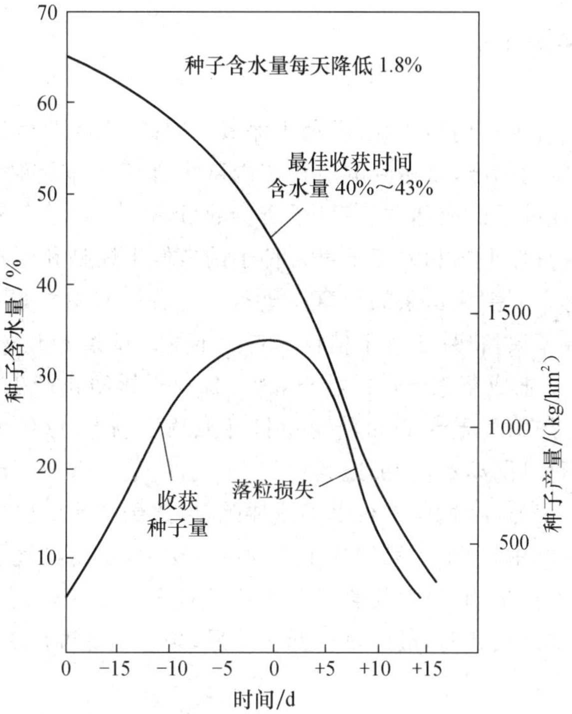

图 8-5　多年生黑麦草由种子含水量和种子落粒决定的种子最佳收获时间(Hill 和 Watkins,1975)

8.4.1.2　种子收获的方法

牧草种子收获可以用联合收割机、割草机或人工收割。用联合收割机收割,收获速度快,种子收获工作能在短期内完成,同时也可以省去普通方法收获时所必需的工作程序,如捆束、运输、晒干、脱粒等。既省了劳动力,而且种子损失也较少。用联合收割机收获时,牧草的刈割高度为 20～40 cm,这样可以较少地割下绿色的茎、叶及杂草,减少收获时的困难,降低种子湿度和减少杂草的混入。刈后的残茬还可供放牧或刈割做青、干草。

大部分多年生禾本科牧草由于成熟期不一致,并脱粒前要求干燥,可用割草机进行刈割。用割草机刈割时,留茬高度为 15 cm,可将割下的牧草晾晒在残茬上,放成草条,2～7 d 后在田间用脱粒机械进行脱粒。也可刈割后直接运输到干燥晾晒场地,干燥后进行脱粒,具体方法视牧草种类而定。

豆科牧草种子成熟时,植株还未停止生长,茎叶处于青绿状态,给种子收获带来很大困难。因此,在种子收获之前要进行干燥处理,常用飞机或地面喷雾器对田间生长的植株施化学干燥剂,在喷后 3～5 d,直接用联合收割机进行收割。干燥剂为一些接触性除莠剂,如敌草快,用量为 1～2 kg/hm^2;敌草隆用量为 3～4 L/hm^2;利谷隆用量为 3.2 kg/hm^2。匍匐型牧草用割草机割成草条,晾晒之后用脱粒机脱粒。

矮柱花草、圭亚那柱花草和大翼豆种子的落粒性非常强,常常随成熟落地,加之种子的成熟期不一致,用收割机收割的植株地上部分持留种子量仅占总产量的 1/3～1/2,给种子生产带来巨大困难。目前国内外常采取收割后将带种子的牧草堆积于原地,等种子完全脱落后再用吸种机将散落于地面上的种子吸起或用人工扫起。

8.4.2 牧草种子的干燥

牧草种子收获之后含水量仍然较高，不利于保藏。因此，刚收获后的种子必须立即进行干燥，使其含水量达到规定的标准，以达到减弱种子内部生理生化作用对营养物质的消耗、杀死或抑制有害微生物、加速种子的成熟，提高种子质量的目的。

种子的干燥方法有自然干燥和人工干燥。种子的自然干燥是利用日光曝晒、通风、摊晾等方法降低种子的含水量。刈割成草条的牧草在草条上将种子自然干燥一段时间后进行脱粒。有些牧草刈割后常捆成草束，将种子留于植株上自然干燥。草条上干燥的牧草，在干燥期翻动1～2次，之后进行脱粒。捆成草束干燥的牧草，为了加速干燥防止产生霉烂，一般应将草束成行码成“人”字形，架晒于晾晒场上，也可将草束打开摊晒于场上，厚度为5～10 cm，在日光下干燥。在晾晒过程中，每日翻动数次，加速其均匀干燥。牧草干燥至一定时间，即可进行脱粒。如脱粒后的种子含水量仍较高时，应进行曝晒或摊晾，以达到贮藏所要求的含水量。

在现代牧草种子生产中，种子常采用人工干燥的方法，特别是在气候潮湿的地区。常用的干燥设备有火力滚动烘干机、烘干塔及蒸气干燥机。种子人工干燥时，种子出机温度应保持30～40℃，如果种子含水量较高时，最好进行两次干燥，采取先低温后高温，使种子不致因干燥而降低其质量。

8.4.3 牧草种子的清选

种子清选通常是利用牧草种子与混杂物物理特性的差异，通过专门的机械设备来完成。普遍应用的是种子颗粒大小、外形、密度、表面结构、极限速度和回弹等特性。清选机就是利用其中一种或数种特性差异进行清选的。

8.4.3.1 风筛清选

风筛清选是根据种子与混杂物在大小、外形和密度上的不同而进行清选的，常用气流筛选机（图 8 - 6）进行。

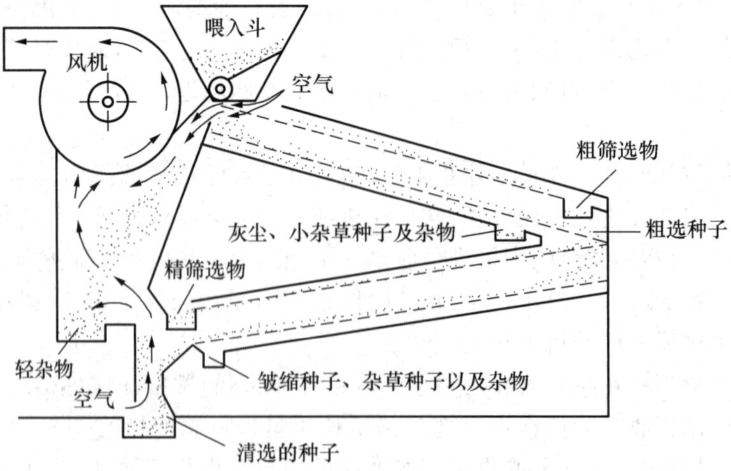

图 8 - 6 气流筛选机剖面图

种子由进料口加入，靠重力流入送料器，送料器定量地把种子送入气流中，气流首先除掉轻的杂物，如茎叶碎片、脱落的颖片等，其余种子撒布在最上面的筛面上，通过此筛将大混杂物除去，落下的种子进入第二筛面，在第二筛按种子大小进行粗清选，接着转到第三筛进行精筛选，种子落到第四筛进行最后一次清选，种子在流出第四筛时，将轻的种子和杂物除去。可根据所清选牧草种子的大小选择不同大小形状的筛面。

风筛清选法只有在混杂物的大小与种子的体积相差较大时，才能取得较好的效果。如果差异很小，种子与杂物不易用筛子分离。这时，需要选用其他清选方法。

8.4.3.2　比重清选

比重清选法是按种子与混杂物的密度和比重差异来清选种子。大小、形状、表面特征相似的种子，其重量不同可用比重清选法分离；破损、发霉、虫蛀、皱缩的种子，大小与优质种子相似，但比重较小，利用比重清选设备，清选的效果特别好。同样，大小与种子相同的砂粒、土块也可被清选除去。比重清选法常常用比重清选机进行，比重清选机的主要工作部件是风机和分级台面(图 8-7)。种子从进料口喂入，清选机开始工作，倾斜网状分级台面沿纵向振动，风机的气流由台面底部气室穿过网状台面吹向种子层，使种子处于悬浮状态，进而使种子与混杂物形成若干密度不同的层，低密度成分浮起在顶层，高密度的在底层，中等密度的处于中间位置。台面的振动作用使高密度成分顺着台面斜面向上作侧向移动，同时悬浮着的轻质成分在本身重量的作用下向下作侧向运动，排料口按序分别排出石块、优质种子、次级种子和碎屑杂物。比重清选机的使用中，需要大量的实践，获得充足的经验，才能对清选机分级台面的工作状态做出令人满意的调整。

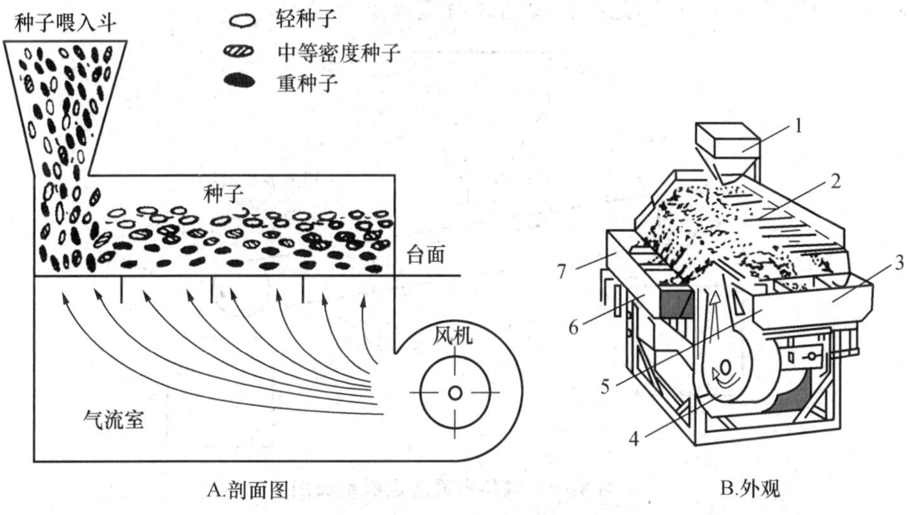

图 8-7　比重清选机外观及剖面图

1. 喂入斗　2. 台面　3. 轻杂物出口　4. 风机　5. 轻种子出口　6. 中等种子出口　7. 重种子出口

将种子置于比重大的溶液中，也可将种子与土粒、砂石分离。这种方法常常被用在清选由吸种机收获的大翼豆和柱花草种子。可根据清选种子的比重，使用四氯乙烯(比重 1.63)、三氯乙烯(比重 1.46)、三氯乙烷(比重 1.31)。这些化合物对柱花草和大翼豆种子的发芽率无影响，但这 3 种物质对人体有害，操作时应戴防护面具。

8.4.3.3 表面特征清选

依种子和混杂物表面特征的差异进行种子清选。表面特征清选法常用的设备有螺旋分离机和倾斜布面清选机。

螺旋分离机的主要工作部件是固定在垂直轴上的螺旋槽(图 8-8),待清选的种子由上部加入,沿螺旋槽滚滑下落并绕轴回转,球形光滑种子滚落的速度较快,故具有较大的离心力,就飞出螺旋槽,落入挡槽内排出。非球形或粗糙种子及其杂质,由于滑落速度较慢,就会沿螺旋槽下落,从另一口排出。

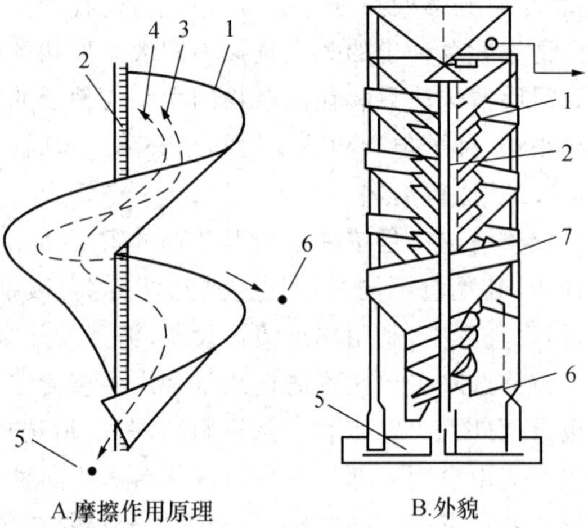

1. 螺旋槽 2. 轴 3、6. 球形种子 4. 非球形种子 5. 非球形种子出口 7. 档槽

图 8-8 螺旋分离机

倾斜布面清选机靠一倾斜布面的向上运动将种子和杂质分离(图 8-9)。待清选的种子及混杂物从设在倾斜布面中央的进料口喂入,圆形或表面光滑的种子,可从布面滑下或滚下,表面粗糙或外形不规则的种子及杂物,因摩擦阻力大于其重力在布面上的分量,所以会随布面上升,从而达到分离的目的。布面清选机的布面常用粗帆布、亚麻布、绒布或橡胶塑料等制成。分离强度可通过喂入量、布面转动速度和倾斜角来调节,这些需要通过特定种子来确定。

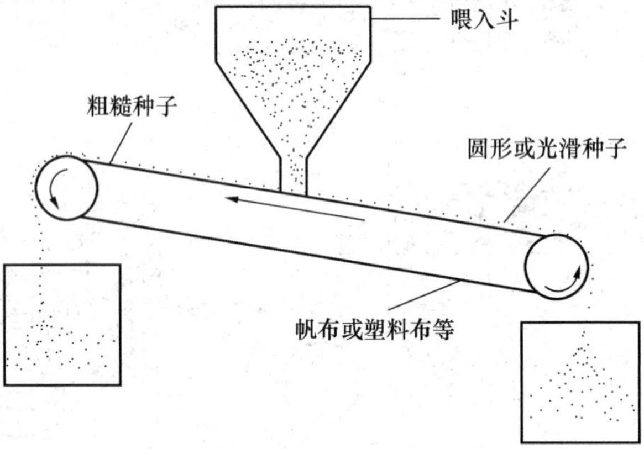

图 8-9 倾斜布面清选机剖面图

参考文献

[1] 陈宝书. 红豆草. 兰州:甘肃科学技术出版社,1992.

[2] 邓菊芬,尹俊,张美艳,等. 纳罗克非洲狗尾草种子生产关键技术研究. 草业与畜牧,2010,(5):1-6.

[3] 韩建国.实用牧草种子学.北京:中国农业大学出版社,1997.
[4] 韩建国.美国的牧草种子生产.世界农业,1999,240:43-45.
[5] 韩建国,李敏,李枫.牧草种子生产中的潜在种子产量与实际种子产量.国外畜牧学—草原与牧草,1996,72:7-11.
[6] L·R·汉弗莱斯,F·里弗勒斯.牧草种子生产—理论及应用.李淑安,赵俊权,译.昆明:云南科技出版社,1989.
[7] 贾慎修.草地学.2版.北京:中国农业出版社,1995.
[8] 李雪锋,李卫军.灌溉对苜蓿种子产量及其构成因子的影响.新疆农业科学,2006,43(1):21-24.
[9] 马春晖,韩建国,孙铁军.禾本科牧草种子生产技术研究.黑龙江畜牧兽医,2010(6):89-92.
[10] 内蒙古农牧学院.牧草及饲料作物栽培学.北京:农业出版社,1987.
[11] M·E·希斯,R·F·巴恩斯,D·S·梅特卡夫.牧草—草地农业科学.4版.黄文惠,苏加楷,张玉发等译.北京:农业出版社,1992.
[12] 张铁军,耿志广,王赟文等.施用杀虫剂防治害虫对紫花苜蓿种子产量的影响.草业科学,2009,26(11):143-147.
[13] Canode C L. Grass-seed production in the intermountain pacific north-west, USA. In Seed Production. Hebblethwaite P D ed. London, 1980, 189-202.
[14] Chilcote D O, Youngberg H W, Stanwood P C et al. Postharvest residue burning effects on perennial grass development and seed yield. In Seed Production. Hebblethwaite P D ed. Butterworths London, 1980,91-103.
[15] Fairey D T, Hampton J G. Forage Seed Production I. CAB International,1997.
[16] Fallcowski M, Kululka I, Kozlowski S. Relationship between the number of generative shoots and the yield of seed grasses. J Appl Seed Prod, 1987, 5:62.
[17] Hacquet J. Genetic variability and climatic factors affecting lucerne seed production. J Appl Seed Prod, 1990, 8:59-67.
[18] Hampton J G, Tairey D T. Components of seed yield in grasses and legumes. In Forage Seed Production I Fairey D T, Hampton J G ed. CAB International,1997.
[19] Hampton J G,Hebblethwaite P G, A comparison of the effects of growth retardants paclobutrazol (PP333) and flurprimidol (EL500) on growth, development and yield of *Lolium perenne* grown for seed. J Appl Seed Prod, 1985,3:19-23.
[20] Hampton J G. Effect of nitrogen rate and time of application on seed yield in perennial ryegrass cv. Grasslands Nui. NZ J Exp Agr, 1987,15:9-16.
[21] Hare M D, Lucas R J. Grasslands Maku lotus seed production. J Appl Seed Prod, 1984,2:58-62.
[22] Hare M D. Seed production in tall fescue (*Festuca arundinacea* Schreb.): PhD thesis. Massey University,1992.
[23] Hebblethwaite P D. Seed Production, Butterworths London-Boston,1980.
[24] Heide O H. Control of flowering and reproduction in temperate grasses. New Phytol, 1994, 128:347-362.

[25] Hill M J, Watkin B R. Seed production studies on perennial ryegrass, timothy and prairiegrass. J Brit Grassl Soc,1975,30:63 - 71.
[26] Lorenzetti F. Achieving potential herbage seed yields in species of temperate regions, Proc. 17th Int. Grassl. Congr N Z, 1993, 1621 - 1628.
[27] Meijer W J M. Influence production in plants and seed crops of *Poa pratensis* L. and *Festuca rubra* L. as affected by juvenility of roller density. Netherl J Agric Sci, 1984, 32:119 - 136.
[28] Norderstgaard A. The effects of quantity of nitrogen, date of application and the influence of autumn treatment on the seed yield of grasses. In Seed Production. Hebblethwaited P D ed. London, 1980, 105 - 120.
[29] Ryle G J A. Effects of light intensity on reproduction in S48 timothy (*Phleum pratense* L.). Nature, 1961, 10:176 - 197.
[30] Ryle G J A. Physiological aspects of seed yield in grasses, In The Growth of Cereals and Grasses. Milthorpt F L, Ivins J D ed. London: Butterworths, 1966, 106 - 120.
[31] Rolston M P. Cocksfoot seed crop tolerance to herbicides applied to seedling and established stand. J Appl Seed Prod, 1991, 9:63 - 68.
[32] Shelton H M, Humphreys L R. Effect of variation in density and phosphate supply on seed production of *Stylosanthes humilis*. J Agric Sci Canb, 1971,76:325 - 331.
[33] Skepasts A V, Taylor D W, Bowman G T. Alfalfa seed production in northern Ontario. Highl Agri Res Ontario, 1984,7:15 - 17.

Chapter 9

第 9 章

牧草种子审定

种子审定(seed certification)是在种子扩繁生产过程中，保证植物种或品种基因纯度及农艺性状稳定、一致的制度或体系。种子审定通过对种子生产申请、田间管理、收获、加工、检验、销售等各个重要环节的行政监督和技术检测检查，对种子生产和经营的全过程加以控制，从而保证牧草优质品种种子的生产、推广和应用。在我国，种子审定也被翻译为“种子注册”、“种子证明”、“种子登记”、“种子签证”、“种子证书”及“种子认证”等。

9.1 种子审定的意义

9.1.1 种子的品种质量

作为农牧业生产最基本的生产资料，种子的质量是影响其种用价值最重要的特征。种子的质量一般包括两方面的内容：首先是其种用质量(seeding quality or sowing quality)，主要表示种子用于播种时的价值，常用种子的物理净度、发芽力、含水量等一些室内常规检验指标来表示；其次是种子的品种质量(varietal quality)，指种子在基因构成以及遗传稳定性方面的质量，常通过品种审定以及田间检验来判定。

对于选育的品种特别是人工育成的杂交品种，由于在不断的世代繁育过程中遗传物质会产生交流，基因构成发生变化，品种的培育性状相应改变。这种状况经若干个世代后，品种在基因纯度和遗传一致性方面就会发生明显的变化，其优良的表观农艺性状也会随之消失。此时品种的优良特性发生了退化，种子的品种质量也下降。而种子审定正是为防止和减缓这一过程的发生而设计的种子质量保证制度。

种子的审定是伴随着牧草育种工作迅速发展，大量新品种相继问世而发展起来的。19 世纪末到 20 世纪初，新品种的种子繁殖和发放都由育种者或育种单位完成。由于植物育种站、农业试验站的工作人员和育种者人数有限，以及这些单位和个人土地面积的局限，仅能生产少量的种子，限制了新品种的繁殖速度和发放数量。育种工作者或单位将所选育的新品种交给农民(种植者)进行种子繁殖。在种植者生产种子的过程中，由于缺乏新品种种子生产的田间管理经验和实践，往往造成种子浪费、混杂等问题，使优良品种迅速退化，所生产的种子失去了真正的价值。为了防止这样问题的发生，欧洲和北美几乎同时在 20 世纪初开始施行了种子审定制度，如瑞士在 1910 年前后、美国在 1910—1920 年期间，普遍开始实行了种子审定制度。随后，新西兰和澳大利亚等国也相继实行了这一制度。

种子审定制度的正式确立是在 1919 年的芝加哥会议上，由加拿大和美国的有关代表重点讨论了种子生产和经营方面的问题，组织成立了“国际作物改良协会”(International Crop Improvement Association, ICIA)，该协会成为当时签发美加两国种子审定证书的权威机构。1969 年，“国际作物改良协会”(ICIA)更名为“官方种子审定机构协会”(Association of Official Seed Certifying Agencies, AOSCA)，并由此进一步确立了它在美国和加拿大种子生产管理中的地位。

9.1.2 种子审定的主要目的

种子审定是为保持新品种的优良性状，促进新品种生产和经营的一套制度。种子审定的主要目的是确保植物种或品种在世代繁殖过程中所生产种子的基因纯度和一致性。种子审定按照一定的法规、条例或标准，对于以种子生产为目的的田间和设备进行一系列的审查、检查和监督，以保证所生产出来的种子在品种特异性方面能维持一定的标准。种子审定的主要任务是有组织、有计划地繁殖和保护优良品种，并将其快速推广以及不断提供精心保持的高纯度原种材料。

种子审定对于品种的基因保持和防止混杂，对于良种的正确繁殖，对于种子生产都具有重要的指导和实践意义。种子审定可以确保种子生产者和用种者的利益，使良种得到更广泛更持久的运用，种子审定还使种子市场规范化，促进种子贸易的发展。

9.1.3 种子审定的主要内容

种子审定是为了保证用种者的利益，确保品种在种子繁殖的各代中保持其基因纯度和农艺性状的一致性。为实现这一目的，一套完整的种子审定制度应包括以下几个方面的内容。

1. 种子审定的机构以及组织管理

种子审定是一个国家农业法规的一项重要内容，实施种子审定制度要有一套完整的组织机构和法规程序。主要包括专门的种子审定机构、审定所要求各项目的最低质量标准以及根据上述标准要求所制定的田间检验、种子加工、种子检验、种子封装等各项程序。种子审定的执行机构一般为政府部门或政府部门的授权机构，其必须为独立于种子生产者和种子使用者的单位或机构，以保证其行使职权时的独立性和公正性。新西兰的种子审定由农渔部国家种子审定局完成，英国由全国种子审定局完成。美国种子审定由各州的种子审定机构完成，根据美国联邦种子法规定，由州、地区或领地法律授权的种子审定机构是进行官方种子审定的单位。我国目前尚未建立种子审定机构，种子审定中的部分任务内容一般由种子检验站来完成。

2. 种子审定的标准

种子审定的标准常以国家或地区的“种子法”以及有关种子审定的法律条文为准，对于每一种植物都有具体的规定。一个国家所生产的审定种子要想进入国际市场，必须以国家为代表加入“经济协作与发展组织”(Organization of Economic Cooperation and Development，OECD)，并使本国的种子审定标准符合该组织的最低标准。“经济协作与发展组织”对于进入国际贸易的牧草种子和油料作物种子制定了“牧草和油料作物品种种子审定规程”。欧洲经济共同体(European Economic Community，EEC)制定了欧共体范围内的种子审定规程，其中包括牧草种子审定规程。此外，北美(主要是美国和加拿大)还有官方种子审定机构协会(AOSCA)的种子审定标准(AOSCA 种子审定手册)。

3. 种子审定的程序及方法

种子审定一般要经过种植者申请、审定机构登记核实、田间检查、种子收获加工的监督检查及实验室检验、签发证书等一系列程序。种植者申请进行某一等级的种子生产后，审定机构要登记造册，并派出人员对进行繁殖的种子来源进行审查；对进行种子生产的田块种植史(前作)以及隔离措施进行调查和核实;在植物生长季节要对种子生产田进行田间检查;在种子收获时对种子收获、清选、加工机械和过程进行监督和认可;对所收获种子进行质量检验。如上述的任何一项程序不能得以通过,则应即时取消该种子批的审定资格,终止审定程序。如该种子批通过所有程序,达到了一定的标准,则签发相应颜色的审定标签,表明种子属于某一特定的审定等级。

9.2 牧草种子审定资格及等级

9.2.1 种子审定资格

审定机构依据种子审定规程,对不同品种的种子进行审定。这一品种必须是已被国家品种登记部门或其他有关部门批准,并列入审定机构种子审定名录的种子。除此之外,种子审定时还应提供下列有关信息:

(1)品种名称,包括种名(普通名和拉丁名)。

(2)品种的起源和育种程序的详细说明。

(3)品种特征的详细描述,包括植株和种子形态、生理和其他特征,以区别于同一种的其他品种。

(4)品种表现性能和证明材料,包括产量、抗虫、抗病及其他说明品种性能指标的实验和评定结果。

(5)品种适应区域和使用目的的说明,包括育种者已试验和已推广及商品化的地区和国家范围。

(6)保持原种计划和程序的说明,包括品种繁殖的代数。

(7)标准种子样品,代表进入市场的品种的种子样品。

满足以上要求的种子才可被种子审定机构批准进行种子审定。

9.2.2 审定种子的等级

从育种者手中极少量的种子开始,一直到生产出大量的商品用种子,其间一般要经过数代的繁殖扩增(图 9-1)。由于各国对各代种子的要求和标准不同,在种子审定中采用的等级划分也有所不同,大多数国家或组织一般将审定种子分为四级,个别的分为三级或五级(表 9-1)。

(1)育种家分离种子(breeders isolation)　指育种家完成品种选育后所得到的极少量种子。一般由育种者自己保存和生产,不进入流通市场。

(2)核心种子(nucleus seeds)　也称前育种家种子(pre-breeder seeds),由育种家分离种子繁育而来,少量的半商业化种子,一般由育种家所在的机构生产。

(3)育种家种子(breeders seeds)　育种家种子是由育种者(个人、单位或设计者)培育出来,并由育种者直接控制生产的种子。育种家种子由核心种子(前育种家种子)(或材料)种植而生产，是生产其他审定级别种子的原始材料。也有国家将育种家种子称之为前基础种子(pre-basic seeds)。

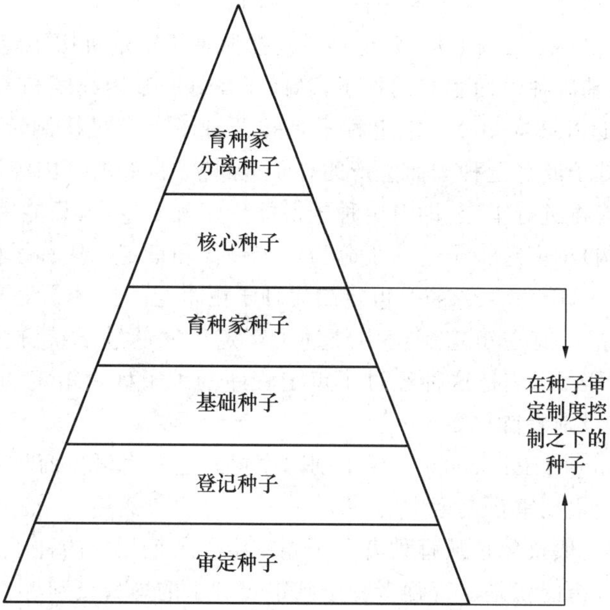

图 9-1　种子扩繁方式示意图

表 9-1　世界有关机构及其国家审定种子等级

OECD①	AOSCA(美国)②	EEC③	加拿大	新西兰	瑞典
前基础种子(pre-basic seed)	育种家种子(breeder seed)	前基础种子(pre-basic seed)	育种家种子(breeder seed)	育种家种子(breeder seed)	A(=pre-basic seed)
			精选种子(select seed)		
基础种子(basic seed)	基础种子(foundation seed)	基础种子(basic seed)	基础种子(foundation seed)	基础种子(basic seed)	B(=basic seed)
	登记种子(registered seed)		登记种子(registered seed)		
审定一代种子(certified seed, 1st generation)	审定种子(certified seed)	审定一代种子(certified seed, 1st generation)	审定种子(certified seed)	审定一代种子(certified seed, 1st generation)	C1(=certified seed, 1st generation)
审定二代种子(certified seed, 1st generation)		审定二代种子(certified seed, 1st generation)		审定二代种子(certified seed, 1st generation)	C2(=certified seed, 2nd generation)
		商品种子(commercial seed)			H(=commercial seed)

注：①OECD，联合国经济协作与发展组织；②AOSCA，北美官方种子审定机构协会；③EEC，欧洲经济共同体。

(4)基础种子(basic seeds 或 foundation seeds) 基础种子是在育种者(个人、单位或设计者)或其代理的指导和监督下,按照种子审定机构制定的程序,由选定的种植者种植育种家种子或基础种子而生产的种子,确保了这些种子的基因纯度和真实性。

(5)登记种子(registered seeds) 登记种子是按照种子审定机构制定的程序,由种子种植者种植育种家种子或基础种子而生产的种子,确保了良好的基因纯度和真实性,可自由销售。

(6)审定种子(certified seeds) 审定种子是按照种子审定机构制定的程序,由种植者种植育种家种子、基础种子或登记种子而生产的种子,保持了良好的基因纯度和真实性。审定种子可自由出售,但不能再进行审定,即审定种子不能用于种子生产,只能用于草地建植。

有些国家(或机构)将审定种子进一步分为审定一代和审定二代种子(first generation and second generation of certified seeds)。审定二代种子由审定一代种子生产获得。

应注意,有时也把所有在审定制度中经过了审定程序的种子统称为审定种子(certified seed)。为使二者有所区分,应把这种经过了审定程序的种子称为审定的种子,而将上述的审定种子作为一个种子级别看待。

(7)商品种子(commercial seeds) 仅个别国家提到这一术语。商品种子为由最末一代审定种子生产的、不能进入到审定制度中的种子。

种子审定制度中一般仅包括从育种者种子到审定种子范围内的种子。所谓的三级、四级、或五级种子审定制度,指的就是从育种者种子到审定种子的划分级别。

根据植物或种子生物学和遗传学等方面的不同,有的国家可以同时有两种不同的种子审定级别系统。如美国爱达荷州种子审定规程规定一部分牧草品种的种子为三级种子审定等级,另一部分牧草品种为四级种子审定等级。

9.3 种子审定的标准和要求

种子审定的主要内容包括对种源、种子田、所收获种子的质量控制,其对种子田的用种、田间管理以及种子的收获与加工都有一些特殊而具体的要求,审定种子的等级不同,这种要求也有差异,具体要求常以法规或标准的方式出现。

9.3.1 牧草种子审定的种子田管理

9.3.1.1 种子田的前作要求

为了防止同种不同品种或近缘种之间的基因污染,要求进行审定的牧草种子田在种植所审定品种之前的一段时间内不得种植同种的其他品种或近缘种。同种牧草不同品种的前作撒落在土地中的种子在下一个生长季(新品种播种年份)萌发后形成的植株在外部形态上与所种植的品种相似或相同,很难防除,易造成基因污染。一般一年生牧草或作物需间隔 1 年,但具硬实种子的牧草要求间隔 4 年。北美官方种子审定机构协会的规程中要求三叶草生产基础种子间隔 5 年,登记种子间隔 3 年,审定种子间隔 2 年(表 9-2)。紫花苜蓿、百脉根、三叶草、胡枝子等豆科牧草,除满足间隔期限外,必须在播种当年确认无同种的不同品种在田间出现。

表 9-2　种子审定对前作、隔离、污染植物和种子质量的要求(AOSCA,1971)

牧草	基础种子				登记种子				审定种子			
	前作[①]/年	隔离[②]/英尺	污染植物[③]/株	种子纯度[④]/%	前作/年	隔离/英尺	污染植物/株	种子纯度/%	前作/年	隔离/英尺	污染植物/株	种子纯度/%
紫花苜蓿	4	600	1 000	0.1	3	300	400	0.25	1	165	100	1.0
紫花苜蓿杂交种	4	1 320	1 000	0.1	—	—	—	—	1	165	100	1.0
百脉根	5	600	1 000	0.1	3	300	400	0.25	2	165	100	1.0
三叶草(所有种)	5	600	1 000	0.1	3	300	400	0.25	2	165	60	1.0
禾本科牧草(异花授粉种)	5	900	1 000	0.1	1	300	100	1.0	1	165	50	2.0
(80%无融合生殖或自花授粉种)	5	60	1 000	0.1	1	30	100	1.0	1	15	50	2.0
胡枝子	5	10	1 000	0.1	3	10	400	0.25	2	10	100	1.0
燕麦	1	0	3 000	0.2	1	0	2 000	0.3	1	0	1 000	0.5

注:①前作指同种不同品种,表中所列是它们之间在同一块地上种植生产审定种子所需间隔年数;②紫花苜蓿的隔离距离为种子田大于 5 英亩(1 英亩 $=4\ 046.86\ m^2$)的隔离距离,如果小于或等于 5 英亩的种子田隔离距离分别为:基础种子田 900 英尺(1 英尺 $=0.304\ 8$ m),登记种子田 450 英尺;③污染植物(其他品种或异株)出现一株(或一个生殖枝)时田间种植牧草的最低株数(或生殖枝数);④种子纯度指其他品种或异株种子出现的最大百分数。

9.3.1.2　种子田的隔离

对于同种牧草的不同品种及近缘种之间在田间的布局,种子审定规程中都有严格的要求,即它们之间必须设有隔离带。隔离带可为刈割带、围篱、沟、其他种作物带或未种植带。隔离带的宽窄是根据异花授粉牧草的最小授粉距离和种植面积的大小决定的。隔离带的宽度必须保证最低程度的品种杂交,防止审定种子生产中的基因混杂。种子田面积愈小,杂交的可能性愈大,要求的隔离距离也愈宽。在 OECD 牧草和油料作物品种种子审定规程和新西兰种子审定规程中均有规定。异花授粉的禾本科和豆科牧草种子田生产育种家种子和基础种子,种子田面积小于或等于 2 hm^2,隔离带宽为 200 m,种子田面积大于 2 hm^2,隔离带宽 100 m;生产登记种子和审定种子,种子田面积小于或等于 2 hm^2,隔离带宽 100 m,种子田面积大于 2 hm^2,隔离带宽为 50 m。自花授粉的牧草,同种不同品种间要求的隔离带一般为 3 m 或一条犁沟或播种行的宽度。这种隔离的主要目的是为了防止收获期造成的机械混杂。

此外,禾本科牧草生产同一品种的不同审定等级种子的种子田,隔离距离可缩短 25%,紫花苜蓿和三叶草生产同一品种不同审定等级的种子田隔离距离仅为 3 m;禾本科牧草和三叶草中,二倍体品种与四倍体品种之间的隔离距离应为 5 m;不同的牧草其隔离距离的要求也有一定的差异(表 9-2,表 9-3),如雀麦属的牧草要求与其他雀麦品种的隔离带为 20 m;喜湿虉草的品种要求与其他品种或虉草属其他种的隔离带为 100 m。

9.3.1.3　审定种子的繁殖世代数

由图 9-1 可以看到,在种子审定制度下审定等级是自上而下逐级生产繁殖的,也即由育种家种子生产出基础种子,由基础种子生产出登记种子,再由登记种子生产出审定种子。对大多数植物种类来讲,这样的生产系统既经济又能保证生产出来的各级种子质量。但在有些情况下(如植物的繁殖系数特别高),可以隔级进行繁殖生产。例如,可以用基础种子直接生产审定种子，而不经登记种子这一级。在审定过程中，若发现某一级种子达不到欲生产级别种子的质量要求，也可以将其降级，如原本计划用基础种子生产登记种子，但在检验（田间检验或室内检验）中发现其生产出来的种子达不到登记种子的标准，则可以将其降级作为审定种子使用（前提必须是其达到审定种子的质量标准或要求）。

表 9-3　各种牧草种子田的隔离距离(MAF,1994)　　m

牧草名称	审定种子等级							
	育种家种子		基础种子		审定一代		审定二代	
	≤2 hm^2	>2 hm^2	≤2 hm^2	>2 hm^2	≤2 hm^2	>2 hm^2	≤2 hm^2	>2 hm^2
雀麦属①	20	20	20	20	20	20	—	—
蓟股颖	200	100	200	100	100	50	—	—
菊苣	100	100	100	100	100	100	—	—
红三叶	200	100	200	100	100	50	100	50
白三叶	200	100	200	100	100	50	—	—
鸭茅	200	100	200	100	100	50	—	—
洋狗尾草	200	100	—	—	100	50	—	—
高羊茅②	200	100	200	100	100	50	—	—
细羊茅③	200	100	200	100	100	50	—	—
百脉根	200	100	200	100	100	50	100	50
紫花苜蓿	200	100	200	100	100	50	100	50
羽扇豆④	—	—	100	100	100	100	100	100
毛花雀稗⑤	100	100	100	100	100	100	—	—
喜湿藕草⑤	100	100	100	100	100	100	—	—
多花黑麦草⑥	200	100	200	100	100	50	—	—
多年生黑麦草⑥	200	100	200	100	100	50	—	—
猫尾草	200	100	200	100	100	50	—	—
绒毛草	100	100	100	100	100	100	100	100

注：①与雀麦属任何其他品种的隔离距离；②育种家种子和基础种子田中与其他高羊茅品种和黑麦草的隔离距离，与细羊茅的隔离距离为 5 m，审定一代种子中为与其他高羊茅品种的隔离距离，与黑麦草的隔离距离为 20 m，与细羊茅的隔离距离为 5 m；③为与其他紫羊茅品种的隔离距离，与高羊茅和黑麦草的隔离距离为 5 m；④与羽扇豆属其他品种间的隔离距离；⑤毛花雀稗中指与毛花雀稗其他品种或雀稗属其他种之间的隔离距离，喜湿藕草中指与其他喜湿藕草品种或藕草属其他种之间的隔离距离；⑥育种家种子和基础种子指与其他黑麦草品种和高羊茅的隔离距离，与紫羊茅为 5 m，审定一代种子中指与其他黑麦草品种的隔离距离，与高羊茅为 20 m，与紫羊茅为 5 m。

为了减少审定种子生产中品种的基因变异或污染，必须限制种子繁殖的世代数。特别是在原产地以外的地区进行种子繁殖，变化了的环境条件会对品种的纯度产生影响，种子生产的世代数不宜过长。一般牧草种子繁殖不超过 3 个世代，从播种育种家种子开始，生产一代基础种子，由基础种子生产一代登记种子，由登记种子生产一代审定种子。美国各州的种子审定中将紫花苜蓿、红三叶、鸭茅和雀麦某些品种的登记种子世代取消，减少了影响品种纯度的污染介入机会。多年生牧草每一世代种子生产的年数在种子审定规程中都有明确的规定，并规定该等级种子生产一定年数之后，可降级生产低一级的种子，同样也有年限的限制（表 9-4），此后再不能进入审定程序进行种子生产。如新西兰国家种子审定规程规定，白三叶育种家种子仅能收获 1 年，之后降为基础种子收获 3 年；基础种子可收获 2 年，之后降为审定一代种子收获 2 年；审定一代种子可收获 4 年。

表 9-4　多年生牧草各审定种子等级种子生产年数及降级后生产的年数(MAF,1994)

牧草名称	审定种子等级			
	育种家种子	基础种子	审定一代种子	审定二代种子
草地雀麦	1,1	1,1	2	—
高山雀麦	1,1	1,1	2	—
无芒雀麦	2,4	2,4	6	—
蓟股颖	2,4	2,4	6	—
菊苣	2,4	2,4	6	—
红三叶	1(2),3	2,2(3)	4(5)	4(5)
草莓三叶	1,4	2,3	5	—
白三叶	1,3	2,2	4	—
鸭茅	1,1	1,1	2	—
高羊茅	2,4	2,4	6	—
紫羊茅	2,4	2,4	4	—
百脉根	2,3	2,3	5	—
紫花苜蓿		3,3	3(6)	—
毛花雀稗	1,3	1,3	4	—
喜湿虉草	1,6	2,5	7	—
多年生黑麦草	1,3	2,2	4	—
猫尾草	1,6	2,6	8	—
绒毛草	1,1	1,1	2	2

注：表中育种家种子第 1 列数据为生产育种家种子的年数，第 2 列为降为基础种子生产的年数；基础种子第 1 列数据为生产基础种子的年数，第 2 列为降为审定一代种子生产的年数。

9.3.1.4　种子田田间污染植物、其他植物和杂草的控制

污染植物是指能导致种植牧草品种基因污染的植物，种子审定中又称为异株(off-type)，包括同种的其他品种、易造成异花传粉的种或品种、杂交种种子生产中易造成自花授粉的植株(或种子)。污染植物的控制除了对前作的严格限制外，在种子生产的田间管理中应加以清除。一般在污染植物开花之前用人工的方法清除种子生产田中的污染植物，以达到种子审定规程的最低标准。北美官方种子审定机构协会的种子审定规程中是以田间一定种植牧草株数所允许含污染植物的株数为指标(表 9-2)，如紫花苜蓿的基础种子仅允许田间每 1 000 株含 1 株(或生殖枝)其他品种或异株植物，登记种子每 400 株含 1 株(或生殖枝)，审定种子每 100 株含 1 株(或生殖枝)。新西兰国家种子审定规程中是以田间单位面积所允许含的污染植物株数为指标，所有牧草育种家种子和基础种子生产田田间不允许出现污染植物，审定一代或审定二代种子生产田田间仅允许每样方(12 m^2)含 1 株污染植物。联合国经济协作与发展组织“牧草与油料作物品种种子审定规程”中规定，牧草基础种子生产田每 30 m^2 内不超出 1 株污染植物，审定种子生产田每 10 m^2 内不超过 1 株。草地早熟禾有特殊的规定，基础种子生产田每20 m^2 不超过 1 株，审定种子田每 10 m^2 不超过 4 株，对于单无性系无融合生殖品种，在审定种子生产田中污染植物每 10 m^2 不超过 6 株。

其他植物是指除污染植物以外的其他植物种，包括杂草。联合国经济协作与发展组织的"牧草与油料作物品种种子审定规程"规定，基础种子生产田每 30 m² 内不超过 1 株其他种的植物，审定种子生产田每 10 m² 内不超出 1 株。对于黑麦草属内各种牧草的基础种子生产田，每 50 m² 内不超出 1 株其他种的黑麦草。某些国家或地区将某些杂草规定为恶性或有害杂草，在审定种子的生产田中明确禁止出现。美国爱达荷州种子审定规程中，牧草的种子生产田一旦发现混生具节山羊草和(或)其杂种，以后将无资格生产审定的牧草种子，并载入种子生产者档案。新西兰种子审定规程中，四倍体黑麦草和雀麦种子生产田中如发现野燕麦出现，将被拒绝审定；除白三叶、红三叶、百脉根、紫花苜蓿、萹股颖、猫尾草和洋狗尾草外，其余牧草种子生产田中如在检查期发现有野燕麦，无论是育种家种子还是基础种子都被降级到审定一代种子。恶性杂草或有害杂草必须在田间检查之前清除。

9.3.2 种子收获加工过程中的管理要求

9.3.2.1 种子的收获与清选

种子收获时必须最大限度地防止混杂，联合收割机或脱粒机在使用之前要进行彻底的清理，防止其他植物种子混入审定的种子中。为保险起见，开始脱粒的种子或开割时的种子可弃去(5 袋左右)。

清除杂草种子、内含物的种子清选过程必须按照种子审定规程的规定进行。清选机和其他设备(漏斗、流出槽、升降机)必须在清选作业前彻底清理，以除去之前使用时所残留的种子，清理过程需在审定机构代表的监督下进行，或直接使用已被审定机构批准的清选设备。种子清选也可由被审定机构认可批准的单位承担，凡被审定机构认可的种子清选单位必须遵守审定规程，在清选中要能保持种子的真实性，保证不造成种子的机械混杂，并对接收的种子批、清选操作过程及最终清选出的种子作详细的记录，允许审定机构对所有清选种子记录进行检查，包括审定的和非审定的种子。

9.3.2.2 审定种子质量要求

审定的种子清选后必须达到相应种类和审定等级种子的最低质量标准(表 9-5，表 9-6)。

表 9-5 主要豆科牧草审定种子质量标准(AOSCA，1971) %

种 名	净种子(最低)	内含物(最高)	杂草种子(最高)			发芽率(最低)	其他作物种子(最高)			其他品种(最高)		
	F,R,C	F,R,C	F	R	C	F,R,C	F	R	C	F	R	C
箭叶三叶、绛三叶	98.00	2.00	0.25	0.25	0.50	85.00	0.20	0.50	1.00	0.10	0.25	1.00
红三叶	99.00	1.00	0.15	0.15	0.25	85.00	0.20	0.50	1.00	0.10	0.25	1.00
草莓三叶	99.00	1.00	0.20	0.20	0.20	85.00	0.20	0.50	1.00	0.10	0.25	1.00
白三叶、杂三叶	99.00	1.00	0.10	0.25	0.50	85.00	0.20	0.50	1.00	0.10	0.25	1.00
草木樨	99.00	1.00	0.25	0.25	0.50	80.00	0.20	0.50	1.00	0.10	0.25	1.00
紫花苜蓿	99.00	1.00	0.10	0.20	0.50	80.00	0.20	0.35	1.00	0.10	0.25	0.50

注：F 为基础种子；R 为登记种子；C 为审定种子。紫花苜蓿种子中草木樨种子含量基础种子每磅(1 磅=0.453 6 kg)不超过 9 粒，登记种子每磅不超过 90 粒，审定种子每磅不超过 180 粒。

若低于标准的要求，将被降低等级或被拒绝贴签。但可重新清选，若达到要求的标准，可进行重新审定。

表 9-6　禾本科牧草审定种子质量标准(AOSCA，1971)　　%

牧草	授粉类型[1]	内含物(最高)		杂草种子(最高)		净种子[3](最低)		发芽率[4](最低)	禁止杂草种子[5](最高)	其他作物种子(最高)		
		F,R[2]	C	F,R	C	F,C	C	F,R,C	F,R,C	F	R	C
巴哈雀麦	C 和 A	35.00	35.00	0.50	1.0	65.0	65.0	70	无	0.20	1.00	2.00
蓟股颖	C	4.0	4.0	0.30	0.50	96.0	90.0	80	无	0.20	1.00	2.00
大早熟禾	A	10.0	10.0	0.30	0.50	90.0	90.0	70	无	0.20	1.00	2.00
草地早熟禾	C 和 A	10.0	15.0	0.30	0.50	90.0	85.0	75	无	0.20	1.00	2.00
大须芒草	C			1.0	3.0	25	25		无	0.20	1.00	2.00
小须芒草	C			1.0	3.0	12	12		无	0.20	1.00	2.00
沙须芒草	C			1.0	3.0	20	20		无	0.20	1.00	2.00
白羊草	A 和 S			0.30	0.50	12	12		无	0.20	1.00	2.00
山地雀麦	S	10.0	10.0	0.30	0.50	90.0	90.0	85	无	0.20	1.00	2.00
无芒雀麦	C	15.0	15.0	0.30	1.0	85.0	85.0	80	无	0.20	1..00	2.00
野牛草	C(种球)			0.30	0.50	8	8		无	0.20	1.00	2.00
	C(脱壳)			0.30	0.50	60	60		无	0.20	1.00	2.00
虉草	C	4.0	4.0	0.30	0.50	96.0	96.0	75	无	0.20	1.00	2.00
毛花雀麦	A	60.0	60.0	0.50	1.0	40.0	40.0	50	无	0.20	1.00	2.00
羽状针茅	S(未处理)	20.0	20.0	0.30	0.50	80.0	80.0	15	无	0.20	1.00	2.00
	S(处理)	20.0	20.0	0.30	0.50	80.0	80.0	65	无	0.20	1.00	2.00
匍匐紫羊茅	C	2.0	2.0	0.30	0.50	98.0	98.0	80	无	0.20	1.00	2.00
草地羊茅	C	5.0	5.0	0.30	0.50	95.0	95.0	80	无	0.20	1.00	2.00
紫羊茅	C	2.0	2.0	0.30	0.50	98.0	98.0	80	无	0.20	1.00	2.00
羊茅	C	5.0	5.0	0.30	0.50	95.0	95.0	80	无	0.20	1.00	2.00
高羊茅	C	5.0	5.0	0.30	0.50	95.0	95.0	80	无	0.20	1.00	2.00
苇状看麦娘	C	20.0	20.0	0.50	0.50	80.0	80.0	80	无	0.20	1.00	2.00
格兰马草	C			0.30	0.50	24	24		无	0.20	1.00	2.00
垂穗草	C 和 A			1.0	3.0	30	30		无	0.20	1.00	2.00
喜湿虉草	C	4.0	4.0	0.30	0.50	96.0	96.0	75	无	0.20	1.00	2.00
印度落芒草	C	15.0	15.0	0.30	0.50	85.0	85.0	1	无	0.20	1.00	2.00
拟高粱	C			1.0	3.0	25	25		无	0.20	1.00	2.00
结缕草	C	10.0	10.0	0.30	0.50	90.0	90.0	70	无	0.20	1.00	2.00
沙生画眉草	S	3.0	3.0	0.50	1.50	97.0	97.0	80	无	0.20	1.00	2.00

续表 9-6

牧草	授粉类型[①]	内含物（最高）		杂草种子（最高）		净种子[③]（最低）		发芽率[④]（最低）	禁止杂草种子[⑤]（最高）	其他作物种子（最高）		
		F,R[②]	C	F,R	C	F,C	C	F,R,C	F,R,C	F	R	C
弯叶画眉草	S	3.0	3.0	0.30	0.50	97.0	97.0	80	无	0.20	1.00	2.00
鸭茅	C	15.0	15.0	0.30	0.50	85.0	85.0	80	无	0.20	1.00	2.00
柳枝大黍	C	10.0	10.0	0.50	1.50	90.0	90.0	60	无	0.20	1.00	2.00
高燕麦草	C	15.0	15.0	0.30	0.50	85.0	85.0	70	无	0.20	1.00	2.00
猫尾草	C	3.0	3.0	0.30	0.50	97.0	97.0	80	无	0.20	1.00	2.00
蓝丛冰草	C	15.0	15.0	0.30	0.50	85.0	85.0	80	无	0.20	1.00	2.00
扁穗冰草	C	10.0	10.0	0.30	0.50	90.0	90.0	80	无	0.20	1.00	2.00
沙生冰草	C	10.0	10.0	0.30	0.50	90.0	90.0	80	无	0.20	1.00	2.00
中间冰草	C	10.0	10.0	0.30	0.50	90.0	90.0	80	无	0.20	1.00	2.00
毛偃麦草	C	10.0	10.0	0.30	0.50	90.0	90.0	80	无	0.20	1.00	2.00
粘穗披碱草	S	15.0	15.0	0.30	0.50	85.0	85.0	80	无	0.20	1.00	2.00
蓝茎冰草	C	15.0	15.0	0.30	0.50	85.0	85.0	60	无	0.20	1.00	2.00
高冰草	C	10.0	10.0	0.30	0.50	90.0	90.0	80	无	0.20	1.00	2.00
加拿大披碱草	S	15.0	15.0	0.30	0.50	85.0	85.0	70	无	0.20	1.00	2.00
灯心草状新麦草	C	10.0	10.0	0.30	0.50	90.0	90.0	80	无	0.20	1.00	2.00

注:①C 为异花授粉,S 为自花授粉,A 为无融合生殖。②F 为基础种子,R 为登记种子,C 为审定种子。③净种子中不带小数点的数据为净活种子指数。用于种子审定中,标签上必须标明发芽率、硬实种子和净度。净活种子指数等于净种子的百分数乘以发芽百分数(包括硬实种子)除以 100。④印度落芒草的发芽率为四唑法(TZ)测定 70%或发芽检验 1%。⑤未脱壳禾本科牧草种子中禁止杂草种子为田蓟、菟丝子、马蓴麻、银叶茄、阿拉伯高粱、乳浆大戟、苦荬菜、匍匐冰草、俄罗斯矢车菊、灰毛水芹、毛果群心菜、鸦蒜、田旋花,还有各州(省)所规定的禁止杂草。

9.4 牧草种子审定程序

种子审定程序包括种植者申请、审定机构审核和检查检验(包括田间检验和室内检验,以及生产加工机械和环境监督等)、审定机构核发标签等主要环节(图 9-2)。

9.4.1 申请

凡准备种植或已种植牧草作为生产某一审定等级种子的种子生产者每年都得向种子审定机构申请进行种子的审定。申请者要填写由种子审定机构编制的“种子审定申请表”。申请表的内容包括:申请者的姓名、住址、通信地址、单位、电话、联系人以及种子生产者(如果申请者与生产者非同一人)、种子生产农场的名字和地址;所付审定经费的类别、数目;申请审定牧草的种名、品种名以及品种的起源和育种程序（需证明材料）、品种的形态描述和适应性材料（证明材料）等，以及将要播种的种子产地、数量、等级、批号、准备播种的日期；种子生产田的种植史（前几年种植的牧草或作物品种名、年限，需证明材料），种子田具体位置（地图标明）；种子清选单位、地点；生产基础种子者与育种者之间签订的合同等。最后由申请者签名，保证所填内容真实。申请的同时向种子审定机构提交标准种子样品。小粒牧草约为 100 g，大粒牧草约为 500 g，并对发芽率有一定的要求，由审定机构长期保存，必要时进行对照检验。

种子审定机构根据审定规程的要求对申请表及申请人提供的材料进行审查，并核查列入审定名录的牧草品种。凡已列入名录的品种，申请材料又符合要求的，将被批准进行审定，不符合规定要求者将被驳回，拒绝进行审定。

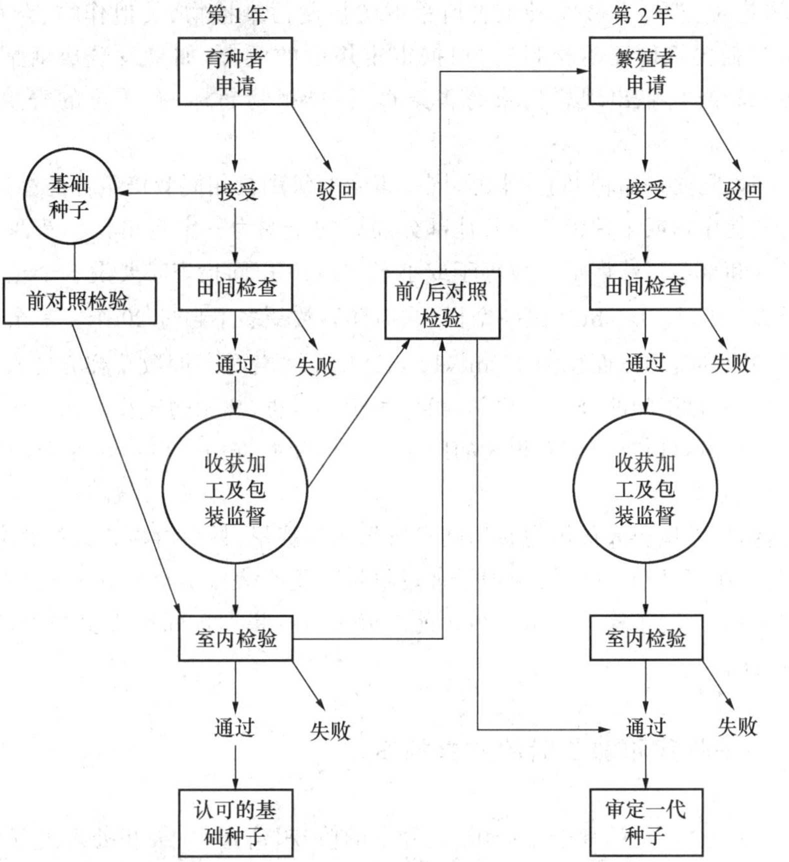

图 9-2　种子审定的一般程序（Thomson，1979）

9.4.2　田间检查

种子的审定申请被批准后，审定机构将派出经过专门培训的田间检查人员进行田间现场检查。牧草田间检查每年至少要进行 1 次，一般播种的第一年进行种苗检查，之后每年在牧草的不同生育期进行检查。豆科牧草在盛花期检查 1 次，或开花前检查 1 次、开花期检查 1 次；禾本科牧草在抽穗后及收获之前检查 1 次。

检查人员要熟悉被审定品种的特征和特性，审定机构将为检查人员提供品种审定标准和其他有关的文件。根据文件和种植者提供的情况，检查人员首先要核查品种的名称及种子批号、种植地点和面积。通过检查种植者保留在田间的标牌，证实种子批的真实性。进入田间时，随机取 100 个生殖枝，以验证品种名是否与申请的品种名相符。若品种的真实性无法确认或种植地点不符，检查员有权拒绝田间检查。其次，检查隔离是否合乎标准，根据种子审定中对各种、品种及审定等级的隔离要求，进行田间隔离距离，以及障碍隔离中的树篱、沟、渠和道路等的检查。如隔离距离太短，易造成审定种子的基因污染，检查人员也可拒绝继续检查。第三，检查牧草的生长发育、污染植物、其他作物、杂草及病虫害感染等情况，检查田间被审定品种植株的成活情况、活力状况、均一性等指标，同时通过样方法进行污染植物、其他作物、杂草及病株的测定和记录，并核实种植者所采取的控制污染植物、其他作物、杂草及病虫害的措施(部分项目需要提供证明材料)。根据审定规程的要求，如果发现成活情况差、活力过差、均一性差、杂草过多、出现恶性或有害杂草、污染植物超标、有严重的寄生虫或病出现，可拒绝审定。

田间检查时，凡同一品种、同一来源、同一审定等级和具相同栽培条件的相连的，并以刈割带、围篱、沟、其他作物或未种植带与其他部分隔离的田块为一审定单位。新西兰种子审定规程规定，白三叶和草莓三叶审定单位等于或小于 2 hm^2，田间检查时要设 5 个至少 12 m^2 的样方，如果大于 2 hm^2，每 0.5 hm^2 设一个样方，但样方数最多不超过 20 个。其余牧草的样方设置方法与白三叶相同，样方面积为 10 m^2(10 m×1 m)。各种不同牧草样方的大小和数目都有不同的规定。样方在田间的分布要均匀，田块边缘的样方，离田边至少 5 m。在选取样方的过程中，行走方式对田间检查结果有很大的影响。在田间检查中可以参照联合国粮农组织推荐的一些田间检查方法。

田间检查结果由检查人员填写在田间检查结果表格里，最后由检查人员签名(如两名检查人员需都签名)，注明日期，立即交回种子审定机构。检查表中务必强调检查是按规程规定方法完成的，结果真实，置于检查人员签名之前。审定机构根据田间检查报告表，决定是否签发田间检查合格证。

9.4.3 种子收获和加工时的监督检查

获得田间检查合格证的种子生产田，在种子的收获、清选、分级和处理过程中将进一步受到种子审定机构的监督。对已获得田间检查合格证的种子田，种子审定机构的代表有权力检查收获的种子批，并对任何未做品种认定、没有有效防止混杂或未达到审定标准的种子批有权拒绝审定。

在种子被收获后运离田间之前必须进行品种认定，品种认定的目的是确认运走的种子确系申请者申请审定的品种，可由种植者自己在包装袋或运输车上粘贴审定机构的品种认定签或由审定机构的代表粘贴，之后运往清选单位或运往贮藏地点。种子清选往往是由审定机构授权的单位或批准的清选机械进行。如清选机械未获审定机构的批准，则由审定机构派出代表监督清选过程。种子清选机构负责种子的清选、分级和处理。被审定机构授权的种子清选单位的清选程序和标准要按照种子审定规程进行。

9.4.4 种子的室内检验

清选之后的种子，由经过专门培训的扦样员按照一定的程序(国家种子质量检验规程或国际种子检验规程)进行扦样。样品的一部分由种子审定机构保留，一部分作对照检验，最后一部分送往种子审定机构的种子质量分析室或官方种子质量检验站进行种子质量检验。种子必须全面达到相应等级审定的种子最低质量标准，若种子某一质量指标低于要求的标准，将被降低审定的种子等级或拒绝审定。未达到一定标准的种子批可重新清选，以达到要求的标准，并按原来田间检查的种子审定等级进行审定。

9.4.5 贴签和封缄

只有通过申请审查、田间检查、收获和加工监督及室内检验，并达到了种子审定规程所有要求的种子才能成为审定的种子。审定的种子应按照种子审定规程要求用新袋或新容器重新包装、封缄。每个装种子的容器以认可的方式贴上官方审定的种子标签(或将标签内容印在容器上)，之后进入销售系统。如果种子以散装的形式出售，种子拥有者或仓库管理者必须按照种子审定规程的要求进行合理的管理，使审定的种子在起运之前保持其真实性。种植者和种子商必须出示他们控制散装种子能力的证明材料。标签的粘贴和封缄应在种子审定机构的监督下进行。

贴于种子袋或容器上的标签起证明种子基因纯度、审定等级和种子质量的作用。它表明该种子的生产、检查和处理(从收获到封装的处理)都是按种子审定规程进行的，按种子审定规程对种子的审定在贴签时已全部通过。同时还表明该牧草品种根据样品检验和外观特征，其种子已达到审定规程的要求。

标签上注明种子审定机构、种子批号、种子的种类(种名、品种名)、种子审定等级、种子生产者的登记号和统一的编号。最终审定过的种子批包括标签上的内容与种子净度和发芽率等结果一并出具一个证书。不同颜色的标签代表不同审定等级的种子(表 9-7)。种子审定标签 12 个月内有效。

表 9-7 审定种子标签或包装袋的颜色所代表的种子审定等级

(AOSCA,1971;OECD,1988;LSFS,1989;MAF,1994)

	美国	新西兰	瑞典	OECD
育种家种子		绿色(包装袋)	白色(标签)	白色带紫色斜条(标签)
(前基础种子)			白色带蓝紫色斑点(标签)	
基础种子	白色(标签)	棕色(包装袋)	白色(标签)	白色(标签)
登记种子	紫色(标签)			
审定种子	蓝色(标签)			
(审定一代种子)		蓝色(标签)	蓝色(标签)	蓝色(标签)
(审定二代种子)		红色(标签)	红色(标签)	红色(标签)
商品种子			棕色(标签)	

当通过审定的种子(贴签并封缄)从一个地区(或国家)运往另一地区(或国家)时,如这一地区(或国家)的法律要求对种子进行重新清选或要求重新贴签,则应由这一地区(或国家)的种子审定机构监督,进行开封、去除原有封缄和标签,重新加工,重新取样。样品由原种子审定机构保存一份,其余用于现种子审定机构的保存、对照检验和质量检验。符合标准后进行重新贴签和封缄,新标签重新编码,其上要包含旧标签上的所有信息,并加以重新贴签的声明。

9.4.6 对照检验

育种家种子的纯度最高,但在以后的世代繁殖过程中很容易因杂交、种子加工中的污染等过程造成后代基因纯度的降低。为了防止这种情况的继续发生,在种子审定中采取对照小区检验。对照检验分前对照小区(pre-control plots)和后对照小区(post-control plots)检验。前对照小区与种子生产者同时或先于种子生产者种植。前对照小区的种子样品来自该品种的标准样品(审定机构持有或申请审定时申请者提交的种子样品)。前对照检验结果和田间检查结果一并用于品种基因纯度的鉴定,以利早期淘汰劣质种子批。各审定种子等级都可进行前对照检验。后对照小区是种植收获的种子样品,用于与标准样品进行比较以检验田间检查的效果和后代的基因纯度。

对于所生产的基础种子、登记种子或审定种子,清选后所扦样品用于后对照检验的部分,收到后立即种植(根据季节决定)在后对照小区内,与标准品种样品种植的小区进行比较。同一品种,基础种子的后对照检验结果可用于登记种子的前对照检验,登记种子的后对照检验结果可用于审定种子的前对照检验。

9.5 野生植物种子的审定

随着社会进步、科技发展和人类活动的增加,人类对其赖以生存的自然环境造成了巨大的影响,改善生活环境、促进生态环境的可持续发展成为各界人士关注的焦点。在我国面临生态环境恶化的现实情况下,从 20 世纪末开始实施了西部大开发、退耕还林还草、退牧还草、京津风沙源治理等一系列生态建设工程,试图通过有效的治理措施逐步恢复原来的植被和改善恶化的生态环境,其中种子是实现这些措施的基本资源之一。但由于我国地域广阔、自然条件迥异,适宜于不同环境要求的种子数量和质量常常有限。尤其是在我国适宜于田间栽培的植物品种较少情况下,确保科学高效利用野生种群采集生产所需大量的植物种子,仍然是我国种子生产面临的难题。

9.5.1 野生植物种子审定的必要性

针对大范围的自然或人为造成的生态系统扰动,人们采取各种措施希望实现自然植被的恢复、再生和稳定,在公园、野生动物保护区、道路两侧、果园和居民庭院绿化中,对于当地生长野花、禾草、树木和灌木的利用不断增加,促进了对野生植物繁殖材料的需求。对于适应性广的植物种,具有种子产量高的特性,野外采集可以为植物种植提供足够的种子。然而对大多数植物种而言,从特定地区采集的植物材料仅有少量的种子,必须通过大田或苗圃栽培进行扩繁。但是种子使用者发现很难得到有关种子采集地点的准确信息。这种状况要求有第三者身份的专门机构进行检查和标签的签发工作,确认野外采集、田间或苗圃种植种质材料的来源、遗传特性和纯度,专门用于满足本地种子和植物产业的需要。

9.5.2 野生植物种子审定程序

北美的官方种子认证机构协会(AOSCA)的种子认证机构要求,种子采集者/生产者遵照已制定的规定、程序和标准去做,以确保种子消费者得到种质的一致性和纯度。野外采集的种子可以直接销售给使用者。

具体的审定程序包括:在种子收获之前准备种子采集申请文件;允许在特定土地上采集种子;在种子收获期间和之后填写地点确定记录表;在种子收获之前、期间和/或之后,进行采集地点的核实、植物和种子样品的鉴定与评价;在满足相应规定和标准后进行种子批的贴签,需要种子净度和生活力测定。

在公众认可机构制定的指南内获得的种质材料常常适合进入审定过程作为播种材料。

9.5.3 预备品种种质材料分类

植物种质材料培育的传统方法是形成品种,确定其适应性,证明其具有明显的、一致的、稳定的优良或独特的性状。但在其成为正式品种之前,AOSCA 制定相应的预备品种发布程序,有助于植物种质材料的有序调拨、生产和推广。

预备品种种质材料分类提供了与品种培育前三个阶段相并列的过程,分别为(图 9-3):

(1)源定级(source identified class) 尚未评价的种质材料,仅确定何种植物和亲本野外生长的位置。

(2)选择级(selected class) 在同种植物的种质材料或种群中,既可以通过内部筛选也可以通过普通的地点比较来选择出具有所需特性的种质材料。

(3)测试级(tested class) 通过后代检测证明所需性状具有遗传性的种质材料。

如果达到品种所要求条件,种质材料选择的过程也是品种形成发布的一条途径。AOSCA 所确定的植物种质材料类别是根据指定植物种质材料或种群的相关文件,证实其种类和来源,确认性状的遗传性、选择方法和稳定性。

9.5.4 植物种质材料的应用

经筛选的植物种质材料可按照任一种遗传途径通过预备品种种质类别而实现品种的正式发布。然而,对于大多数野生植物种质材料,所设定种质的评价和比较只是有利于其用于当地植被的恢复,而并不是促进其进行品种的发布。在这种情况下,任何一种预备品种种质类别范围内的种质材料都是合法的最终产品。许多公共和私人机构都遵照内部制定规章进行种质材料的收集、研究、培育和/或品种的发布。

预备品种种质类别的利用应具备以下条件:当特定地区的植被恢复即将(常常是立即)需

要各评价阶段的植物种或生态型时;在特定地区之外市场潜力有限;满足消费者对某些特定植物材料的需求。

种质材料符合某一特定预备品种种质类别的条件必须由所提交的文字材料来证实,并且被 AOSCA 的种子认证机构所接受。

9.5.5 植物种质材料所允许生产的代数和标签的使用

对于各类种质材料在大田或苗圃所允许繁殖的代数(以及植被的长度、隔离距离、种子净度和生活力标准)由 AOSCA 规定具体说明,考虑的因素有每个植物种的繁殖方式、遗传稳定性、植物寿命和种子特征。AOSCA 对繁殖代数的限制规定是,对于有性繁殖或单性生殖的种质材料是 5 代(除非有其他具体的规定),对于营养繁殖的代数没有限制(图 9-3)。

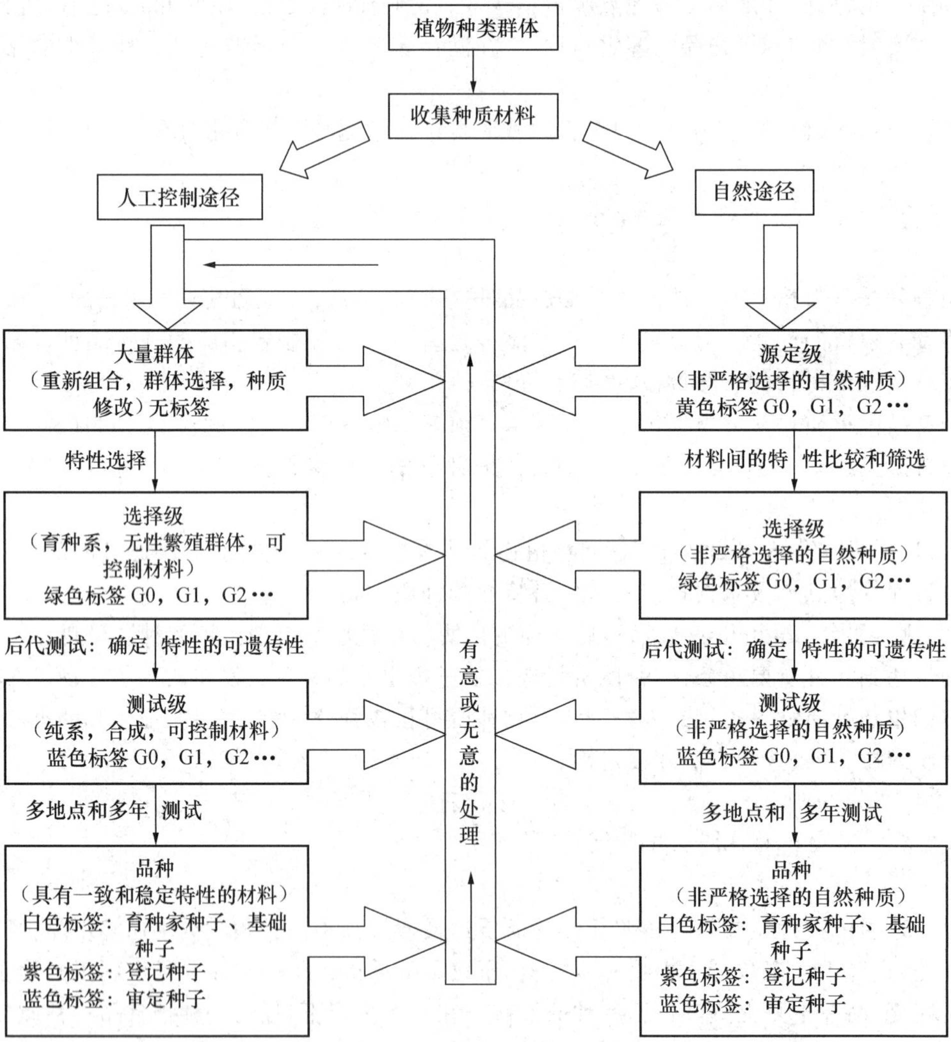

图 9-3 种质材料培育流程图(植物种质材料类型的种子认证术语和标签)

(The AOSCA Native Plant Connection,2003)

标签上列出明确的繁殖代数信息,像 G1/3 或 G4/5 这样的符号表示该种质材料实际繁殖的代数和所允许繁殖的代数。对于市场销售的种质材料,应在标签上具体说明繁殖世代的加速降级,如 G3/3 或 G5/5,这样的材料将不适合于用做播种材料。

预备品种种质材料标签的颜色仅代表不同的级别,黄色代表源定级,绿色代表选择级,蓝色代表测试级。

参考文献

[1] 韩建国. 实用牧草种子学. 北京:中国农业大学出版社,1997.

[2] 王彦荣. 丹麦种子质量管理体系. 国外畜牧学—草原与牧草,1996,72:47-49.

[3] AOSCA. Certification Handbook. Supercedes Publication,1971.

[4] Copeland L O, McDonald M B. Seed Certification, In Principles of Seed Science and Technology. New York:Champman and Hall,1995.

[5] Kelly A F. Seed Certification, In Seeds, Proceedings fao/ sida Technical Conference on Improved Seed Production. Feistritzer W P ed. Roma, 1982.

[6] LSFS. Certification of seed, Direction of the National Board of Agriculture Concerning. Sweden,1989.

[7] MAF. Seed Certification 1993—1994 Field and Laboratory Standards, MAF Quality Management, Christchurch,1994.

[8] McDonald M B, Copeland L O. Seed certification, In Seed Production, Principles and Practices. New York:Chapman and Hall, 1997.

[9] OECD. OECD Scheme for the Variety Certification of Herbage and Oil Seed Moving in International Trade. Organization for Economic Co-operation and Development, Paris,1988.

[10] Parson F G, Garrison C S, Beeson K E. Seed certification in the United States. In Seeds, The United States Government Printing Office,1961,394-400.

[11] Svajgr L, Copeland L O. Seed certification in north america, proud history—two perspectives on the future. Seed Technol, 1997,19:5-15.

[12] Thomson J R. An Introduction to Seed Technology. London:Leonard Hill,1979.

[13] AOSCA. Operational Procedures, Crop Standards and Service Programs Publications, 2003.

[14] AOSCA. The AOSCA Native Plant Connection,2003.

chapter 10

第 10 章

牧草种子的贮藏

10.1 牧草种子的寿命

10.1.1 种子寿命的概念及类型

10.1.1.1 种子寿命的概念

种子寿命是指种子的生活力在一定环境条件下能保持的期限。实际上,一批种子中的每一粒种子都有它自己一定的生存期限,并且由于母株所处的环境条件、种子在母株上的部位、收获后的贮藏条件不同,种子个体间生活力的差异很显著。因此,一批种子的寿命,是指种子群体的发芽率从种子收获后至降低到 50%所经历的这一时间,又称种子的"半活期",即种子群体的平均寿命。

10.1.1.2 种子寿命的类型

种子寿命是一个相当复杂的问题,寿命的长短不仅受遗传特征的影响,还受多种外界条件的影响。只要改善种子本身的质量和贮藏条件,其寿命都可以相对延长。但在自然条件下贮藏或在相同条件下贮藏的种子,不同牧草种子寿命的长短差异会明显地表现出来,寿命长的种子能存活十几年乃至上百年,而寿命短的种子仅存活几个月、几十天乃至几小时。如豆科牧草紫花苜蓿、白花草木樨等牧草种子的寿命在 15 年之上;而藜科小乔木饲用植物梭梭种子成熟后如无发芽条件,数小时即会丧失生活力;优若藜和地肤种子若在相对湿度 64%,温度 20℃以上的环境中,仅 1 个月就失去生活力。而加拿大博物馆的植物学家报道了深埋在泥炭沼泽的羽扇豆种子存活了 10 000 年,这是有史以来记载种子贮藏最长生命记录。

早在 1908 年,澳大利亚人 Ewart 根据1 400种植物种子在最适条件下贮藏的结果,将种子分为 3 类:①短命种子,寿命在 3 年以内;②中命种子,寿命为 3~15 年;③长命种子,寿命为 15~100 年或更长。Justice 和 Bass 提出牧草、作物种子相对贮藏指数(Relative Storability Index, RSI)的概念,并将牧草、作物的种子寿命长短分成不同的指数大小,相对贮藏指数越大表示其寿命越长。其中 1 表示贮藏 1~2 年后 50%的种子具有发芽力,2 表示贮藏 3~5 年后 50%的种子具有发芽力,3 表示贮藏 5 年或者 5 年以上 50%的种子具有发芽力(表 10 - 1)。

表 10 - 1 重要牧草和作物种子相对贮藏指数(Justice 和 Bass,1978)

名称	相对贮藏指数(RSI)	名称	相对贮藏指数(RSI)
苜蓿	3	匍匐翦股颖	3
白花草木樨	3	野牛草	3
草地早熟禾	2	地毯草	3
高羊茅	2	狗牙根	1
杂三叶	3	大须芒草	2
毛苕子	3	无芒雀麦	2
绛三叶	2	猫尾草	2
百脉根	2	巴哈雀稗	2

续表 10-1

名称	相对贮藏指数(RSI)	名称	相对贮藏指数(RSI)
紫羊茅	2	埃及车轴草	2
球茎草芦	1	地三叶	2
黄花羽扇豆	1	大麦	3
多年生黑麦草	2	甜玉米	2
鸭茅	1	燕麦	2
虉草	1	黑麦	1
毛花雀稗	1	甜高粱	1
山地雀麦	2	饲料玉米	1

一般情况下,豆科牧草较禾本科牧草种子寿命长。在豆科牧草中,小粒种子和硬实率高的种子寿命较长。一年生牧草的种子寿命较多年生牧草的种子寿命长(表 10-2)。

表 10-2　自然条件下(呼和浩特)牧草种子贮藏年限与生活力的关系(彭启乾等,1980)　　%

牧草名称	贮藏年限	具活力种子	其中硬实率
冰草	9	0	
无芒雀麦	9	45.0	
披碱草	9	43.0	
高羊茅	5	19.5	
一年生黑麦草	5	93.5	
多年生黑麦草	6	85.0	
紫花苜蓿	18	83.4	0.4
白花草木樨	14	99.0	53.0
红豆草	10	9.0	—
苏丹草	18	70.0	
绛三叶	13	88.5	8.0
红三叶	15	52.5	2.5

10.1.2　影响种子寿命的因素

10.1.2.1　遗传特性与种子寿命

种子的寿命与牧草的遗传特性有密切的关系,长寿命种子都具有坚硬和不透性的种皮或类似种皮的结构。豆科牧草中苜蓿属、三叶草属、草木樨属及百脉根属种子的寿命很长。正常成熟的紫花苜蓿、绛三叶、红三叶、白三叶、白花草木樨种子的硬实率很高,高者可达到 90%以上。禾本科牧草有无稃壳(外稃和内稃)影响着种子的寿命,猫尾草种子去稃后生活力第一年就降低了 16%,而未去稃的种子 3 年后生活力未表现出显著降低,未去稃的种子比去稃种子田间出苗率高 6%～14%,两年后未去稃的种子发芽率为 78%,而去稃种子为 40%。相同的贮藏条件下，将去稃和未去稃的猫尾草种子贮藏 11 年，未去稃的种子发芽率从 98%降至 52%，而去稃种子从 97%降至 16%。去稃种子生活力的迅速下降，和去稃后的机械损伤有关。

种子的形状不同，在收获、清选、贮藏过程中所受的机械损伤不同，一般小粒种子不易受损，寿命较长；球形种子比其他形状的种子对损伤的保护性更好。

10.1.2.2 种子的生理状态与种子寿命

种子寿命的长短除决定于牧草本身的遗传特性外，还决定于种子的生理状态。母株所处的环境条件，如温度、光周期、降水量、土壤温度、土壤营养等，通过种子的形成、发育和成熟，可直接或间接地影响种子的生理状况，进而影响种子的寿命。因而即使同一牧草种或品种，由于产地条件不同，其种子寿命也会产生明显的差异。

从受精到种子成熟期间存在许多影响种子寿命的因素。如从显著缺乏氮、磷、钾、钙植株上收获的种子，与正常植株上收获的种子相比寿命要短。另外，成熟期水分过多，土壤盐分浓度过高，种子遭到病、虫危害都会造成种子生理状况不良，从而导致种子寿命缩短。

环境因子会影响种子干物质的积累和化学组成，尤其是在种子成熟时。而种子从萌发直至种苗能进行光合作用为止，完全依赖于种子所贮藏的营养物质作为能量来源，因此，若种子贮藏营养物质的过程受阻，所生产种子的寿命也将受影响。一般情况下，成熟期高温多雨的地区生产的种子不耐贮藏。

重量轻、未充分成熟的种子比充分成熟的种子寿命短、发芽率低，这是因为未成熟种子含水量特别高，种子中含有大量易被氧化的单糖、非蛋白氮和其他物质，因此呼吸强度要比充分成熟种子高。高强度的呼吸作用，会释放出更多的水和热量，进而又促进寄附在种子上的微生物活动和繁衍，导致种子贮藏物质的大量消耗，加速种子死亡的速度。McAlister(1943)曾收集了冰草属的 3 个种、雀麦属的 3 个种、灰绿披碱草和绿针茅的种子，分别在乳熟前、乳熟、腊熟和完熟期收集，并贮藏在 15～23℃条件下，含水量为 7%～9%，经 4、5 个月后的测定表明，除山地雀麦和多花雀麦外，乳熟前和乳熟期收获的种子，生活力和寿命都比腊熟期和完熟期收获的种子差。

10.1.2.3 水分与种子寿命

影响种子寿命的水分因素，包括种子本身的含水量和贮藏环境的相对湿度。前者的影响是直接的，后者的影响是间接的。

种子含水量愈高，呼吸作用愈强，贮藏物质的水解作用愈快，消耗的物质就愈多。由于呼吸作用产生大量呼吸热与水分，累积了大量有毒物质，增加了对种子本身的不良影响，同时促进了微生物和仓虫的活动，使种子贮藏的环境条件不能稳定，导致种子的生活力下降。因此，对多数牧草种子来说，充分干燥是延长种子寿命的基本条件。大量的研究指出，在种子的长期贮藏中，维持种子生命的最适含水量是与 15%的空气相对湿度达到平衡的含水量，禾谷类作物和牧草种子为 6%～7%。当种子的水分在 8%～9%时，昆虫开始活动、繁殖；水分在 12%～14%以上，种子表面和内部的真菌开始生长，而且用熏蒸剂杀虫时亦会损害种子，影响发芽率；水分在 18%～20%以上，贮藏种了产生大量热量。

对于一般的干藏种子，种子水分含量在 5%～14%范围内，水分增加与寿命的降低有一定的规律性，Harrington(1972)提出了“哈林顿通则”，即种子水分含量在 5%～14%范围内，种子水分每增加 1%，种子寿命降低一半。当种子水分高于 14%时，微生物在种子表面和内部繁殖、侵染，显著而迅速地缩短了种子的寿命；当种子含水量低于 5%时，种子中的脂质氧化加速。因此，种子水分超出5%～14%范围，贮藏寿命均不符合哈林顿通则。

已干燥种子含水量是由贮藏环境的空气相对湿度决定的。空气相对湿度低，种子含水量也低，随着相对湿度升高，种子含水量也逐渐升高，直至出现游离水(图10-1)。当种子内出现游离水时，种子含水量称为"临界水分"。种子一旦出现游离水，水解酶和呼吸酶的活性便增强，这样最容易引起种子活力的丧失。种子在恒定的湿度和温度中一般要经过10 d左右的时间使种子的含水量与空气中的水汽达到动态平衡，即平衡水分。种子中带有的微生物，在相对湿度达70%以上时开始活跃生长，危害种子生命，在60%以下处于休眠状态。因此贮藏种子要求其含水量应低于60%相对湿度中的平衡含水量，最好更低。对于长期贮藏的种子一般要求30%相对湿度中的平衡含水量，大部分牧草种子这时的水分含量低于9%。

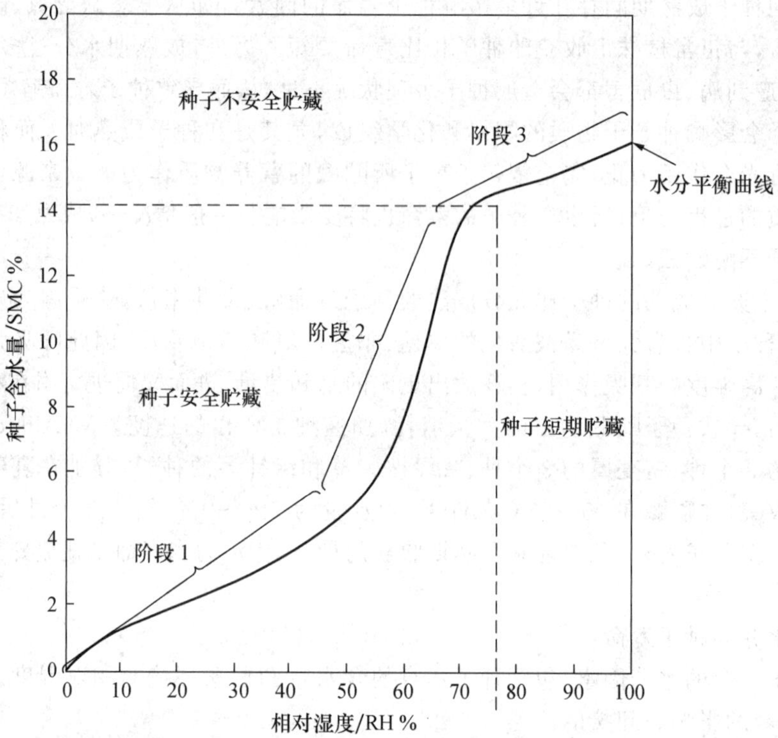

图10-1　在恒温条件下空气相对湿度与种子吸潮含水量的关系(Copeland and McDonald，2001)

10.1.2.4　温度与种子寿命

温度是影响种子新陈代谢的主要因素之一。种子处于低温状态下，其呼吸作用非常微弱，物质与能量的消耗极少，细胞内部的衰老变化也降低到最低程度，从而能长期保持种子生活力而延长种子的寿命。相反，种子处于高温状态下，呼吸作用强烈。尤其是在种子含水较高时，呼吸作用更加强烈，造成营养物质大量消耗，导致种子的寿命大大地缩短(图10-2)。

种子对于严寒和酷热的抵抗能力主要取决于细胞液的浓度，种子含水量愈低，细胞液愈浓，抵抗冷、热的能力愈强。但是，温度过低而种子含水量很高时，会使种子受冻害而迅速失去生活力。所谓低温能延长种子寿命，是在种子含水量低，贮藏环境温度也低的条件下实现的。对绝大多数牧草来说，干燥的种子(具安全含水量的种子)在-10～20℃和相对湿度30%的条件下对其保存都是有利的。

哈林顿通则指出，在 0～50℃的温度范围内，种子温度每提高 5℃，种子寿命降低一半。

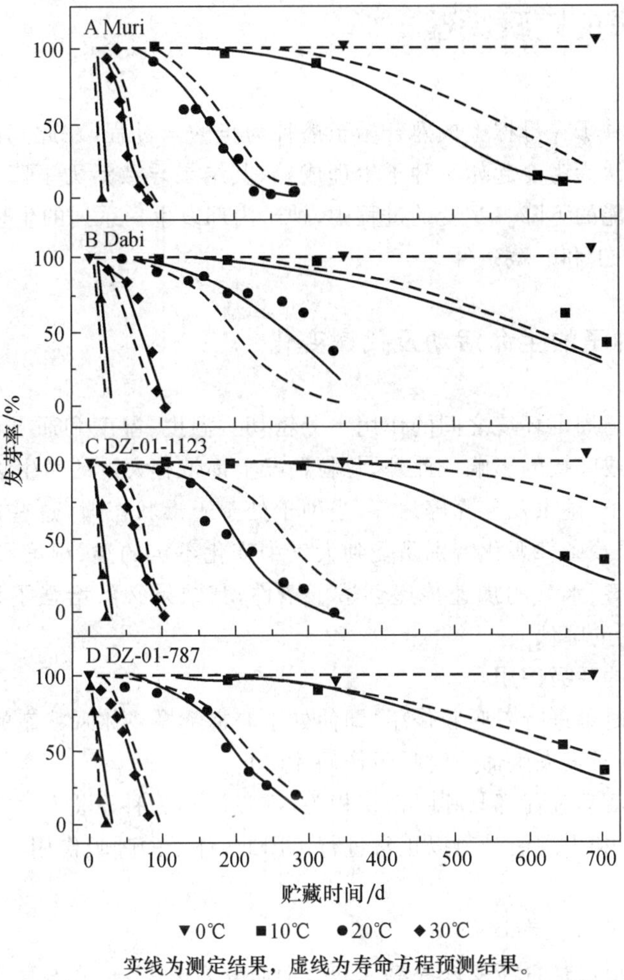

图 10-2 密封贮藏(含水量 17.0%～17.2%)埃塞俄比亚画眉草 4 个品种在 0℃、10℃、20℃、30℃和 40℃温度条件下的寿命曲线(Zewdie 和 Ellis，1991)

10.1.2.5 各种气体保藏与种子寿命

气体影响种子的呼吸作用(包括种子中微生物和仓虫的呼吸作用)和种子中脂肪的氧化，因此氧气和二氧化碳对种子寿命会发生一定程度的影响。如减少氧气，甚至达到完全缺氧，除可窒死害虫外，同时还可延缓种子的生命活动，从而延长种子的贮藏寿命。由于贮藏条件中尚有温度和水分，故气体对牧草种子的作用还与水分和温度等因素有关。美国科罗拉多州的国家种子贮藏实验室对不同种类气体影响种子的寿命进行了研究，其中有绛三叶和高粱，他们将种子的水分调节到 4%、7%和 10%，分别密闭在空气、真空、二氧化碳、氮气、氦气和氩气中，贮藏温度设－12、－1、10、21 和 32℃，8 年后进行发芽试验。结果表明贮藏温度为 10℃，原始水分含量为 10%，真空、二氧化碳、氮气、氦气和氩气有利于绛三叶种子生活力的保存。在 21℃的贮藏温度下，原始含水量为 10%，真空、氦气和氩气中的种子发芽率下降较小。

10.2 牧草种子的贮藏原理

种子贮藏是包括种子在母株上成熟开始至播种为止的全过程，在此期间种子要经历不可逆的劣变过程。通常认为劣变起始于种子生理成熟，其结果导致活力下降，亦即发芽率、种苗生长势及植株生产性能的下降。劣变的过程中，种子内部发生一系列的生理生化变化，变化速度取决于种子收获、加工和贮藏条件。

10.2.1 贮藏种子的生命活动及代谢变化

种子的生命活动与周围环境之间的作用十分密切。温度、湿度和通气性对种子内部的生命活动都会产生直接或间接的影响。此外，每粒种子上都带有大量的微生物，种子中还混杂着含水量较高的杂草种子、昆虫及稃壳碎片等，当种子处于干燥状态时，这些混杂物呈不活动状态存在，当种子堆内贮藏条件恶化特别是受到大气中变化不定的温、湿度影响后，就为种子堆内微生物与仓虫的侵害、水分的加速传递创造了条件，其结果必然增强了种子的新陈代谢作用，最终导致种子质量的降低。

10.2.1.1 贮藏种子的呼吸作用

有生活力的种子时刻进行着呼吸作用，即使处于非常干燥或休眠状态的种子，其新陈代谢也并未停止，只有当种子丧失生命力时呼吸作用才停止。

种子的任何生命活动过程都与呼吸密切相关，呼吸过程为种子提供了生命活动所需的能量，使有机体生化反应和生理活动得以正常进行。因此，种子的呼吸作用是种子生命活动的集中表现。

1. 贮藏种子的呼吸方式和途径

种子的呼吸作用根据是否需要外界氧气的参加而分为两类：一类为有氧呼吸，需外界氧参加，通过三羧酸循环和细胞色素氧化系统将物质彻底分解，释放出大量能量。一个葡萄糖分子经过有氧呼吸，分解后可释放 $2\,821.90\times10^3$ J 的能量。另一类为无氧呼吸，不需外界氧气参加，经糖酵解和发酵过程将物质不彻底分解，变成酒精或乳酸等，释放出的能量要大大低于有氧呼吸。

种子在贮藏过程中，两种呼吸方式常常同时存在。在通风透气条件下，以有氧呼吸为主；在密封条件下，以无氧呼吸为主。

2. 贮藏种子的呼吸强度及影响因素

(1)呼吸强度　单位时间内，单位重量种子(以干重计)呼吸作用所释放的二氧化碳量(或吸收的氧气量)称为种子的呼吸强度。种子的呼吸强度是种子呼吸强弱的量度，也是其生命活动强弱的量度，处在旺盛生命活动中的种子是不耐贮藏的。因此，呼吸强度也是种子能否安全贮藏的一项重要的指标。

(2)影响种子呼吸强度的因素　种子呼吸强度的大小，因牧草种、品种、收获期、成熟度、种子大小、完整程度和生理状况而不同，同时还受环境条件的影响，尤其是水分、温度和通气状况。

①水分　呼吸强度随着种子含水量的增加而变大。干燥种子呼吸作用非常弱，潮湿种子呼吸作用很旺盛。种子内水分越多，贮藏营养物质的水解越快，呼吸作用越强烈，氧气消耗越大，放出的二氧化碳越多。

②温度　种子的呼吸作用随温度的升高而加强，尤其是在含水量高的情况下，呼吸作用随着温度的升高不断增强(表 10-3)。但这种增强受一定温度范围的限制，超过正常生物学温度，呼吸作用可迅速降低。水分和温度是影响种子呼吸作用的重要因素，并且两者是相互制约的。干燥的种子即使在高温下，其呼吸作用也比潮湿种子在同样温度下低得多；同样，潮湿种子在低温条件下的呼吸强度比在高温下亦低得多。因此，干燥和低温是种子安全贮藏和延长寿命的必要条件。

表 10-3　密封罐贮藏多年生黑麦草种子含水量及贮藏温度对呼吸和发芽的影响(Ching,1961)

贮藏条件		贮藏 27 个月				贮藏 48 个月			
含水量/%	温度[①]/℃	种子呼吸/(mL/1 000 g)			发芽率/%	种子呼吸/(mL/1 000 g)			发芽率/%
		放出 CO_2	吸收 O_2	RQ		放出 CO_2	吸收 O_2	RQ	
6	3	0.14	2.18	0.064	96	0.20	3.19	0.063	97
	V	0.12	3.87	0.031	92	0.92	6.86	0.134	94
	22	1.37	9.25	0.148	94	1.49	8.64	0.172	90
	38	4.75	13.40	0.354	89	5.27	14.87	0.354	87
8	3	0.20	2.57	0.078	96	0.20	3.45	0.058	98
	V	1.05	5.54	0.190	92	2.04	8.17	0.234	96
	22	2.14	8.21	0.261	96	2.52	8.92	0.283	95
	38	7.15	14.10	0.507	2	8.04	16.83	0.478	1
12	3	1.62	4.59	0.353	96	1.63	5.44	0.300	95
	V	6.71	11.71	0.573	88	11.67	16.98	0.687	12
	22	13.92	17.90	0.778	0	13.05	16.50	0.791	0
	38	—	—	—	0	—	—	—	0
16	3	13.38	18.34	0.730	92	13.36	17.60	0.759	90
	V	33.42	18.20	1.836	0	36.43	20.42	1.784	0
	22	—	—	—	0	—	—	—	0
	38	—	—	—	0	—	—	—	0
20	3	47.10	20.55	2.292	53	61.90	18.20	3.401	0
	V	60.40	20.47	2.951	0	90.50	18.20	4.973	0
	22	—	—	—	0	—	—	—	0
	38	—	—	—	0	—	—	—	0

注：①V 为自然贮藏条件。

③通气状况　种子堆的通气状况也影响种子的呼吸强度和呼吸方式。种子的呼吸强度总是在通风条件下大于密闭贮藏。种子的含水量、温度越高，通风增加，呼吸强度的作用越大。

高水分种子若处于密闭贮藏条件下，由于旺盛的呼吸，很快将种子堆或袋内部间隙的氧气耗尽，而转向缺氧呼吸，结果引起有毒物质积累，从而导致种子加速死亡。所以，高水分含量的种子要注意通风，含水量不超过临界水分的干燥种子，由于呼吸作用非常微弱，对氧气的消耗慢，密闭贮藏可长期保持种子生活力。

④遗传性　蛋白质、油脂类种子的呼吸强度高于淀粉类种子。胚大或者胚占整粒种子的比例大，呼吸强度就大。杂交种的种子呼吸强度高于常规种的种子。果壳坚韧的硬实类种子、休眠期长的种子其呼吸强度均低于一般种子。

⑤种子质量　种子的成熟度、完整性、健康状况、受潮状况等均影响到种子呼吸强度的高低。成熟度低（瘪粒）、破损率高、感染病虫、受冻、受潮的种子其呼吸强度要高于完好种子。新种子的呼吸强度要高于陈种子的呼吸强度。

⑥仓虫　仓虫的呼吸发热也间接影响种子的呼吸强度。昆虫的耗氧量为等量谷物的130 000倍，栖息密度越高，氧的消耗量越大。存在仓虫的情况下，氧气随温度增高而减少的速度很快。随着仓内二氧化碳的积累，仓虫就窒息而死亡。在密闭条件下，由于仓虫本身的呼吸，使氧气浓度自动降低，阻碍仓虫继续危害，起到自动驱虫的作用。

10.2.1.2　贮藏种子的代谢变化

种子在贮藏期间，随着种子劣变的发生，种子代谢活性下降，逐渐丧失其发芽能力。

1. 膜的变化

种子干燥后，其细胞膜的完整性往往降低。在种子吸水后，细胞膜的完整性会重新建立，但随着贮藏年限的增长，其恢复细胞膜系统完整性的能力降低，以致完全丧失。细胞膜系统的完整性对正常的生理生化反应起着重要的作用，有些酶只有附着于膜上才会起作用，一旦与膜分离则作用大减或失去作用。与种子发芽有关的光敏素亦是通过与膜结合而起作用的，当膜受到损害时，其作用受到极大的影响。

2. 酶活性的变化

随着贮藏时间的增加，种子内各种酶的活性也发生变化，除蛋白酶、磷酸化酶、肌醇六磷酸酶等水解酶的活性增强外，多种酶的活性普遍下降。如随贮藏时间的延长，牧草种子中的过氧化氢酶、谷氨酸脱羧酶、苹果酸脱氢酶、细胞色素氧化酶（表 10 - 4）、酸性磷酸酯酶的活性明显降低。

表 10 - 4　新收获及贮藏 15 年的绛三叶吸胀种子可溶性蛋白、核苷酸、RNA、DNA、细胞色素氧化酶活性及蛋白质合成能力的变化（Ching，1972）

样品及处理	可溶性蛋白/（μg/粒）	核苷酸/（μg/粒）	RNA/（μg/粒）	DNA/（μg/粒）	细胞色素氧化酶/（nmol/（min·粒））	^{3}H - 苯丙氨酸渗入量/（cpm/10 粒）
新种子	850	54.2	79.5	3.67	2.70	2 855
贮藏 15 年种子[①]						
6;3	755	47.6	77.2	3.07	2.98	1 855
8;3	700	41.0	72.3	3.80	1.90	1 760
12;3	750	40.2	78.0	3.67	1.90	1 495
16;3	670	36.2	72.7	3.27	1.52	860
20;3	550	25.8	69.2	3.00	0.68	365

续表 10-4

样品及处理	可溶性蛋白/(μg/粒)	核苷酸/(μg/粒)	RNA/(μg/粒)	DNA/(μg/粒)	细胞色素氧化酶/(nmol/(min·粒))	^{3}H-苯丙氨酸渗入量/(cpm/10 粒)
6;V	745	44.2	74.5	3.73	2.73	1 785
8;V	750	47.2	68.2	3.20	1.92	1 225
12;V	515	38.0	76.9	3.47	0.61	360
16;V	380	25.8	70.9	3.53	0.40	10
20;V	290	17.1	76.5	3.83	0	0
6;22	810	40.2	77.5	3.67	1.75	1 790
8;22	719	47.3	75.0	3.33	1.52	930
12;22	590	37.2	74.5	3.40	0.75	185
6;38	782	37.2	76.5	3.60	1.41	865
8;38	658	39.2	79.0	3.47	0.77	545
12;38	355	23.0	70.6	3.35	0	105

注:①第一个数字为种子含水量(%),第二个数字为贮藏温度(℃),V 为常温贮藏

3. 脂质的自动氧化

脂质是细胞膜系统中的主要组成成分,当种子含水量降低至 1%～5%时,包围着大分子的单层水膜成为不连续的,这样酶等大分子就可以与脂质直接接触,引起脂质的自动氧化,结果造成酶钝化、膜损伤及组蛋白变性、染色体的突变。脂质的自动氧化发生于所有细胞内,但在充分吸胀种子的细胞内,水在作用物与大分子间起到缓冲作用。同时,活细胞中所产生的维生素 E 是一种抗氧化剂,它能中和在脂质自动氧化过程中产生的活跃反应物。在干燥的种子中(含水量很低),虽然维生素 E 也能起同样的作用,但在反应过程中一旦用完,就不能重新合成,因此脂质自动氧化就引起细胞毁灭。种子含水量是影响脂质自动氧化的重要因素,当种子含水量从 12%～14%下降至 4%～6%时,呼吸代谢减弱,霉菌受到抑制,种子寿命延长。如果含水量低于 4%～6%,随着含水量的减少,脂质自动氧化量却增大,此时种子寿命下降与脂质自动氧化的增强成比例。以种子含水量 4%～6%为界,低于此界时,种子劣变的发生主要是由于脂质自动氧化,高于此界时,则劣变决定于别的因子。

4. 染色体和 DNA 的变化

随贮藏时间的增加,种子萌发时细胞分裂中染色体崩坏现象增加。其中包括染色体小段的断裂,这些断片在细胞分裂完成时,往往被留于细胞核外而告丧失。染色体崩坏的细胞数目与种子贮藏时间成正比,即种子贮藏时间愈长,染色体的崩坏现象愈严重。

10.2.2 微生物对贮藏种子的影响

10.2.2.1 贮藏种子中微生物的来源及种类

种子的表面都聚集着大量的微生物,大体可分为附生、腐生和寄生 3 种。大部分以寄附在种子外部为主,多属于异养型。种子上微生物区系主要有 4 类:细菌类、霉菌类、酵母菌类和放线菌类。

种子中的微生物从其来源而言,可概括为田间(原生)和贮藏(次生)两类,前者主要指种子收获前在田间所感染和寄附的微生物类群,其中包括附生、寄生、半寄生和腐生微生物(真菌);

后者主要是种子收获后，在脱粒、运输、加工及贮藏期间，以各种不同的方式传播到种子上的一些广布于自然界的霉腐微生物群（真菌）。在有限的水分条件下（干种子）田间微生物不能正常生长，而贮藏微生物在干燥的条件下生长良好，并能侵入种子，损害贮藏的种子。

种子贮藏期间微生物区系的变化，主要取决于种子含水量，种子堆的温度、湿度和通气状况以及在这些环境中微生物的活动能力。新鲜种子中，通常以附生细菌为最多，其次是田间真菌，而霉菌类的比重很少。正常情况下，随种子贮藏时间的延长，其总菌量逐渐降低，其菌相将会被以曲霉（*Aspergillus*）、青霉（*Penicillium*）等为代表的霉腐微生物取代。贮藏真菌增加愈多，田间真菌减少或消失愈快，种子的品质也就越差。在失去贮藏稳定性的种子中，微生物区系的变化迅速而剧烈，以曲霉、青霉为代表的霉腐菌类，迅速取代正常种子上的微生物类群，旺盛地生长起来，大量地繁殖，同时伴有种子发热、生霉等一系列种子劣变症状的出现。

贮藏期间种子中常见的微生物及生长条件：

（1）细菌　细菌中以杆状菌为主，一般细菌生长发育需要较高的种子水分（16%～18%），少数需18%以上；最低温度20～25℃，适宜温度35～40℃，最高温度50～60℃，一般情况下细菌对种子无破坏作用，在种子上与其他腐生霉菌有拮抗作用。而其中有些细菌，如黄色植生无芽孢杆菌及荧光假单孢杆菌具有合成维生素的能力，对种子形成和种子贮藏能起一些有益的作用。

（2）霉菌　种子上发现的霉菌种类较多，大部分寄附在种子外部，部分寄生在种子内部的皮层和胚部，许多霉菌是对种子破坏性很强的腐生菌，其中以青霉和曲霉占首要地位。青霉要求的温湿度范围较宽，适宜生长的种子水分为15.6%～20.8%，适宜温度为20～25℃，但温度达到38℃，低到7℃时也能生长，此类霉菌在种子上生长时，先从胚部侵入，或在种子破损部位开始生长，最初长出白色斑点，逐渐发展为丛生的毛（菌丛体），数日后产生青绿色孢子，并发生特殊霉味。大多数曲霉对水分的要求为干性或接近于干性，阿姆斯特丹曲霉（*A. amstelodami*）、薛氏曲霉（*A. ehevalieri*）、匍匐曲霉（*A. repens*）、局限曲霉（*A. restrictus*）及赤曲霉（*A. ruber*）均能在水分为13.2%～15.0%的种子中生长。曲霉能引起种子体内有机物的分解，特别是能引起低水分种子的变质，对种子的危害性很大。

10.2.2.2　微生物对贮藏种子的影响及其控制

1. 对种子生活力的影响

微生物侵入种子往往从胚部开始，因胚部化学成分中含有大量亲水基，所以胚部水分远比胚乳部分高，而且营养物质丰富，保护组织也较薄弱。胚是种子生命的中枢，一旦受到微生物损害，其生活力随之消失。霉菌对种胚的伤害力较强，种子贮藏过程中，种子发芽率总是随着霉菌在种子上的出现率增加而下降，以致完全丧失。微生物引起种子发芽率降低和丧失的原因有：①微生物直接侵害和破坏种胚组织；②某些微生物可分泌毒素，毒害种子；③微生物分解种子内含物，形成各种有毒害物质，造成种子正常生理活动障碍。

2. 引起种子升温和霉变

微生物在适宜的条件下，利用其自身分泌的酶类分解种子的贮存物质，破坏种子的完整性，侵入种子内部，导致种子霉变。由于微生物在贮藏种子中的迅速生长，使种子堆温度不断升高，范围在40～60℃，含水量高或含破损种子比例大的种子堆会升温更高。随温度的升高，微生物的繁殖速度加快，在胚部或破损部位形成菌落，造成种子的霉烂和腐败，失去利用价值。

3. 种子霉变的控制

种子贮藏在干燥场所之前必须先经干燥，将其水分降低到安全水平，这是控制由真菌引起贮藏种子变质的主要方法。当种子水分与65%或更低的相对湿度相平衡时，大多数贮藏真菌不能侵害种子，但有些旱生型的真菌可侵染含水量稍高的种子。

由于种子堆的水分含量只能代表许多种子的平均值，因此即使整批种子的水分含量达到安全水平，而仍有少数种子水分含量可能超过安全的限度。含水量过多的种子易受贮藏真菌的侵害，一旦真菌侵染，即可蔓延到全部种子，因此及时测定种子水分对霉变的控制是非常重要的。为了达到最佳贮藏效果，种子在收获后应尽快进行干燥，并进行彻底清选后，再贮藏到不会返潮的场所。

10.2.3 仓虫对贮藏种子的危害及控制

10.2.3.1 仓虫对贮藏种子的危害

仓虫与微生物一样，也是贮藏种子遭受损害的重要原因之一。与贮藏种子有关的昆虫数百种，但只有50多种会危害种子的贮藏，其中仅有10多种会造成种子严重的损害，包括米象、谷象、小谷长蠹虫、麦蛾、大谷盗、锯谷盗、谷鲣节虫和角胸谷盗。象鼻虫能咬穿种皮并损坏胚乳，其他仓虫则侵害种胚，可使种子的发芽潜力降低或全部丧失。仓虫危害种子的状况与虫种及其生活习性有关，有的害虫能将整粒种子蛀食一空，有的仅能蛀食破碎子粒；有的害虫能吐丝结网，把种子连接成团状，然后躲藏在其中蛀食种子；还有些害虫能使种子堆发热。另外，害虫的尸体、排泄物、皮屑以及丝网等物也会影响种子的质量。善飞的仓虫能迁移到未曾感染过的种子贮藏区。

种子也可从感染的贮藏装置或收获前的田间受到侵染。沙打旺实蜂在盛花期产卵于花的子房内，幼虫以乳熟种子的内含物为食，致使种子成熟期仅剩空壳。受害的沙打旺种子外皮凸凹不平，无光泽，轻压即破碎，溢出咖啡色液汁，种皮上有黑色斑沉积，为幼虫粪便的沉着点。

10.2.3.2 仓虫的控制

控制仓虫的措施首先是设法尽量把侵染了虫害的种子清除掉。种子应进行严格清选，并将清选剩余物销毁，以防这些种子产生自生植株给害虫提供寄主。收获后清理农田，减少害虫侵染源。其次是利用自然或人工的高温、低温及光、声、射线等物理因素，破坏仓虫的生殖、生理机能及虫体结构，使之失去生殖能力或直接被消灭。再者是彻底清理和熏蒸所有搬运种子的设备、种子容器和贮藏场所，必要时可用杀虫剂。对有些害虫，在贮藏前或贮藏期间进行种子熏蒸，以严格控制。种子熏蒸务必十分谨慎，有些熏蒸剂在某些条件下会伤害种子生活力。Young(1929)为了控制稻谷象鼻虫，进行几种熏蒸剂对种子生活力影响的研究，发现苜蓿、三叶草、玉米、燕麦、黑麦、猫尾草等种子，可用二氯乙烷、甲酸异丙酯、氯代异丁烷、三氯乙烯最低致死浓度的两倍进行处理，其生活力并不严重下降，环氧乙烷和氯代醋酸甲酯则严重降低发芽率。溴甲烷是一种广泛运用于控制仓虫的熏蒸剂，以干燥种子低温和低气体浓度熏蒸为安全，对种子生活力影响较小。

10.3 牧草种子的贮藏管理技术

10.3.1 牧草种子的包装

经干燥、清选和分级后的种子应进行包装以利于贮藏和运输。包装可用麻袋、棉布袋、纸袋或薄膜(塑料或金属箔)袋、金属板或纤维板筒、玻璃罐、纤维板箱或各种材料制成的容器。贮藏准备成批出售的种子,包装容器可用较大的针织袋或多层纸袋、大纤维板筒、金属罐或纤维板箱(盒);零售的牧草种子一般与成批出售的容器相同,但贵重的牧草、草坪草种子零售时或原种的包装容器一般是小纸袋、薄膜袋、压制的薄膜套、小纤维板盒或小金属罐。用不同材料包装贮藏对种子发芽率和种子含水量都有显著的影响(图 10-3,图 10-4),从而影响种子质量。

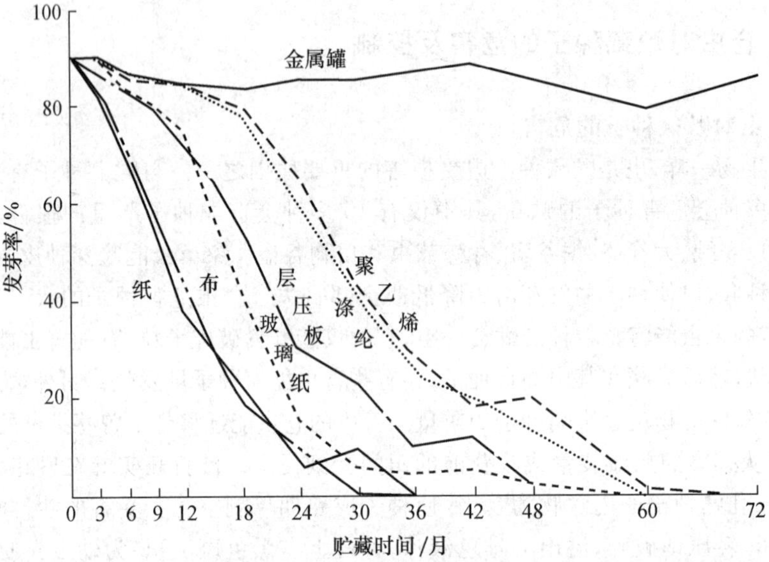

图 10-3 不同包装材料对匍匐紫羊茅种子发芽率的影响(Grabe 和 Isely,1969)

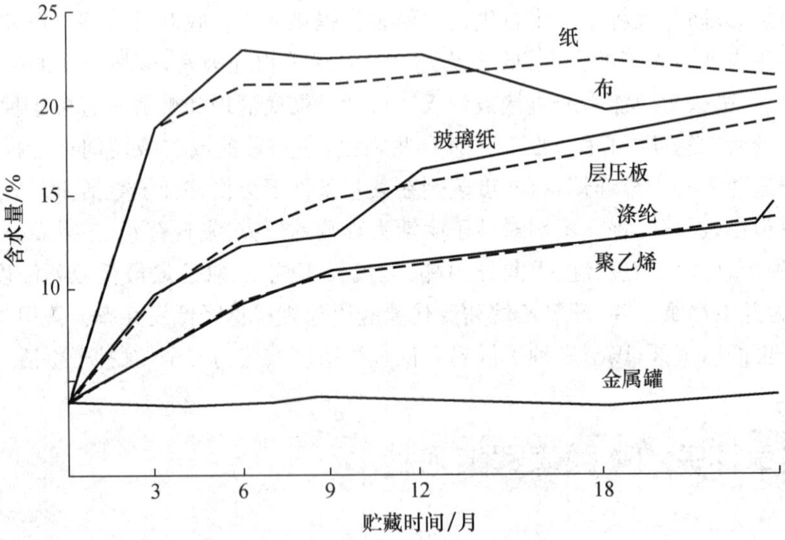

图 10-4 不同包装材料对匍匐紫羊茅种子含水量的影响(Grabe 和 Isely,1969)

所用的包装容器由以下因素决定:待包装种子的种类和数量、包装的形式、贮藏期限、贮藏温度、贮藏场所的相对湿度,以及所包装的种子准备贮藏、展览或出售的地区。能容纳种子并保护种子的包装容器应是由具有足够抗张力、抗破力和抗撕力的材料制成的，可耐受正常的装卸操作。但除了掺入某些具有特殊保护性能的物质外，包装材料不能保证种子免受昆虫、鼠类或水分变化的影响。

在多孔纸袋或针织袋中经短时间贮藏的种子，或在低温干燥条件下贮藏的种子，可保持种子的生命力，而在高温高湿条件下贮藏的种子或市场上出售的种子，如不进行严密防潮，就会很快丧失生活力。保存两个种植季节以上的种子往往需干燥并包装在防潮的容器中，以防生活力的丧失。常用的抗湿材料有聚乙烯薄膜、聚酯薄膜、聚乙烯化合物薄膜、玻璃纸、铝箔、沥青等，抗湿材料可与麻布、棉布、纸等制成叠层材料，防止水分进入包装容器。

国际市场上出售的牧草种子一般用麻袋、编织袋、多层纸袋包装，每袋可装 50 或 100 磅(22.7 kg 或 45.4 kg)，或 25 kg。种子袋的内层常为防潮的聚乙烯膜。棉布袋或麻袋常用手缚法或缝合法封口，以缝合法为多，绝大多数用机缝。如用聚乙烯和其他热塑塑料，通常将薄膜加压，并加热至 93.2～204.4℃，经一定时间即可封固。热封设备有小型手工操作的滚筒或棒条，从用脚控制的棒条、钳子和夹子，到复杂的自动制包、装包和封包机。有些封口设备利用恒温控制的棒条和滚筒，也有利用高强度短时间的热脉冲封口，可根据不同厚度材料进行调节。非金属或玻璃的半硬质或硬质容器，常用冷胶或热胶通过手工和机器进行封口。涂胶机器将容器的开口一端加工折叠后置压力下，直到上好胶为止。金属罐封口可以用人工操作，也可用半自动机械操作。

10.3.2 牧草种子的贮藏库

10.3.2.1 种子仓库的基本特点

1. 防水

种子贮藏库绝对不允许雨、雪、地面积水或其他任何来源的水与种子接触。贮藏期间种子水分太高会加快呼吸作用、发热和霉菌生长，有时会促使种子萌动，这些都会降低种子的品质。种子仓库建筑的屋顶和墙壁上，必须消除小洞和裂缝，否则雨水和雪水将进入仓库。木制板壁和屋顶上的裂缝和节孔必须填补，金属建筑物上的所有螺栓、螺钉都应加橡皮垫圈。土壤中的水分与种子接触后易被种子吸收，因此仓库建筑必须设具防水层的地板(地坪)。一般用沥青或油毡作地坪。仓库内墙面在种子堆高以下要刷沥青防潮。

2. 防杂

各种牧草种子特别是不同品种的种子间不易区别，所以每个种子批在贮藏时必须防止其他种子批种子的混入，贮藏库中对于散装贮藏的种或品种必须设有单独的仓库廒间。包装贮藏的种或品种必须分别堆垛，种子也可放在集装箱内。所有的袋、箱和仓廒必须细心地和明显地贴有标签。

3. 防鼠、防虫、防菌

仓库必须采取鼠类预防措施，减少鼠类采食和拖撒混杂种子。金属和水泥建筑通常能提供很好的防鼠措施。仓库中应堵塞鼠类的进路，如墙壁和地板的裂缝、洞眼和未加网罩的气孔。仓内配备盖子紧密的铁柜也具有防鼠性能，布袋也可经过处理来预防鼠害。一座完善的仓库应使其中部分或全部在任何时候都可进行熏蒸，以控制害虫。每次仓廒出空后进行彻底清理和熏蒸消毒，可使害虫减少到最低限度。袋装或箱装的贮藏场地应经常保持清洁，消灭害虫滋生的场所。

真菌在潮湿、温暖的条件下生长最适宜，因此仓库建筑应保持低温、干燥的条件。仓库建筑的通风设备对防止水分的积累是必要的。仓库内温度的差异会引起水汽从高温处向低温处移动，通常是从种子堆内部移向种子堆表面，这种水分的移动能给真菌的生长提供适宜的条件，仓库内采取通气措施可防止这种水分的累积，冷藏也可减缓这种水分累积。

4. 防火

木制仓库火灾的隐患最大，作为种子仓库的木材要进行化学处理防止燃烧，木制建筑的内部和周围进行清洁处理，可减少火灾的危险。所有仓库建筑物要配备专门的防尘、防火的电源插头和开关，可减少因电引起着火的机会。虽然金属和水泥建筑能够防火，但这种建筑中也应安装电路起火预防设备，因火花可能引起灰尘的爆炸和着火。温度和湿度特别高的地区，为了保持种子的品质，防止种子堆发热或起火，应控制仓库的温度和湿度。

10.3.2.2 种子仓库的类型

1. 普通贮藏库

普通贮藏库利用换气扇来调节库内温度和湿度。这种贮藏库的种子可贮藏 1～2 年。普通贮藏库要坐北朝南，要有良好的密封和通风换气性能。由于通风换气是根据冷气对流原理进行的，因此库门、库窗的位置应是南北对称。窗户以钢质翻窗最好，有利于开关，而且严密可靠。窗户的位置高低适中，过高则屋檐影响通风透光，过低则影响库的利用率。

普通贮藏库应选择在地势高、气候干燥、冬暖夏凉的地区或场地，严防库址积水或地面渗水。库址应选在居民稀少、周围无高大建筑的地方，以利仓库的透风换气。普通库的贮藏时间短，需要频繁运输。贮藏库应选择在交通方便的地方，便于种子的调运。

2. 冷藏库

冷藏库装有冷冻机和除湿机以调节库内温度和湿度，一般可贮藏 3～4 年或更长一些。冷藏库为了隔绝外界的热源和水分，种子贮藏室的墙壁、天花板和地板都必须能够很好地隔热和防潮。地板隔离材料通常要铺设一层热沥青的地基，隔热材料有纤维玻璃、泡沫喷涂、苯乙烯泡沫塑料等。天花板和墙壁通常用 1.3 cm 或更厚的水泥灰料涂上。

冷藏库不能开设窗户，门也必须很好地隔热和密封。大多数种子冷藏采用强制通风，使冷空气流过冷却旋管，然后分布到整个冷藏库内。大面积的房间则由管道系统使冷空气均匀分布于整个冷藏库。大部分冷藏库采取机械冷冻系统，冷藏库常常用液态或固态干燥剂的除湿器与冷冻过程相结合，或采取冷冻型除湿器吸引潮湿热空气，排到室外。

3. 牧草种质资源库

牧草种质资源库以保存牧草种质资源为目的的贮藏库，一般以贮藏种子为主。美国、中国、日本都有大型种质资源贮藏库。采用现代化的科学技术，建设低温、干燥、密封等理想贮藏条件下的种子贮藏库，用以长期保持各种种质生活力而不衰。依据条件可保存种子生活力达到几十年、几百年乃至几千年。在长期贮藏过程中，种子材料每隔 10 年、20 年或 30 年更新一次。

种质资源库根据贮藏年限的长短分为：①长期库，亦称基础库，贮藏环境通常是 −10～−20℃，种子含水量 5%左右，种子贮藏期限是 50～100 年，长期库的重要特点是作保险性贮藏，一般不对育种家作资源分发，除非该资源无法从任何一个中期库取得（属例外）；②中期库，亦称活期库，此类库为数众多，其贮藏条件是温度不高于 15℃，种子含水量在 9%左右，种子的贮藏寿命为10～20年，此类种质库对育种家分发育种材料。我国目前有作物(包括牧草)种质资源长期库一座，牧草种质资源中期库两座。

10.3.3 牧草种子的贮藏方法

1. 普通贮藏法(开放贮藏法)

普通贮藏法(开放贮藏法)是指将种子在未密封的仓库中存放，包括两种情况：一种是将充分干燥的种子用麻袋、布袋、无毒塑料编织袋、木箱等盛装，贮存于贮藏库里，种子未被密封，种子的温度、湿度(含水量)随贮藏库内的温湿度而变化；另一种是贮藏库安装有特殊的降温除湿设施，如果贮藏库内温度或湿度比库外高时，可利用排风换气设施进行调节，使库内的温度和湿度低于库外或与库外达到平衡。

普通贮藏方法简单、经济，适合于贮藏大批量的生产用种，贮藏以1～2年为好，时间长了生活力明显下降(表10-5)。

2. 密封贮藏法

密封贮藏法是指把种子干燥至符合密封贮藏要求的含水量标准，再用各种不同的容器或不透气的包装材料密封起来，进行贮藏。这种贮藏方法在一定的温度条件下，不仅能较长时间保持种子的生活力，延长种子的寿命(表10-5)，而且便于交换和运输。在湿度变化大、雨量较多的地区，密封贮藏法贮藏种子的效果更好。

表10-5 贮藏在不同条件和贮藏容器中黑麦草种子的发芽率(Lewis等，1998) %

贮藏条件/容器	1984	1985	1990	1994	平均值
种子库(2℃，RH 10%～20%)					
玻璃罐	95.5	96.3	96.7	94.3	95.8
麻布袋	95.5	96.0	96.7	94.3	95.7
塑料袋	95.5	96.3	95.7	93.7	95.2
平均值	95.5	96.2	96.4	94.1	
冰箱(4℃，RH 70%～90%)					
玻璃罐	95.5	94.3	93.0	89.7	92.3
麻布袋	95.5	94.7	94.7	87.7	92.4
塑料袋	95.5	95.7	94.0	93.0	94.2
平均值	95.5	94.9	93.9	90.1	
仓库(5～20℃，RH 50%)					
玻璃罐	95.5	92.0	62.7	—	77.4
麻布袋	95.5	94.0	36.0	—	65.0
塑料袋	95.5	93.7	84.0	—	88.9
平均值	95.5	93.2	60.9	—	

注：表中平均值为黑麦草3个种9个品种的平均值。

目前用于密封贮藏种子的容器有玻璃瓶、干燥箱、罐、铝箔袋、聚乙烯薄膜等。

试验结果表明，种子在中等温度条件下，密封防潮安全贮藏3年，含水量紫花苜蓿为6%，三叶草、多年生黑麦草为8%，蕳股颖、早熟禾、羊茅、鸭茅、野豌豆为9%，雀麦、一年生黑麦草、饲用玉米、燕麦为10%。

3. 低温除湿贮藏法

大型种子冷藏库中装备冷冻机和除湿机等设施，将贮藏库内的温度降至15℃以下，相对湿度降至50%以下，加强了种子贮藏的安全性，延长了种子的寿命(表10-5)。

将种子置于一定的低温条件下贮藏，可抑制种子呼吸作用过于旺盛，并能抑制病虫、微生物的生长繁育。温度在15℃以下时，种子自身的呼吸强度比常温下要小得多，甚至非常微弱，种子的营养物质分解损失显著减少，一般贮藏库内的害虫不能发育繁殖，绝大多数危害种子的微生物也不能生长，取得了种子安全贮藏的效果。

冷藏库中的温度愈低，种子保存寿命的时间愈长；在一定的温度条件下，原始含水量愈低，种子保存寿命的时间愈长。

10.3.4 牧草种子贮藏期间的管理

种子是活的有机体，在贮藏期间会发生许多变化，为了保持种子生活力，延缓贮藏种子的衰老，贮藏期间的管理是至关重要的。

10.3.4.1 入库前的准备及入库

对尚未贮藏种子的仓库进行整理和清理，清除散落的异种、异品种的种子、杂质和垃圾等。凡用来盛装种子的容器、木箱和麻袋都要进行彻底清理。还要清除虫窝和补漏洞，然后进行药物消毒。消毒方法常采用喷洒药物和熏蒸。空仓消毒常用的药物有敌敌畏和马拉硫磷。用敌敌畏消毒时，每立方米用80%的敌敌畏乳油100 mg，方法为将80%的敌敌畏乳油1～2 g兑水1 kg，配成0.1%～0.2%的稀释液喷雾，或将敌敌畏药液洒在麻袋上挂起来熏蒸。施药后密闭门窗48～72 h，然后通风24 h，方可入库。此外还要检查贮藏库的防鸟、防鼠措施。

入库前的种子要进行种子的清选、干燥和质量分级，使种子含水量控制在安全水分含量的范围内。根据产地、收获季节、含水量、净度等分批包装，注明种子的产地、收获期、种类、认证级别、质量指标、种子批号等。

入库种子根据贮藏目的、仓库条件、种子种类及种子数量等情况进行堆放，一般的堆放形式有袋装堆放和散装堆放两种。

(1)袋装堆放　为管理和检查方便，堆垛时应距离墙壁0.5 m，垛与垛之间相距0.6 m，留操作道，垛高和垛宽根据种子干燥程度和种子状况而增减。含水量高的种子，垛越狭越好，便于通气散去种子内的水汽和热量。干燥种子可垛宽些。堆垛的方向应与库房的门窗相平行，有利于空气流通。

(2)散装堆放　在种子数量多、仓容不足或包装工具缺乏时，多采用此法，适宜存放充分干燥、净度高的种子。

10.3.4.2 种子堆内温度和水分变化规律

1. 种子堆温度和水分的日变化

开放贮藏的种子种温在一昼夜间的变化叫日变化，通常种温以每日上午 6～7 时最低，以后逐渐上升，下午 5～6 时最高，以后又逐渐下降。上午 9 时左右仓温、种温、气温达到一致。种温的日变化不明显，仅在散装堆放种子堆表层 15 cm 左右和沿壁四周有影响，变化幅度一般在 0.5～1℃内，距表面 30 cm 以下几乎无变化。

种子水分受空气湿度影响较大，变化也较快，以每日凌晨 2～4 时最高，下午 4～6 时最低，变化范围在种子堆表面 15～20 cm 处，30 cm 以下影响较小。

2. 种子堆温度和水分的年变化

开放贮藏的种子其种温一年之中的变化称为年变化。种温的年度变化较大，在正常情况下，随着气温的升降而相应地升降。在气温的上升季节(3～8 月份)，种温也随着上升，但种温低于仓温和气温；在气温下降季节(9 月份至下一年的 2 月份)，种温也随着下降，但高于仓温和气温。种温升降的速度一般要比气温慢 0.5～1 个月。

种温的变化在种子堆各层之间也比较明显，各层之间变化的幅度受种子堆的大小、堆放方式(包装或散装)、库房结构严密度及牧草种类等影响。小型种子堆、包装堆放、大粒种子及库房密闭性能差，种温随气温变化较快，各层次间的温差幅度也较小，基本上随气温在同一幅度内升降。反之，种温随气温变化较慢，各层次间的变化也较明显。种子堆温度在夏季上层＞中层＞下层；冬季下层＞中层＞上层，5～6 月份和 11～12 月份各层的种温很近，7～9 月份和 1～3月份各层种温变化剧烈。

种子堆内的水分主要受大气相对湿度的影响而变化。正常情况下，低温和雨季的种子水分较高，其他季节种子水分较低。各层次种子水分变化各不相同，上层变化大，影响深度一般在 30 cm 左右，而其表面的变化尤为突出，中层和下层的变化较小。下层近地面 15 cm 左右的种子易受地面的影响，种子水分上升较快。故表面和近地面的种子受大气湿度影响较大。

10.3.4.3 贮藏期间种子的检查

种子的生命活动影响着仓内环境的变化，同时外界环境的变化也影响着种子堆温度和湿度的变化。为了使种子安全贮藏，在贮藏期间要定期检查仓内影响种子的各种因素，以便及时处理。

1. 种温检查

种温的变化一般能反映出贮藏种子的安全状况，而且检查方法简单易行。检查温度的仪器有曲柄温度计、遥测温度计和杆状温度计等。检查种温需要划区定点，如散装种子在种子堆 100 m^2 面积范围内，分成上、中、下 3 层，每层 5 个检查点，共 15 处。如种子堆面积超出 100 m^2 时，要增加检查点。包装种子则用波浪形设点的测定方法。另外，对有怀疑的区域，如靠墙壁、屋角、近窗处以及有漏水渗水部位，应增加辅助点。一天内的检查时间以上午 9～10 时为好。

2. 种子水分检查

根据种子水分的变化规律，检查时仍需划区定点。一般散装种子以 25 cm^2 为一小区，分 3 层 5 点，设 15 个检查点取样。各点取出的种子混合后进行分析。对有怀疑的检查点，所取出的样品应单独分开。分析方法先用感观法，通过种子色泽、潮湿与否、有无霉味、是否松脆，确定是否需要进行仪器检查。检查周期，一年中第一、四季度每季 1 次，第二、三季度每月 1 次。

3. 仓库害虫及鼠雀检查

仓库害虫随温度的变化而迁移,春季移向南(偏东)面 0.33 m 以下的部位,夏季多集中在种子堆表面,秋季移向靠北(偏西)0.33 m 以下的部位,冬季则移向种子堆 1 m 以下的部位。冬季温度低,害虫危害少,春季气温回升,危害逐渐增大,秋季气温下降,危害逐渐减少。

一般采用筛检法,把虫子筛下来,分析害虫的种类及活虫头数。筛检害虫的周期,可根据气温、种温而定。一般冬季温度在 15℃以下,每 2～3 个月检查 1 次,春、秋温度在 15～20℃时,每月检查 1 次,温度超过 20℃,每月检查 2 次,夏季高温期则每周检查 1 次。

另外,注意鼠雀的检查,看仓库及种子堆旁有没有粪便、爪印、死尸及咬食的碎片、破碎的种子等。

4. 发芽率检查

种子在贮藏期间,其发芽率因贮藏条件和贮藏时间不同而发生变化。对种子进行定期发芽检查十分必要。根据发芽率的变化情况,及时采取措施,改善贮藏条件,以免造成损失。

一般情况下,种子发芽率应每 4 个月检查 1 次,在高温或低温之后,以及药剂熏蒸之后都应检查 1 次。最后一次检查不得迟于种子出库前 10 d。

5. 检查结果

每次检查的结果必须详细记录和保存,以备前后对比分析参考,有利于发现问题,及时改进工作。

10.3.4.4 贮藏种子的合理通风

普通种子贮藏库的种子入库后,无论是长期贮藏还是短期贮藏,都要在适当时候进行通风。通风可以降低温度和水分,使种子保持较干燥和较低温度,有利于抑制种子生理活动和害虫、霉菌等危害;也可维持种子堆内温度的均衡性,不至于因温差而发生水分转移。仓内药物熏蒸之后,也须经过通风才能排除毒气;对有发热征状或经过机械烘干的种子,则更需要通风散热。

一天当中利用早晨或傍晚低温时间通风。按照外面温湿度要低于仓内的温湿度时通风的原则进行仓库通风。种子堆内发热时要通风。一年之中在气温上升季节的 3～8 月份,气温高于种温通常不宜通风,以密闭库为主,这样可延长仓内低温时间;在气温下降的 9 月份至翌年 2 月份,气温低于种温时,以通风贮藏为主。

通常采用自然通风和机械通风的方法对贮藏种子进行通风,降低仓库温度和湿度。

参考文献

[1] 韩建国. 实用牧草种子学. 北京:中国农业大学出版社,1997.

[2] 彭启乾,林伯和,杨耿玺. 牧草种子科学与技术. 中国农科院草原研究所,1980,47 - 57.

[3] 浦心春. 高羊茅种子老化的生理生化机制及活力测定方法的研究. 博士学位论文,中国农业大学,1996.

[4] Becquerel P. Recherches sur la vie latente des graines. Ann Sci Nat Bot,1907,5/6:193 - 311.

[5] Becquerel P. La longevite des graines macrobiotiques. Compt Rend,1934,199:1662 - 1664.

[6] Ching T M. Respiration of forage seed in hermetically sealed cans. Agron,1961, 53: 6 - 8.
[7] Ching T M. Aging stresses on physiological and biochemical activities of crimson clover (*Trifolium incarnatum* L. var *dixie*) seeds. Crop Sci,1972, 12: 415 - 418.
[8] Crocker W, Harrington G T. Catalase and oxidase content of seeds in relation to their dormancy, age, vitality, and respiration. J Agr Res,1918, 15 :137 - 174.
[9] Dillman A C, Toole E H. Effect of age, condition and temperature on the germination flaxseed. Amer Soc Agron J,1937, 29: 23 - 29.
[10] Esbo H. Vitality of unhulled and hulled timothy seeds under ordinary storing conditions in whole bags. Kgl Lantbruksakad Tidskr,1954, 93: 123 - 148.
[11] Ewart A J. On the longevity of seeds. Proc Roy Soc Vict,1908, 21: 1 - 210.
[12] Grabe D F, Isely D. Seed storage in moisture-resistant packages. Seed World,1969, 104(2):4.
[13] Harrington J F. Seed storage and longevity. In Seed Biology. Kozlowski ed. vol. 3. New York: Academic Press,1972, 145 - 245.
[14] Harrington J F. Seed storage and longevity. In Seed Ecology Heydecker W ed. London: Pa State Univ Press, 1973, 251 - 263.
[15] Haynes B C Jr. Vapor pressure determination of seed hygroscopicity. U S Dept Agr Tech Bull,1961, 1229: 22.
[16] Justice O L, Bass L N. Principles and Practices of Seed Storage. Washington D C,1978.
[17] Copeland L O, McDonald M B. Principles of Seed Science and Technology (Fourth edition). Londin: Kluwer Academic Publishers,2001.
[18] Lewis D N, Marshall A H, Hides D H. Influence of storage condition seed germination and vigour of temperate forage species. Seed Sci & Technol,1998, 26: 643 - 655.
[19] McAlister D F. The effect of maturity on the viability and longevity of the seeds of western range and pasture grasses. Amer Soc Agro J,1943, 35: 442 - 453.
[20] Porsild A E, Harrington C R. *Lupinus articus* Wats. grown from seeds of the Pleistocene Age. Science, 1967,158:113 - 114.
[21] Stevens O A. Germination studies on aged and injured seeds. J Agr Res,1935, 51: 1093 -1106.
[22] Young H D. Effect of various fumigants on the germination of seeds. J Agr Res,1929, 39: 925 - 927.
[23] Zewdie M, Ellis R H. Response of tef and niger seed longevity to storage temperature and moisture. Seed Sci & Technol,1991, 19: 319 - 329.

chapter 11

第 11 章

牧草种子的经营与管理

11.1 牧草种子公司的经营管理

牧草种子经营是种子产业的一个非常重要的环节，如何根据市场需求进行牧草种子生产营销是种子公司能否生存和发展的关键。为了使经营牧草种子的公司在竞争中立于不败之地，必须加强公司的经营管理，做到有的放矢，遵循市场经济的规律，进行市场调查和预测，制订可行的经营计划，采取有效的营销策略，开展有力的促销活动，及时进行经营效益分析，提高经营管理水平，降低企业的经营风险和经营成本，以获得较高的经济效益。

11.1.1 牧草种子公司的类型

牧草种子公司是以牧草种子为主要经营对象的企业。按企业的财产归属可将牧草种子公司分为国有企业、集体企业、私营企业、中外合资企业等。实行社会主义市场经济后，我国根据企业内部资本组合方式和外部经济责任形式在《公司法》(2006 年 1 月 1 日施行)中将公司分为股份有限公司和有限责任公司。

11.1.1.1 股份有限公司

股份有限公司是指注册资本由筹额股份构成，并通过发行股票筹集资本，股东以其所认购股份对公司承担有限责任，公司是以其全部资产对公司债务承担责任的企业法人；股份一旦投资于企业，不能中途抽回，但可以在证券交易市场上自由转让；公司设有股东会、董事会、经理、监事会，公司的法定代表人为董事长；股东会是公司的权力机构，依照《公司法》行使职权。设立股份有限公司，应当有 2 人以上 200 人以下为发起人，其中须有半数以上的发起人在中国境内有住所；股份有限公司注册资本的最低限额为人民币 500 万元。

11.1.1.2 有限责任公司

有限责任公司由两个以上股东共同出资，每个股东以其所认缴的出资额对公司承担有限责任，公司是以其全部资产对其债务承担责任的企业法人；股份一旦投资于企业，中途不能抽回，也不能上市自由转让，必须经股东会或董事会的决议通过才能转让，股东会不同意的，应当由其他股东购买出资以实现其转让；公司设有股东会、董事会、经理、监事会；股东会是公司的权力机构，依照《公司法》行使职权。公司法定代表人依照公司章程的规定，由董事长、执行董事或者经理担任，并依法登记。有限责任公司由 50 个以下股东出资设立，注册资本的最低限额为人民币 3 万元。

有限责任公司变更为股份有限公司，应当符合《公司法》规定的股份有限公司条件。股份有限公司变更为有限责任公司，应当符合《公司法》规定的有限责任公司条件。

有限责任公司变更为股份有限公司的，或者股份有限公司变更为有限责任公司的，公司变更前的债权、债务由变更后的公司承继。

11.1.2 市场调查

市场调查是获取种子市场信息的重要手段，也是牧草种子公司经营管理的一项重要工作。

牧草种子公司经营的目的是为草地畜牧业、水土保持和植被绿化提供牧草种子，同时使购销业务能够顺利进行，追逐最高利润。要达到此目的，就要掌握牧草种子市场的各种信息，面向市场，适应市场，取得主动，使得应用的经营策略能收到最好的效果。

11.1.2.1　市场调查的意义

市场调查就是采用一定的方法，有目的、有计划、系统而客观地收集、整理、分析种子市场及相关因素的历史、现状以及发展变化的资料，其目的是为牧草种子生产经营的市场预测、营销方针确定、营销计划编制、制定策略等提供科学依据。牧草种子市场调查是牧草种子生产经营单位整体活动的起点，又贯穿于营销活动的始终。

随着我国草地畜牧业的发展、牧草种子市场的发育，市场对牧草种子的需求量迅速增加，同时市场对牧草种子需求的变化也越来越大，牧草种子经营中的风险也相应增加。如果不了解总体市场的牧草种子供求的变化及其趋势，盲目地去组织牧草种子生产和供应，极容易造成种子积压，带来经济损失。如果不了解本公司在市场上的占有率和用种者的购买心理，盲目生产和经营，也极易造成某些种类牧草种子过量，另一些牧草种子不足，很难适应市场的变化。因此，市场调查在种子营销中具有重要的作用。它有利于了解某种或品种的牧草种子在市场上的供求状况，有利于牧草种子公司合理安排某些种或品种的种子的生产和调入，也有利于提高牧草种子公司的经营管理水平和效益。

11.1.2.2　市场调查的内容

1. 市场环境调查

牧草种子市场环境有政治、经济和社会环境。政治环境主要是指政府已颁布的农业及草地畜牧业生产发展的方针、政策和法规；国家及地方农业、生态、草地等发展规划，特别是与牧草种子经营有关的价格、税收、财政补贴、银行信贷政策等。政治环境的变化，对牧草种子经营会产生极大的影响。经济环境主要是农业产业结构的变化、种植业结构的变化情况，自然灾害对农业及草地畜牧业生产的影响，农牧民的收入情况等。社会环境主要是农牧民价值观念、科技水平和传统习惯、民族风俗等情况。

2. 市场需求调查

了解一定地区范围内各种牧草的种植总面积，每年需更新的面积和每年需新建草地的面积，各种牧草及其品种所需数量及变化趋势。在市场发育不完善的地方，要考虑用种者自己扩繁各种牧草所生产的种子数量。调查市场对牧草种子的质量、包装、运输、服务方式及广告等方面的要求。弄清牧草种子购买者的类型（单位还是个人）、购买的欲望、动机以及购买者的习惯。

3. 市场供给调查

在探明各种牧草种子的生产量、商品量、社会储备量和进口量的前提下，再调查牧草种子市场的供给量，并对总供种量中各种或品种的比例和供给趋势进行调查。

4. 竞争状况调查

牧草种子作为商品，就会有不同的生产者和经营者，市场竞争是必然存在的。为确定竞争策略，在竞争中立于不败之地，必须对竞争者的数目，所经营牧草种子的数量、质量、成本、价格、利润、包装、商标以及在市场上的占有率进行调查，并对竞争者的经营管理水平、销售途径、销售方法、促销措施、销售组织和经济实力、经营趋向和竞争能力进行调查。

11.1.2.3 市场调查的方法

牧草种子市场调查方法很多，一般可归纳为询问法、观察法和实验法3种。

1. 询问法

(1)走访调查　这是一种常用的调查方法，由调查者向调查对向进行询问调查。此种方法可以按照事先拟定的调查表(提纲)进行询问，也可预约事先通知调查对象做准备后进行座谈。这种方式由于是面对面的提问式讨论，所得到的资料不仅真实，如发现疑问时可随时纠正或解释，还可相互讨论，把调查问题引向深入。走访调查要求调查者具有虚心求教、诚恳待人的态度和灵活的技巧。

(2)信访调查　调查者将所需调查的内容制成调查表寄给调查对象，填写后寄回。信访调查的优点是调查范围广，费用较低，被调查对象不受调查者主观因素的影响，被调查者可以有较充分的时间考虑。缺点是方式呆板，有时回答问题较肤浅，对真实性有怀疑时不便校正，另外信访回收率往往也偏低。

(3)电话调查　该法的优点是速度快，在一定程度上可以深化调查内容，有些不便面谈的问题也可以在电话中讨论。缺点是在电话不普及的地方调查面较窄，被调查者思考的余地小。

2. 观察法

调查人员到现场进行观察、记录被调查人和事的一种调查方法。调查者不事先告知，也不直接向被调查者提问，被调查者也并不感到其正在被调查。例如，某地区生产的牧草种子质量不佳，可以在种子生产过程中进行实地观察，以了解其在哪一个环节上存在问题。销售时，观察购种者对种或品种的选择，或对包装的选择。观察法的优点是被调查者表现自然，所收集资料的准确性较高。缺点是观察不到被调查者的内在感受，缺少直接交流。

3. 实验法

实验法是从涉及调查问题若干因素中选择1～2个因素加以实验，然后对实验结果作出分析，研究是否值得推广的一种调查方法。如在影响销售量的几个因素中，选择包装进行实验，以原包装作对照，在一定时期内根据销售量来确定何种包装最受欢迎。

市场调查中的实验法完全不同于自然科学的实验法，市场调查的实验法结果比较概略，这是因为市场上不可控因素较多造成的。尽管如此，实验法仍不失为一种有用的方法，通过此法，能直接体现经营策略的效果，这是询问法所不能提供的。

11.1.2.4 市场调查结果的应用

1. 调查资料的整理和分析

在调查工作完成后，所得到的资料比较零乱，含有虚假成分；不同来源的调查，结论也不一致。因此，对资料必须进行整理和分析。资料的整理和分析主要内容包括分类、校核、编号、列表等。分类是将相同或相似的调查结果归为一类；校核是去掉明显错误或模糊的资料，同时如发现资料需要核实补充的要抓紧时间进行；编号是按类编码，以便整理；列表是将调查结果列入表格。

2. 调查报告的编写

市场调查的最后一步是编写调查报告，报告可以是综合的，也可是某一问题的专门报告。内容包括调查进程概况，调查目的、要求，调查结果分析，结论及建议，附录。

3. 调查结果的应用

调查的目的是为了应用，对调查所得结论应在实践中加以验证。如果调查方法适当，结论正确，建议合理，实践中收到预期效果，说明结论正确；如效果不佳，要进一步改进。

11.1.3 经营预测和决策

11.1.3.1 经营预测

预测就是对客观事物未来发展的预料、估计、分析和推测。经营预测是结合各种信息和资料，通过统计分析，对未来一定时期内经营的前景进行展望和推测，是实行科学管理的重要工具之一。

1. 经营预测的意义

牧草种子公司规化发展、编制计划、实行科学的经营管理都是以经营预测为依据的。预测是决策的前提和基础，是择优决策的依据，其目的是通过预测增强公司牧草种子生产和经营的竞争能力。牧草种子公司为了搞好经营工作，就需要投入一定的人力、物力和财力，生产或购买高质量的牧草种子。要达到经营目的，获得最佳经济效益，就必须使牧草种子生产和经营在时间、空间、产量、产值、成本、利润以及购售等方面，都能选择最佳方案，为此对投入、产出和销售的各方面要进行预测。

2. 经营预测的类型

经营预测可分为不同的类型，常常按范围分为经营预测和管理预测。经营预测是经营战略方面的预测，如牧草种子的经营方向、销售量、利润率确定等；管理预测是在种子生产经营过程中各方面的经营界限预测，如牧草种子库存量、质量与成本的最优方案选择等。经营预测还可按时间长短分为短期预测(1～2 年)、中期预测(3～5 年)、长期预测(5 年以上)。

3. 经营预测的内容

(1)资源预测　包括种子生产基地的开发利用、劳动力的合理安排、原材料的保证程度、环境条件的变更等预测。

(2)市场预测　包括市场对各种牧草种子的需求量，各种牧草种子的销售量、市场占有率及竞争能力等预测。

(3)种或品种预测　包括种或品种资源、新品种的培育、引进、开发，新品种的生命周期，新品种的种子产量、种子贮藏寿命及经济效益等方面的预测。

(4)经营成果预测　主要是流通费、利润、劳动生产率、人均收入、积累和消费比例关系的预测。

在经营预测时，必须有明确的目的，收集关键的资料，选择切合实际的科学预测方法，进行周密的分析研究，才能使预测结果比较符合实际。

4. 经营预测的方法

(1)判断预测法　是经营者根据自己所掌握的市场调查资料和有关信息、数据，凭积累的经验、知识和集体的智慧，对预测目标做出符合客观实际的判断的一种预测方法。

(2)历史引申预测法　是在了解历史资料的基础上，运用统计公式和数学模型加以引申而进行的一种预测方法。此方法简单易行，但长期预测可靠性不高，多用于短期预测。

(3)因果预测法　此法强调指出原因与结果之间的联系并据此预测未来，是经营中常用的方法。它多用于更复杂的预测，需考虑多种变量之间的关系，最常用的有回归分析法。

11.1.3.2　经营决策

决策是判断、选择和决定，经营决策是指牧草种子公司在经营管理方面的决策活动。在牧草种子公司的经营管理中，决策人要在可能达到同一目标的多种可行方案中选择一种最佳方案。决策不是一种任意的取舍，而是通过分析研究，权衡轻重缓急，明确利弊后做出的理性选择。

1. 经营决策的类型

经营决策类型，按不同的标准、角度，根据不同情况划分为以下几类。

(1)按决策问题的性质划分　战略决策，确定公司发展方向和远景有关的重要决策；策略决策，为实现公司战略目标所采取的必要手段，它比战略决策更具体。

(2)按决策问题的情况和处理方法划分　常规决策，指经常的、大量的、反复出现的事物的决策，由于这类事物经常出现，容易摸索出规律，可以采用常规的处理方法和程序；非常规决策，指对偶然出现事物的决策，事物在发展、变化中常出现新情况、新问题，必须针对这些新情况、新问题准备预案，以应付不测，及时做出决策。

(3)按决策问题所处条件划分　肯定决策，完全掌握未来有关的资料情况，并且资料准确可靠，做出的决策也能肯定；风险决策，不能完全肯定未来的有关状况，对其发生的可能性虽然有初步的估计，也能掌握初步的数据，但做出的决策有一定的风险。

2. 经营决策的内容

(1)生产决策　主要包括种子种类的选择和组合，种子生产基地的选择和实施，生产技术规程，生产组织，原材料采购和储备，设备的更新等方面的内容。

(2)销售决策　包括市场销售渠道、销售方式的选择，销售范围的决定，销售量、销售地点以及运输方式的选择，销售价格、服务内容和方式的决定，包装、商标、广告种类、方法的选择等。

(3)种或品种的决策　在做种或品种的决策时除考虑市场需求外，还要充分考虑其种子作为商品的特殊性，如种子的生命性、种或品种的区域适应性、种或品种种子使用的季节性；在决策种或品种种子的经营量时，还要依据种子使用时间的狭限性(种子寿命决定的)和用量的有限性(土地面积、政策和技术水平)做出全面的权衡和综合考虑。

(4)财务决策　主要是筹资决策和投资决策。筹资决策要确定资金来源和筹措办法，研究各种非货币投资的折价方法。投资决策是了解资金的投向和投资项目的选择，应选择投资少、见效快、收益大的投资方案。

(5)经营目标决策　决定在一定时期内预期达到的目标，如牧草种子产、购、销增长目标，提高经济效益目标，种或品种结构调整目标等。

3. 经营决策的步骤

(1)确定决策目标　这是决策过程中的第一个程序，也是决策的前提。所谓目标是指一定的环境条件下，在一定时期内经过努力所希望达到的结果。决策目标必须有依据，目标必须具体、明确。

(2)拟定各种程序　根据决策问题的复杂程度和影响因素的多少确定可供选择方案的拟定数量。

(3)选择方案　这是决策过程的关键，从若干拟订方案中选择最佳方案。要选择好的方案必须有合理的选择标准和科学的选择方法。

4. 经营决策的方法

(1)主观决策法　在整个决策过程中充分发挥人的智慧,直接利用人们的知识、经验和能力,特别是某些方面有丰富经验专家的集体智慧和创造力,根据已知情况和现有资料做出决策。此法是在对决策的全过程进行全面系统分析基础上所做的决策。

(2)计量决策法　是建立在数学基础上的决策方法。它把决策的变量与变量以及变量与目标之间的关系表示为数学关系,建立数学模型,然后根据条件,通过计算求得决策方案。它主要适用于复杂性的决策。决策所用的数学模型取决于决策问题所包含的变量的多少、环境条件的确定程度和动静态分析等因素。

11.1.4　经营计划

牧草种子公司的经营计划是在认识客观规律的基础上,根据经营决策所定的经营目标,协调公司的各个方面、各个环节的活动及相互关系而制订的。

11.1.4.1　经营计划的类型

1. 综合性计划

综合性计划内容较全面,通常为企业的整体计划。根据计划期限的长短可分为长期计划、年度计划和阶段计划。

(1)长期计划　又称远景规划,它是在战略上、总体上确定牧草种子公司的发展方向,展示未来应达到的目标,以及为完成计划指标所采取的重大措施和实施步骤。长期计划的年限一般不少于 3 年或 5 年,多则 10 年。其内容应包括经营方向、种或品种的更新、牧草种子的生产规模、设备投资、主要成果指标、职工队伍的建设和培训等。

(2)年度计划　是牧草种子公司在一年内,根据长远规划的目标和已实现程度,对生产经营活动做出的比较具体详细和接近实际的安排,它是最基本的计划。年度计划包括种子生产计划、种子销售计划、种子收购计划、种子加工运输计划、基本建设计划、职工培训计划、劳动工资计划、财务计划等。

(3)阶段计划　为实现年度计划目标而制定的短期工作计划,如牧草种子的产、购、销、存的具体计划,是保证牧草种子公司按种或品种、数量、质量、时间均衡完成生产经营任务的有力措施。

2. 专题计划

专题计划是为了完成某一特定的、关系重大的任务拟定的专项计划,其特点是以某一主题为中心,对象集中,计划具体细致。

11.1.4.2　经营计划的编制

编制经营计划时应遵循目的性、科学性、平衡性原则,同时坚持以销定购、以购定产和留有余地的原则。

1. 编制计划的步骤

首先搞清公司的内部条件和外部环境,根据调查资料和有关信息确定计划目标,提出几种不同的综合计划方案,并进行评价、比较,从中选择最佳方案,之后通过综合平衡,确定正式计划。

2. 编制计划的方法

(1)综合平衡法　是编制计划最基本的方法。牧草种子公司在经营活动中，需要进行产需平衡、购销平衡、价值平衡，通过编制各种平衡表，反复核算平衡。

(2)滚动计划法　按照“近细远粗”的原则制定一定时期内的计划，然后根据计划的执行情况和条件变化，调整和修订未来的计划，并逐步向前移动。它是一种将近期计划和长远计划结合起来的方法。

11.1.4.3　经营计划的执行

编制计划的目的是为了把计划蓝图变为现实，其执行过程应首先分解和落实计划指标，把计划目标分解为若干具体指标，这些指标既能测定生产经营活动是否按计划进行，又能反映经营活动的具体效果。然后通过统计综合把计划执行情况和目标比较，如发生偏离，及时采取措施纠正。最后做好计划的补充和修订工作，使计划在经营管理中起主导作用。

11.1.5　牧草种子的销售

牧草种子销售是引导牧草种子这一商品从供种者到最终种子用户的整体活动过程。牧草种子销售的目的是满足牧草种子用户的需求或实现潜在的需求，牧草种子销售的关键是达成交易。牧草种子公司在销售活动中必须坚持以用户为中心，为充分满足种子用户对牧草种子的需求提供优质服务，才能在牧草种子市场的竞争中取得优势，扩大销售量，实现盈利目标。

11.1.5.1　定价

定价是牧草种子销售策略中的重要因素，是牧草种子销售能否顺畅的关键。牧草种子价格的变化直接影响牧草种子购买者的行为，影响牧草种子销售利润。随着牧草种子市场的日趋完善，竞争日趋激烈，使牧草种子的价格问题变得日益敏感和微妙，牧草种子公司应更加重视牧草种子的价格决策。

1. 定价的基本依据

生产成本、流通费用、税金和利润是构成种子价格的 4 个要素，牧草种子公司在制定种子收购和销售价格时，应正确合理地计算生产成本、流通费用以及利润和税金。只有这样，公司在收购(调进)并售出种子后，才能不仅使生产成本、流通费用得到补偿，而且还能获得盈利并向国家上交税金。生产成本是指牧草从播种前的准备开始至种子收获并销售给用户的过程中所有人力和物力的投入，是制定合理的种子收购价和销售价的依据；流通费用是种子流通过程中发生的各项必要费用，包括牧草种子从生产者到种子经营单位、种子经营单位到用种者手中所支付的运杂费、包装费、广告费、保管费、种子清选加工费等；税金是牧草种子公司上交给国家的纯收入，包括增值税和所得税；利润是牧草种子公司纯收入的一部分。

此外，牧草种子的定价还受种子供求关系的影响，价格的涨落会影响种子的供求状况；反之，种子的供求状况也会影响价格的高低。因此，种子的供求关系也是形成种子价格的重要因素。牧草种子的购销差价、批零差价、地区差价、质量差价、季节差价等差价是影响牧草种子公司决定种子定价水平的又一因素。

2. 定价的技巧与策略

定价是牧草种子销售中的一个重要的促销手段，牧草种子公司根据价格的构成因素和特点，制定销售策略和方法，以扩大种子的销售量。牧草种子公司应进行广泛的调查，准确地收集信息，对准市场确定价格。具体定价的方法和技巧有以下几个方面。

(1)薄利多销和厚利少销　对于种子用量多、种子供应量偏高的牧草种子定价应低一些，以增加销售量达到赢利的目的。这是因为销售量的多少与价格有直接关系，常常价格低几分钱，就能增加竞争力，吸引用户，扩大市场，增加销量，大幅度地提高利润。对市场缺口大及高档次的牧草种子应采取高价厚利的策略，平衡供求，争取利润。

(2)优质优价　根据牧草种子品质差异定价。不同质量的牧草种子，其使用的生产资料不同，生产技术条件不同，种子生产的操作程序不同，清选、贮藏的条件不同，其内在劳动的消耗必然有差别，因此价格也应有差别。牧草种子的质量级别越高，耗费的劳动越多程序越复杂，以质论价，必然优质优价。

(3)优惠价　牧草种子公司根据用户购买种子数量的多少和合作年限，实行不同的优惠价。这种定价方法给购买者特殊的价格优待，有利于经营者与用户之间建立长期的合作关系，有利于种子销售，有利于吸引更多的用户，从而有利于公司取得竞争的优势。

(4)新品种定价　对于牧草种子购买者来讲都存在着一种求新的心理。实践也证明，谁先使用新品种，谁就有可能优先获得效益。因此，牧草种子经营部门要抓住用种者的这种心理，积极销售新品种。新品种定价有两种方法：①“撇取”定价，在新品种刚进入市场时，将价格定高，尽可能在新品种推广初期就获得较高收益；②“渗透”定价，将投入市场的新品种价格定的尽可能低一些，使新品种迅速为使用者接受，以迅速扩大市场，在销售量上取得竞争优势。

(5)折扣定价　为了刺激购买欲望，鼓励大量购买，在牧草种子销售淡季购买，给予折扣。主要包括：①现金折扣，对预付定金并按约定日期付款的购买者给予一定的折扣，对提前付款的给予更大折扣；②数量折扣，根据购买的数量和金额情况，单位价格相应下降，购种量越大折扣也越大。

(6)价格调整策略　由于市场供求、竞争状态、政策等因素的变化，牧草种子价格也应不断地调整。当某种牧草种子在市场上供大于求时，或市场竞争激烈或政策不利于该种(或品种)发展时，为了争夺市场，扩大销量，减少积压，常采用降价刺激购买策略。

11.1.5.2　促销

促销是牧草种子公司以适当的方式把商品牧草种子信息传达给种子购买者，引起其兴趣和注意，激发其购买欲望，促进其购买行为的发生。并在购买过程中和售后做好服务工作，使购买者满意，以巩固和发展牧草种子公司在市场竞争中的地位。有了适销对路的牧草种子、适宜的价格，再加上有效的促销手段，才能占领市场，提高经济效益。

1. 人员推销

人员推销就是牧草种子公司派出经过专门训练的推销人员携带牧草种子的样品、种或品种特性材料和技术指导资料，直接向种子用户推销种子。栽培技术要求高的种(品种)或新品种宜采取这样的推销形式。这种推销方式给种子购买者提供了很大的购买方便，并可以针对种子用户的实际情况提供相应的技术指导，种子用户也愿意接受这种推销方式。在人员推销的过程中，推销人员不仅推销种子和接受用种者的订货要求，还可寻求新的种子用户，了解用户的需求，为用户提供服务，与用户沟通交流，建立友情，收集各种牧草种子销售、价格、竞争等市场情报。因此，人员推销是牧草种子经营单位重要的促销手段之一。

2. 广告推销

广告推销是以付费原则通过报纸、杂志、广播、电视、邮政广告、广告牌等媒介把牧草种子商品和服务的信息广泛告知顾客的一种促销方式。通过广告可使用户及时了解其所需的牧草种或品种在何地生产、产量多少、价格高低，能及时准确地购买和调种，同时也使牧草种子公司的种子能及时销售出去，回笼资金。用种者也可从广告中了解种或品种的特征特性及栽培要点，根据本地区的条件决定购买，避免了购种的盲目性。作为牧草种子的推销广告应具有真实性和科学性，具有针对性和艺术性，要实事求是，讲信誉，要大众化，通俗易懂。同时广告还应遵守国家的法规。一个好的广告要能吸引人们的注意力，引起人们的兴趣，加深人们的印象，激发人们的需求，促进人们购买。

3. 公共关系

公共关系是企业为获得公众信赖、加强顾客印象而进行的一系列旨在树立企业及产品形象的促销活动。企业对公众态度进行估量，从公众利益的角度确定企业政策和工作方式，并通过一系列活动去争取公众的理解、认可和支持，是和潜在买主保持广泛联系的必要条件。公共关系的目的是提高牧草种子公司的知名度，树立自身形象，保持良好的信誉，加深用户的印象，依靠“公关”活动将本单位经营的牧草种子质量、种或品种特性等信息传播出去，可增加用种者的购买欲望。公共关系可通过新闻宣传，听取和处理用户意见，赞助和支持各种公益活动，组织现场会，积极参加新闻发布会、展销会、订货会、博览会等社会活动来实现，运用公关手段可使牧草种子公司与公关对象(种子购买者、社会舆论、政府有关部门)相互沟通。争取得到党政部门的支持，争取优惠政策，加快牧草种子销售信息的传递，取得用户的信赖和青睐。

4. 营业推广

营业推广是除了人员推销、广告推销之外，为了在短期内刺激用户和中间商的一种促销措施，是人员推销和广告推销的一种补充手段。具有针对性强，灵活多样的特点。营业推广包括：①牧草种子样品陈列，在本单位经销点、批发和零售单位作橱窗、货架与画廊陈列，将本单位的各种牧草种子予以展示；②展销，通过各种类型的技术交易会、展销会或种子展览会展销本单位的牧草种子；③样品赠送，对新调入或新育成的种或品种，少量免费赠送给用户；④优待购买，对老客户可以适当让利销售，促进以后继续购买。营业推广为用种者提供了特殊的购买条件，对用种者有一定的吸引力，在短期内对开拓市场、争取购买者有很大的成效。

11.1.6 经营效益评价

牧草种子公司在经营种子的经济活动中，一方面要消耗和占用一定量的劳动，另一方面又有其经营的成果，并将它们用货币表现为一定的支出和收入，把收入和支出进行比较和计量则为经营效益评价。各种子公司都有各自的经营途径和措施，因此其支出和收入必然存在着差异。讲求经济效益，就是寻求收入抵偿支出后取得最大利润的途径，或寻找利润和投资额的最优比例。在定量比较中，同量的支出获得收入愈多，经营效益愈好。

11.1.6.1 经营效益评价的内容

1. 种子销售量的分析

牧草种子销售量是种子公司营销活动的直接成果，它是衡量牧草种子公司经营水平和向社会提供商品牧草种子数量的主要依据。评价牧草种子销售量以实物量为主，同时可对销售种子的类别、质量进行评价。

2. 销售费用的分析

销售费用的分析是检查资金是否得到了充分合理的利用。通过把销售费用与销售收入联系起来考察，对照计划目标，发现销售成果是否合理，从而找出降低销售费用的途径。在分析销售费用和销售收入时，要注意把不同时间的资金价值换算成相同时间的价值。

3. 销售收益的分析

销售收益是指从销售收入中扣除销售成本后的余额，即牧草种子公司的利润。通过销售收益的分析，可发现完成利润计划的情况、影响利润的因素等。

11.1.6.2　经营效益评价的指标

由于牧草种子公司经营活动的复杂性，经营效益表现在许多方面，单凭一个或几个指标很难全面评价，必须借助于一个相互联系、相互补充的指标体系评价其经营活动。

1. 经营成果指标

(1)年牧草种子销售量　这个指标可用实物量或价值量来表示。对销售量与计划销售量进行比较，可评价年计划的完成情况。年种子销售量的大小可反映牧草种子公司为社会所做贡献的多少。

(2)种子合格率　牧草种子公司经营的种子要求全部合格，达到国家要求的标准，但由于经营环节中的收购、运输、贮藏、销售等方面的条件变化会有不合格种子。

$$种子合格率=\frac{年合格种子量}{年种子经营总量}\times 100\%$$

(3)年利润额　年利润额反映了牧草种子公司在一年内生产经营活动的总效益，是衡量和评价牧草种子公司经济活动效益的一项综合指标。

$$年利润额=年销售收入-年经营费用-税金$$

2. 劳动耗费和占用的效益指标

(1)劳动效率　它是牧草种子公司活劳动消耗与种子商品销售额(量)的比较，具体表现为一定时期内种子商品销售额与牧草种子公司职工人数的比值，反映每位职工在一定时间内所实现的种子销售额。在其他因素不变时这个指标越高，经济效益越高。

$$劳动效率=\frac{月(季、年)种子销售额}{周期平均职工人数}$$

(2)经营费用收入率　用总销售收入额除以经营费用总额计算，用以说明单位经营费用带来的销售收入额，一般来说，计算的指标值越大，经济效益越好。

(3)流动资金周转率　用流动资金在一定时期内周转的次数或每周转一次所需的天数来表示。

$$流动资金周转次数=\frac{种子商品销售额}{流动资金年平均占用额}$$

$$流动资金周转天数=\frac{计划期天数}{流动资金周转次数}$$

流动资金周转次数和流动资金周转天数是反映流动资金周转速度的指标，流动资金的周转速度直接反映流动资金的使用效果。流动资金周转越快，表明在种子商品销售一定的情况下，所需要的流动资金越少，经济效益越高。

(4)固定资金利用率　反映固定资金占用额与种子销售额的对比关系。

$$固定资金利用率=\frac{固定资金平均占用额}{种子商品销售额}\times 100\%$$

这个指标越低，说明完成单位种子销售额所占用的固定资金越少，经济效益越高。

3. 投资收益指标

(1)投资回收期　投资回收期是投资总数与年平均利润额的比较，说明资金投入以后，需多年才能靠其每年所增加的利润全部收回。

$$投资回收期=\frac{投资总额}{年平均利润额}$$

牧草种子公司运用这个指标对种子加工设备、运输设备、贮藏设备的投资进行评价，投资回收期越短，说明投资的经营效益越好。

(2)投资效果系数　说明单位投资所获得的利润额，是投资回收期的倒数。

$$投资效果系数=\frac{利润额}{投资总额}$$

4. 经济效益的综合指标

(1)销售利润率　牧草种子公司实现的销售利润总额与种子销售收入的比率。销售利润率反映了牧草种子公司销售种子的获利情况，是经济效益的主要指标。

$$销售利润率=\frac{销售利润总额}{种子商品销售额}\times 100\%$$

(2)资金利润率　指一定时期内利润总额与总资金(固定资金和流动资金之和)平均占用额的比率，一般用百元资金所获的利润额表示。

$$资金利用率=\frac{销售利润总额}{全部资金平均占用额}\times 100\%$$

资金利润率表明单位资金所带来的利润份额。用资金利润率来考核牧草种子公司的利润水平，可以促使经营单位节约资金，提高设备利用率，充分发挥资金效能。

(3)实现利润增长率　是报告期较所定基期实现利润的增量与基期利润的比率。

$$利润增长率=\frac{报告期利润总额-基期利润总额}{基期利润总额}\times 100\%$$

这个指标越大，说明种子公司的经营实力越强，用于扩大经营规模的基金越多。

11.1.6.3　经营效益评价的方法

1. 对比分析法

对比分析法是经营效益评价中最常用的一种分析方法，是运用两个有联系的经济指标来比较、分析经济活动。用来对比的经济指标为相对指标。常用的比较方法有：①计划完成程度的对比分析，用计划指标为基数，用实际完成数同计划指标作对比，来衡量计划完成的程度。②结构对比分析，是指标的分项数与合计数的对比，说明各个分项在总体中占的比重。由于分项之和等于合计数，所以结构的相对指标总和应为100%。③同类对比分析，将本单位某一项或数项指标与其他牧草种子经营单位相同时期内的相应指标进行对比，从中发现与其他经营单位的差距。④强度对比分析，通过两个性质不同但又具有密切联系的指标进行对比，用以反映经济现象的发生强度、密度，计算结果用复合单位表示，如劳动效率(元/人·年)、人均固定资产(元/人)等。

2. 动态分析法

动态分析法是对某一经济现象或过程在时间上的发展与变化进行分析，它是借助于一些分析指标和经济数学模型来认识经济活动发展变化的过程和规律性。其分析指标主要有(表11-1)：①发展水平，是动态数列中的每个指标值，它是一定时期或时点上实际达到的水平，数列的第一个数值为最初水平，最后一个数值为最末水平。②增长量，是报告期水平与基期水平之差。由于选用基期不同而有两种增长量，一是各期都以前期为基期计算逐期增长量；另一种是各期均以固定的时期为基期计算积累增长量(定期增长量)。③发展速度，是报告期水平与基期水平的比率(用%表示，也可用倍数表示)。由于采用的基期不同，可以计算逐期发展速度和定期发展速度，前者说明所分析问题逐期发展情况，后者说明在整个期间总的发展情况。④增长速度，它是增长量与基期水平之比，用以说明所分析问题增长的相对程度。增长速度可分为逐期增长速度和定期增长速度，它与发展速度的关系为：增长速度＝发展速度－100%。⑤平均发展速度和平均增长速度，是分析经济现象在某个阶段内一般的具有代表性的变动程度，因同一阶段各个时期的速度往往有较大的差别，寻找一个代表值反映这一阶段的速度趋势，则要用平均发展速度和平均增长速度。平均发展速度的计算公式为：

$$\bar{x} = \sqrt[n]{a_n/a_0}$$

式中 $\bar{x}$ 为平均发展速度，a_n 为末期水平，a_0 为基期水平，n 为基期至末期的时期数。

平均增长速度＝平均发展速度－100%

表 11-1　某牧草种子公司种子销售动态分析指标计算表　　kg，%

指标		年份				
		1993	1994	1995	1996	1997
发展水平(总销售量)		124 350	121 450	152 400	210 150	274 050
增长量	定期		－2 900	28 050	85 800	149 700
	逐期		－2 900	30 950	57 750	63 900
发展速度	定期		97.67	122.56	169.00	220.40
	逐期		97.67	125.48	137.89	130.41
增长速度	定期		－2.33	22.56	69.00	120.40
	逐期		－2.33	25.48	37.89	30.41
平均发展速度				121.84		
平均增长速度				21.84		

11.2 牧草种子经营中的经济合同

合同是“对某件事的约定”，就是人或组织之间为一定目的，经过协商一致达成相互权利义务的协议。经济合同是以经济业务活动为主要内容而签订的具有法律性质的契约，是从事生产或流通等经济单位之间实现产品或劳动交换，明确相互的权利和义务而自愿达成的协议。

11.2.1 经济合同的特征

合同依法成立，具有法律约束力，当事人必须全面履行合同规定的任务，任何一方面不得擅自变更或解除合同。合同在当事人之间一经成立，即对双方形成约束，必须遵照执行。不履行或不完全履行就是违约，就应受到相应制裁。

经济合同体现着签约双方间的法律关系，它是法人的法律行为，其按照合同所享受的权利受国家法律保护，它所承担的义务受法律监督；签订合同的双方必须是法人；经济合同反映的是经济交往关系，具有明确的经济责任；经济合同必须合法，符合国家法律、法令和政策规定，否则合同无效；经济合同的法人双方在法律地位上是平等的；经济合同必须是等价有偿的经济交往；经济合同具有严格的信用性。

11.2.2 经济合同的内容

经济合同的共同点是具备人、物、款、时间、地点、各方的权利和义务、奖罚原则等内容，而人、物、款是经济合同的核心。

(1)标的　又叫合同成交物，它是经济合同中权利和义务的共同依据，也是经济合同的实体。标的内容应十分明确，如种子订货合同中的牧草种或品种，新品种转让合同中的牧草新品种等。

(2)价金　标的价金是取得对方产品或接受对方劳务所支付的货币代价。价金应按国家的统一价格定价，如果没有统一价格，双方可以自由议价，但应与国家价格政策相符合。

(3)时间　经济合同要有签约生效的时间和终止的时间。

(4)数量和质量　数量是衡量标的的尺度，即用数量来确定经济合同权利和义务的大小。不仅有标的的数量，而且还要规定计量单位和计量方法，质量要求要明确，并规定验收方法。

(5)地点　要有各方当事人单位所在地及牧草种子的产地、交货、提款地点等。

(6)结算方式　付款时，以议定的结算方式，按银行规定办理。

(7)违约责任　合同当事人任何一方若不履行或不完全履行合同，必须承担经济责任，偿付违约金和赔偿金，但此项支出不得列入成本开支。

11.2.3 经济合同的签订

1. 签订合同的要求

(1)合同书面上的签字人为个人。单位签订的合同，单位法人代表人或负责人是签字人，单位的法定代表人或其委托人也可以是签字人，但必须有书面委托。

(2)公证不是合同成立的必须程序，除法律、法规规定必须经过公证、监证或特别程序认证的合同/协议以外，合同一经签字就生效，签字之日即合同的生效之日。

(3)合同成立后不得因承办人或法定代表人的变动而变更或解除。

(4)要注意审查签订的经济合同必须条款齐全，表达明确。合同中不能使用伸缩性很大的语言，合同的内容及文字表达必须绝对确切，合同涉及的期限、金额、数量等数字，一般都要大写，不得增补和涂改。

(5)签订合同时设定合同发生纠纷时管辖法院。

2. 经济合同的变更、解除

(1)须经双方协商同意，并且不因此损害国家利益和社会公共利益。

(2)由于不可抗力致使合同的全部义务不能履行。

(3)由于另一方在合同的期限内没有履行合同。

变更或解除原来的合同要经过一定的程序，想更改或解除合同的一方要书面通知另一方。除不可抗力致使合同的全部义务不能履行和另一方在合同约定期限内没有履行合同的情况外，变更和解除合同，要与另一方协商，在达成变更和解除合同的协议之前，原合同仍有效。不可抗力是指当事人不能预见，不能避免和不能克服的自然因素或社会因素引起的客观情况。

3. 经济合同的无效

凡违反法律和行政法规的合同，采取欺诈、胁迫等手段签订的合同，代理人超代理权限签订的合同，以被代理人的名义同自己或同自己代理的其他人签订的合同，违反国家利益或社会公共利益的合同即使签字也无法律效力，履行了也无效。合同的无效要经过特定机构确定，包括执法机构和仲裁机构。

11.3 牧草种子的行政管理

牧草种子行政管理是指国家行政机关依法对牧草种子工作进行管理的活动。国家行政机关是指政府及其农(牧)业主管部门，它们代表国家行使职权，具有国家的权威性，要求管理的相对方必须服从；管理活动的依据是国家的法律、法规、规章和法令；实现管理的手段有思想教育、行政指令、法律等。

11.3.1 牧草种子行政管理的依据及机构

11.3.1.1 牧草种子行政管理的依据

根据1997年农业部修订发布的《中华人民共和国种子管理条例农作物实施细则》规定牧草种子属农作物种子范畴，牧草种子的行政管理依据国家、部门和地方有关农作物种子以及牧草种子的法律条规进行。

1. 法律

属于法律的有全国人民代表大会常务委员会制定的《中华人民共和国种子法》(以下简称《种子法》)，《种子法》第七十六条规定，草种的种质资源管理和选育、生产、经营、使用、管理等活动，参照本法执行。

2. 法规

(1)行政法规　属国家行政法规的有国务院颁发的《中华人民共和国种子管理条例》、《中华人民共和国植物新品种保护条例》。

(2)地方性法规　属地方性法规的有各省(市、自治区)人民代表大会及其常务委员会制定的种子管理条例，如《河南省农作物种子管理条例》。

上述这些行政法规是进行牧草种子管理工作的法律依据。

3. 规章

(1)部门规章　部门规章是指国务院下属的各部、委、局制定和颁发的规范性文件,如农业部颁发的《草种管理办法》、《中华人民共和国种子管理条例农作物种子实施细则》、《农业行政处罚程序规定》、《进出口农作物种子(苗)管理暂行办法》等;农业部和工商行政管理局共同发布的《农作物种子生产经营管理暂行办法》,国家标准局发布的《牧草种子检验规程》、《豆科主要栽培牧草种子质量分级标准》、《禾本科主要栽培牧草种子质量分级标准》、《草品种审定技术规程》等。

(2)地方性规章　地方性规章是指省级政府和经国务院批准的较大城市的政府制定和颁发的规范性文件以及省政府各业务主管部门颁发的规定、办法、政策等,如《四川省草种管理办法》。

在种子行政管理中,对于各层次的法律文件的运用要服从以下原则。

①法律的效力高于行政法规,行政法规的效力高于地方性法规。行政法规的规定与法律规定有抵触时,应当遵循法律规定;地方性法规的规定与行政法规的规定抵触时,运用行政法规的规定。

②行政法规是为了贯彻执行法律,地方性法规是为了贯彻执行法律、行政法规,就同一问题作了具体、更详细规定的,应当优先适用。

③法律未涉及的领域而行政法规作了规定的,适用该行政法规;行政法规未涉及的领域而地方性法规先行作了规定的,适用该地方性法规。

④地方性法规仅限于本行政区域的范围内适用。

⑤人民法院在审理案件时,法律、行政法规、地方性法规应作为审理案件的依据,而部门规章和地方性规章只能作为参照。

11.3.1.2　牧草种子行政管理的机构

从事牧草种子管理工作的单位和个人依法确定。

1. 牧草种子管理部门

根据《草种管理办法》,农业部主管全国草种管理工作。县级以上地方人民政府草原行政主管部门主管本行政区域内的草种管理工作。

牧草种子管理机构的主要职责是贯彻国家有关种子法规和方针、政策;负责牧草种子生产、经营和品种的管理及种子质量的管理,签发和管理"牧草种子生产许可证"、"牧草种子经营许可证"、"牧草种子质量合格证";会同有关部门查处违法生产、经营牧草种子的单位和个人。

2. 牧草种子管理人员

根据《中华人民共和国种子管理条例农作物种子实施细则》种子管理人员分为两类,一类是正式编制的种子管理人员,另一类是兼职种子管理人员。兼职种子管理人员必须由县级农牧局(或畜牧主管部门)确定,并经同级人民政府批准后才能聘请。兼职管理人员主要从事检查和监督管理,此管理活动代表国家,具有法律效力,但其行为属于行政代理,其行政活动的法律后果依法由聘请的县级农牧局(或畜牧主管部门)承担。

根据《草种管理办法》,草原行政主管部门及其工作人员不得参与和从事草种生产、经营活动;草种生产经营机构不得参与和从事草种行政管理工作。草种的行政主管部门与生产经营机构在人员和财务上必须分开。

3. 其他种子管理机构

各级人民政府、工商行政管理机关，以及税务、物价、财政、审计、技术监督等部门，在对牧草种子活动的管理中，都有一定的职权范围，配合牧草种子的行政管理。

11.3.2 法律责任

根据《中华人民共和国种子法》第七十六条规定和《草种管理办法》第四十九条规定，违反各项法律和法规的具体要求，需要按照《种子法》的相关规定承担相应的法律责任。

违反《种子法》和《草种管理办法》规定，生产、经营假、劣牧草种子的，由县级以上人民政府草原行政主管部门或者工商行政管理机关责令停止生产、经营，没收种子和违法所得，吊销种子生产许可证、种子经营许可证或者营业执照，并处以罚款；有违法所得的，处以违法所得五倍以上十倍以下罚款；没有违法所得的，处以二千元以上五万元以下罚款；构成犯罪的，依法追究刑事责任。有下列行为之一的，由县级以上人民政府草原行政主管部门责令改正，没收种子和违法所得，并处以违法所得一倍以上三倍以下罚款；没有违法所得的，处以一千元以上三万元以下罚款；可以吊销违法行为人的种子生产许可证或者种子经营许可证；构成犯罪的，依法追究刑事责任：(一)未取得种子生产许可证或者伪造、变造、买卖、租借种子生产许可证，或者未按照种子生产许可证的规定生产种子的；(二)未取得种子经营许可证或者伪造、变造、买卖、租借种子经营许可证，或者未按照种子经营许可证的规定经营种子的。

违反规定，有下列行为之一的，由县级以上人民政府草原行政主管部门责令改正，没收种子和违法所得，并处以违法所得一倍以上三倍以下罚款；没有违法所得的，处以一千元以上二万元以下罚款；构成犯罪的，依法追究刑事责任：(一)为境外制种的种子在国内销售的；(二)从境外引进牧草种子进行引种试验的收获物在国内作商品种子销售的；(三)未经批准私自采集或者采伐国家重点保护的天然种质资源的。

违反规定，有下列行为之一的，由县级以上人民政府草原行政主管部门或者工商行政管理机关责令改正，处以一千元以上一万元以下罚款：(一)经营的种子应当包装而没有包装的；(二)经营的种子没有标签或者标签内容不符合本法规定的；(三)伪造、涂改标签或者试验、检验数据的；(四)未按规定制作、保存种子生产、经营档案的；(五)种子经营者在异地设立分支机构未按规定备案的。

违反规定，向境外提供或者从境外引进种质资源的，由国务院或者省、自治区、直辖市人民政府的草原行政主管部门没收种质资源和违法所得，并处以一万元以上五万元以下罚款。未取得草原行政主管部门的批准文件携带、运输种质资源出境的，海关应当将该种质资源扣留，并移送省、自治区、直辖市人民政府草原行政主管部门处理。经营、推广应当审定而未经审定通过的种子的，由县级以上人民政府草原行政主管部门责令停止种子的经营、推广，没收种子和违法所得，并处以一万元以上五万元以下罚款。在种子生产基地进行病虫害接种试验的，由县级以上人民政府草原行政主管部门责令停止试验，处以五万元以下罚款。种子质量检验机构出具虚假检验证明的，与种子生产者、销售者承担连带责任；并依法追究种子质量检验机构及其有关责任人的行政责任；构成犯罪的，依法追究刑事责任。强迫种子使用者违背自己的意愿购买、使用种子给使用者造成损失的，应当承担赔偿责任。

草原行政主管部门违反规定，对不具备条件的种子生产者、经营者核发种子生产许可证或者种子经营许可证的，对直接负责的主管人员和其他直接责任人员，依法给予行政处分；构成犯罪的，依法追究刑事责任。种子行政管理人员徇私舞弊、滥用职权、玩忽职守的，或者违反本法规定从事种子生产、经营活动的，依法给予行政处分；构成犯罪的，依法追究刑事责任。当事人认为有关行政机关的具体行政行为侵犯其合法权益的，可以依法申请行政复议，也可以依法直接向人民法院提起诉讼。农业行政主管部门依法吊销违法行为人的种子经营许可证后，应当通知工商行政管理机关依法注销或者变更违法行为人的营业执照。

11.3.3 牧草种子行政检查及处罚

11.3.3.1 种子行政检查

牧草种子行政检查是指牧草种子管理机构及管理人员依法对有关牧草种子活动的人、物或场所进行检查和督导，以监督并保证牧草种子生产者和经营者必须具备法定条件，经常处于良好的运行状态，其必须履行的义务得到如期履行。检查中如发生违法案件，根据情节轻重进行处罚。

正常情况下的牧草种子行政检查包括：牧草种子生产者、经营者的资格条件，生产经营牧草种子的场所、设备，牧草种子的数量、质量、来源、调运情况，各种法律证件的颁发使用行为等。

11.3.3.2 种子行政处罚

种子行政处罚是种子行政管理机关依法对违反行政法律规范的公民或组织实施的一种惩戒。国家关于种子管理的行政法规和地方性法规中，都有违反种子行政管理法规应负的法律责任和处罚的规定，这是种子行政执法的主要依据。对于从事牧草种子活动的单位或个人违反种子管理的法律、规章以及有关规范性文件，如无"牧草种子生产许可证"生产牧草种子，无"牧草种子经营许可证"经营牧草种子，销售未经检验、检疫的牧草种子或掺杂使假以次充好，伪造、涂改检验、检疫证书等应依法承担法律责任，受到法律的制裁。

1. 种子行政处罚的程序

(1)简易程序　违法事实确凿并有法定依据，对公民处以 50 元以下，对法人或其他组织处以1 000元以下罚款或者警告的行政处罚，可以当场做出种子行政处罚决定。执行人员当场做出行政处罚决定，必须填写统一编号的《行政处罚(当场)决定书》，当场交付当事人，并告知当事人，如不服可以依法申请行政复议或提起行政诉讼。执法人员在做出当场处罚决定之日起 2 日内，将决定书副本报所属农牧业行政处罚机关备案。

(2)一般程序　除依法可当场决定行政处罚外，执法人员发现公民、法人或其他组织有违法行为应当依法予以行政处罚的，填写《行政处罚立案审批表》，报本行政处罚机关负责人批准予以立案。对决定立案的种子违法案件，做好全面的调查取证工作，包括书证、物证、视听资料、证人证言、当事人陈述、鉴定结论、勘验笔录、现场笔录等，并认真听取当事人的陈述和辩解。执法人员在调查结束后，认为案件事实基本清楚，主要证据充分，制作"案件处理意见书"，报农牧业行政处罚机关负责人审查，经负责人审核批准后，处罚机关制作"违法行为处理通知书"，送达当事人，告知拟给予的处罚内容及事实、理由和依据，并告知当事人在收到通知之日起 3 日内，进行陈述和申辩，符合听证条件的，可以要求处罚机关依法组织听证。处罚机关负责人根据材料认为违法事实清楚、证据确凿的案件，根据情节轻重，作出处罚决定，由处罚机关制作“行政处罚决定书”。将“行政处罚决定书”送达当事人，一般应在宣布之后当场交付被处罚人，被处罚人不在场，应在7日内送达被处罚人，并由被处罚人在“行政处罚文书送达回证”上签字或盖章。

2. 种子行政处罚的形式

(1)行为处罚　是限制或剥夺违法者特定能力的一种处罚，主要有停止生产经营活动、扣留或吊销许可证两种形式。停止生产经营活动往往附有改正违法行为的期限或其他条件。扣留许可证的，当原因消失或纠正后应予发还，无须重新申请。吊销许可证的，如果需要，需重新履行申请审批手续。

(2)财产处罚　指强迫违法者缴纳一定数额的货币或实物，或损害、剥夺其某些财产权的一种处罚。它是运用最广泛的一种行政处罚。财产罚的形式有3种：①罚款，强制违法者在一定期限内向国家缴纳一定数量的货币。②没收，依法将违法者因违法收入、所得及其物品充归公有的一种强制行为。没收非法收入是指没收违法人在违法行为中获得的全部收入额，包括本钱和利润。没收非法所得是指没收违法者在违法行为中获得的全部利润。③责令赔偿，执行机关单方面决定违法者对他人利益造成的损失给予赔偿。

(3)申诫处罚　指对违法者的谴责、训诫以影响其名誉的处罚，通常有警告和批评两种。

3. 种子行政处罚的执行

对种子行政违法行为依法做出“处罚决定书”并送达本人，要求被罚人在15日内自觉履行。如当事人对行政处罚决定不服，可在接到处罚通知之日起15日内，向做出决定的上一级管理机关申请复议；对复议决定不服的，可在接到复议决定之日起15日内向人民法院起诉。期满不申请复议，不起诉又不履行的，由做出处罚决定的机关申请人民法院强制执行。

11.3.4　牧草种子行政复议

对牧草种子管理部门做出的处罚决定、强制措施等不服的，当事人可依法向做出该决定的上一级牧草种子管理部门申请复议。复议机关依法对其下一级行政机关的具体行政行为是否合法和适当进行审查，并做出裁决。

1. 受理与不予受理

当事者向行政机关申请复议，应在知道具体行政行为之日起15日内提出，并向复议机关递交申请书。对符合复议规定的复议申请，行政机关应当受理，否则裁决不予受理，并告知理由。申请人对复议机关不予受理的裁决不服，可以在收到不予受理裁决书之日起15日内向人民法院起诉。

2. 审理

审理复议案件有书面审理、开庭审理。书面审理指复议机关根据申请人、被申请人等提供的书面材料、证据，综合自己的调查材料、证据来认定事实，运用法律，对争议的具体行政行为做出裁决；开庭审理指双方当事人在复议人员主持下面对面陈述自己的意见，出示自己的证据，并展开辩论，复议机关在此基础上判断是非，做出裁决。书面审理是审理复议案件的主要方式。

行政机关受理的复议案件应在受理之日起7日内将复议申请书副本发送被申请人，被申请人应当在收到复议申请书副本之日起10日内向复议机关提交做出具体行政行为的有关材料或者证据，并提出答辩书，逾期不答辩的，不影响复议。

复议机关在查明事实的基础上，根据复议审理的依据和法定条件，对有争议的具体行政行为做出决定，并制作“复议决定书”，复议决定做出后，应当按照法定方式送达申请人、被申请人。

3. 复议送达与执行

复议机关应当在收到复议申请书之日起两个月内做出决定，复议决定一经送达即发生法律效力。申请人对复议决定不服的，可以在收到复议决定书之日起15日内向人民法院起诉。

对申请人逾期不起诉又不履行复议决定的，分情况处理。维持原具体行政行为的复议决定，由最初做出具体行政行为的行政机关申请人民法院强制执行；改变原具体行政行为的复议决定，由复议机关申请人民法院强制执行。

参考文献

[1] 郭杰，黄志仁，徐大勇. 中国种子市场学. 北京：中国农业大学出版社，1998.
[2] 郭宗海. 种子公司经营管理. 北京：农业出版社，1988.
[3] 何国栋. 市场预测与经营决策. 杭州：浙江人民出版社，1985.
[4] 何国栋，吴国光. 市场调查与预测. 北京：中国商业出版社，1991.
[5] 洪绂曾. 种子业与农业发展. 北京：中国农业出版社，1997.
[6] 胡旭呈，张一耿. 现代市场调查原理与实践. 北京：中国统计出版社，1990.
[7] 李景泰. 市场学. 天津：南开大学出版社，1988.
[8] 王友善，赵英华. 实用种子知识大全. 北京：中国农业科技出版社，1993.
[9] 杨浚泉. 市场经营手册. 西安：西北大学出版社，1985.
[10] 杨名远，詹远一，杨狱龙. 农业企业经营管理学. 北京：中国农业科技出版社，1991.
[11] 赵玉巧，赵英华，王友善. 新编种子知识大全. 北京：中国农业科技出版社，1998.
[12] 中华人民共和国国务院. 中华人民共和国种子管理条例，1989.
[13] 中华人民共和国农业部. 中华人民共和国种子管理条例农作物种子实施细则，1991.
[14] 中华人民共和国全国人民代表大会. 中华人民共和国经济合同法，1981.
[15] 中华人民共和国全国人民代表大会. 中华人民共和国行政处罚法，1996.
[16] 中华人民共和国全国人民代表大会. 中华人民共和国公司法，1998.
[17] 周二多，赵德滋. 企业经营与决策. 南京：江苏科学技术出版社，1984.
[18] 中华人民共和国全国人民代表大会. 中华人民共和国种子法，2004.
[19] 中华人民共和国农业部. 草种管理办法，2006.

附录 部分植物中文、拉丁文名称对照

阿拉伯高粱 *Sorghum halepense*
阿氏吹禾 *Astrebla lappacea*
阿氏吹禾属 *Astrebla*
埃塞俄比亚画眉草 *Eragrostis tef*
埃氏翦股颖 *Agrostis elliottiana*
矮柱花草 *Stylosanthes humilis*
奥地利金雀花 *Cytisus austriacus*
巴哈雀稗(标志雀稗) *Paspalum notatum*
白菜 *Brassica pekinensis*
白草 *Pennisetum flaccidum*
白花草木樨 *Melilotus albus*
白三叶 *Trifolium repens*
白沙蒿 *Artemisia sphaerocephala*
白羊草 *Bothriochloa ischaemum*
白羽扇豆 *Lupinus albus*
百合 *Lilium browii* var. *viridulum*
百合属 *Lilium*
百脉根 *Lotus corniculatus*
百脉根属 *Lotus*
稗 *Echinochloa crusgalli*
稗属 *Echinochloa*
臂形草属 *Brachiaria*
宝盖草 *Lamium amplexicaule*
蓖麻 *Ricinus communis*
扁芒草属 *Danthonia*
扁穗冰草 *Agropyron cristatum*
扁穗雀麦 *Bromus catharticus*
兵豆 *Lens culinaris*
冰草属 *Agropyron*
不实燕麦 *Avena sterilis*
菜豆 *Phaseolus vulgaris*
蚕豆 *Vicia faba*
穇属 *Eleusine*
苍耳 *Xanthium pensyluanicum*
草地山萝卜 *Succica pratensis*
草地雀麦 *Bromus willdenowii*
草地羊茅 *Festuca pratensis*
草地早熟禾 *Poa pratensis*
草莓三叶 *Trifolium fragiferum*
草木樨属 *Melilotus*
草木樨状黄芪 *Astragaus melilotoides*
草原看麦娘 *Alopecurus pratensis*
草原山黧豆 *Lathyrus pratensis*
长芒草 *Stipa bungeana*
长穗偃麦草 *Elytrigia elonata*
垂穗草 *Bouteloua curtipendula*
粗茎早熟禾 *Poa trivialis*
达乌里胡枝子 *Lespedeza davurica*
大豆 *Glycine max*
大果田菁 *Sesbania exaltata*
大画眉草 *Eragrostis cilianensis*
大看麦娘 *Alopecurus pratensis*
大麦 *Hordeum vulgare*
大黍 *Panicum maximum*
大须芒草 *Andropogon gerardis*
大翼豆 *Macroptilium atropureum*
大早熟禾 *Poa ampla*
灯心野麦草 *Elymus junceus*
灯心草状新麦草 *Psathyrostachys junceus*
地肤 *Kochia scoparia*
地三叶 *Trifolium subterraneum*
地毯草 *Axenopus affinis*
地毯草属 *Axenopus*
东非狼尾草 *Pennisetum clandestinum*
独脚金 *Striga lutea*
短梗胡枝子 *Lespedeza cyrtobotrya*

短穗大麦 *Hordeum brachyantherum*
多变小冠花 *Coronilla varia*
多对叶决明 *Cassia multijuga*
多花黑麦草 *Lolium multiflorum*
多花木蓝 *Indigofera amblyantha*
多花雀麦 *Bromus polyanthus*
多角胡芦巴 *Trigonella polyceratia*
多年生黑麦草 *Lolium perenne*
多年生羽扇豆 *Lupinus perennis*
俄罗斯矢车菊 *Centaurea picris*
二色胡枝子 *Lespedeza bicolor*
二色棘豆 *Oxytropis bicolor*
发草 *Deschampsia cespitosa*
发草属 *Deschampsia*
反枝苋 *Amaranthus retroflexus*
飞廉 *Cardus crispus*
非洲狗尾草 *Setaria anceps*
粉绿狗尾草 *Setaria glauca*
锋芒草 *Tragus racemosus*
锋芒草属 *Tragus*
弗吉尼亚披碱草 *Elymus virginicus*
伏生臂形草 *Brachiaria decumbens*
拂子茅 *Calamagrostis inexpansa*
盖氏须芒草 *Andropogon gayanus*
高冰草 *Agropyron elongatum*
高粱 *Sorghum bicolor*
高粱属 *Sorghum*
高山雀麦 *Bromus marginatus*
高鼠尾草 *Sporobolus asper*
高燕麦草 *Arrhenatherum elatius*
高羊茅 *Festuca arundinacea*
格兰马草 *Bouteloua gracilis*
钩紫云英 *Astragalus hamosus*
狗牙根 *Cynodon dactylon*
冠状岩黄芪 *Hedysarum coronarium*
广布野豌豆 *Vicia cracca*
圭亚那柱花草 *Stylosanthes guianensis*
鬼针草 *Bidens radiata*
旱雀麦 *Bromus tectorum*
河岸冰草 *Agropyron riparium*
褐斑苜蓿 *Medicago arabica*
黑豆 *Glycine gracilis* var. *nigra*
黑麦 *Secale cereale*
黑麦草属 *Lolium*
黑雀麦 *Bromus secalinus*
红豆草 *Onobrychis viciaefolia*
红豆草属 *Onobrychis*
红毛草属 *Rhynchelytrum*
红三叶 *Trifolium pratense*
胡卢巴 *Trigonella foenum-graecum*
湖南稷子 *Echinochlo crusgalli*
虎尾草 *Chloris virgata*
虎尾草属 *Chloris*
花棒 *Hedysarum scoparium*
花葵 *Lavatera pseudo-olbia*
花生 *Pisum sativum*
画眉草 *Eragrostis pilosa*
黄花草木樨 *Melilotus officinalis*
黄花茅 *Anthoxanthum odoratum*
黄花茅属 *Anthoxanthum*
黄花苜蓿 *Medicago falcata*
黄精属 *Polygonatum*
黄茅 *Heteropogon contorus*
黄茅属 *Heteropogon*
黄三毛草 *Trisetum pratense*
灰毛独行菜 *Lepidium draba*
灰毛水芹 *Cardaria draba*
灰绿披碱草 *Elymus glaucus*
鸡距皂荚 *Gleditschia ferox*
鸡眼草 *Kummerowia striata*
蓟 *Cirsium japonicum*
稷(黍) *Panicum miliaceum*
蒺藜草属 *Cenchrus*
加勒比柱花草 *Stylosanthes hamata*
加拿大披碱草 *Elymus canadensis*
加拿大山蚂蝗 *Desmodium canadense*
加拿大早熟禾 *Poa compressa*

荚迷 *Viburnum opulus*
假俭草属 *Eremochloa*
假荆芥叶水苏 *Stachys nepetifolia*
夹竹桃 *Apocynum cannabinum*
尖叶铁扫帚 *Lespedeza hedysaroides*
碱茅 *Puccinellia distans*
翦股颖 *Agrostis capillaris*
翦股颖属 *Agrostis*
箭筈豌豆 *Vicia sativa*
箭叶三叶 *Trifolium cuneata*
绛三叶 *Trifolium inaarnatum*
结缕草 *Zoysia japonica*
结缕草属 *Zoysia*
截叶铁扫帚 *Lespedeza cuneata*
菅属 *Themeda*
金合欢 *Acacia concinna*
金花菜 *Medicago hispida*
金茅属 *Crysopogon*
金色狗尾草 *Setaria lutescens*
金丝雀虉草 *Phalaris canariensis*
菊苣 *Cichorium intybus*
菊苣属 *Cichorium*
具柄百脉根 *Lotus pedunculatus*
具节山羊草 *Aegilops cylindrica*
具色大黍 *Panicum coloratum*
距瓣豆 *Centrosema pubescens*
聚合草 *Symphytum peregrinum*
决明 *Cassia tora*
阔叶臂形草 *Brachiaira platyphylla*
看麦娘 *Alopecurus aequalis*
看麦娘属 *Alopecurus*
孔颖草属 *Bothriochloa*
苦荬菜 *Sonchus arvensis*
蓝丛冰草 *Agropyron interm*
蓝花胡卢巴 *Trigonella caerulea*
蓝茎冰草 *Agropyron smithii*
狼尾草 *Pennisetum alopecuroides*
狼尾草属 *Pennisetum*
老芒麦 *Elymus sibiricus*
老枪谷 *Amaranthus caudatus*
类雀稗属 *Paspalidium*
林地早熟禾 *Poa nemoralis*
铃兰 *Convollaria* spp.
柳枝稷 *Panicum virgatum*
龙爪茅属 *Dactyloctenium*
路氏臂形草 *Brachiaria ruziziensis*
绿叶山蚂蝗 *Desmodium intortum*
绿针茅 *Stipa viridula*
卵叶山蚂蝗 *Desmodium ovalifolium*
骆驼刺 *Alhagi pseudalhagi*
落芒草 *Oryzopsis holciformis*
马莲 *Iris lactea* var. *chinensis*
马铃薯 *Solanum tuberosum*
马唐 *Digitaria sanguinalis*
马唐属 *Digitaria*
马西林黄芪 *Astragalus massiliensis*
芒稷 *Echinochloa colonum*
猫鼠刺属 *Triodia*
猫尾草 *Phleum pratense*
猫尾草属 *Phleum*
毛果群心菜 *Cardaria pubescens*
毛胡枝子 *Lespedeza tomentosa*
毛花雀稗 *Paspalum dilatatum*
毛荚野豌豆 *Vicia dasycarpa*
毛雀麦 *Bromus mollis*
毛苕子(毛叶苕子) *Vicia villosa*
毛线稷 *Panicum capillare*
毛偃麦草 *Elytrigia trichophrum*
毛燕麦 *Avena strigosa*
美国皂荚 *Gleditschia triacanthes*
美丽猪屎豆 *Crotalaria specatabilis*
蒙古岩黄芪 *Hedysarum mongolicum*
莫桑比克尾稃草 *Urochloa mosambicensis*
墨西哥摩擦禾 *Tripsacum lanceolatum*
苜蓿属 *Medicago*
南非狗尾草 *Setaria sphacelata*
南苜蓿 *Medicago polymorpha*

拟高粱 *Sorghastrum nutans* var. *commutata*
粘穗披碱草 *Elymus trachycaulum*
鸟足豆 *Ornithopus sativus*
柠条 *Caragana microphylla*
牛尾草 *Festuca elatior*
披碱草 *Elymus dahuricus*
披碱草属 *Elymus*
匍匐冰草 *Agropyron repens*
匍匐独行菜 *Lepidium repens*
匍匐翦股颖 *Agrostis stolonifera*
匍匐矢车菊 *Centaurea repens*
匍茎翦股颖 *Agrostis palustris*
蒲公英 *Taraxacum sinicum*
普通早熟禾 *Poa trivialis*
千穗谷 *Amaranthus hypochondriacus*
枪草 *Melica scabrosa*
秋画眉草 *Eragrostis autumnalis*
球米草属 *Oplismenus*
球状含羞草 *Mimosa glomerata*
曲节看麦娘 *Alopecurus geniculatus*
雀稗属 *Paspalum*
雀麦 *Bromus japonicus*
雀麦属 *Bromus*
髯毛燕麦 *Avena barbata*
绒毛草 *Holcus lanatus*
绒毛草属 *Holcus*
乳浆大戟 *Euphorbia esula*
三芒草属 *Aristida*
三叶草属 *Trifolium*
沙打旺 *Astragalus adsurgens*
沙蒿 *Artemisia desertorum*
沙丘蒺藜草 *Cenchrus tribuloides*
沙生冰草 *Agropyron desertorum*
沙生画眉草 *Eragrostis trichodes*
沙须芒草 *Andropogon hallii*
莎草 *Cyperus rotundus*
山地雀麦 *Bromus marginatus*
山黧豆 *Lathyrus quinquenervius*
山野豌豆 *Vicia amoena*
虱子草 *Tragus berteronianus*
湿地百脉根 *Lotus ulignosus*
史氏偃麦草 *Elytrigia smithii*
黍落芒草 *Oryzopsis miliacea*
黍属 *Panicum*
鼠尾栗属 *Sporobolus*
双花草属 *Dichanthium*
双花金雀花 *Cytisus biflorus*
双荚决明 *Cassia bicapsularis*
饲用甜菜 *Beta vulgaris* var. *crassa*
苏丹草 *Sorghum sudanense*
穗槐蓝 *Indigofera spicata*
穗状扁芒草 *Danthonia spicata*
梭梭 *Haloxylon ammodendron*
糖蜜草 *Melinis minutiflora*
糖蜜草属 *Melinis*
天蓝苜蓿 *Medicago lupulina*
甜菜属 *Beta*
田蓟 *Cirsium arvense*
田菁 *Sesbania cannabina*
田旋花 *Convolvulus arvensis*
头形柱花草 *Stylosanthes capitata*
菟丝子 *Cuscuta* spp.
歪头菜 *Vicia unijuga*
弯叶画眉草 *Eragrostis curvula*
弯银须草 *Aira flexuosa*
豌豆 *Pisum sativum*
豌豆属 *Pisum*
茵草 *Beckmannia eruciformis*
尾稃草属 *Urochloa*
苇状看麦娘 *Alopecurus arundinacea*
苇状羊茅 *Festuca arundinacea*
莴苣 *Lactuca sativa*
蜗牛苜蓿 *Medicago scutellata*
无芒冰草 *Agropyron inerme*
无芒虎尾草 *Chloris gayana*
无芒雀麦 *Bromus inermis*

西伯利亚冰草 *Agropyron sibiricum*
膝曲看麦娘 *Alopecurus geniculatus*
喜湿虉草 *Phalaris aquatica*
细荚百脉根 *Lotus angustissimus*
细洽草 *Koeleria gracilis*
细弱翦股颖 *Agrostis tenuis*
细辛 *Asarum canadense*
细羊茅 *Festuca capillata*
纤毛鹅冠草 *Roegneria ciliaris*
纤毛虎尾草 *Chloris ciliata*
纤毛蒺藜草 *Cenchrus ciliaris*
纤细野黍 *Eriochloa gracilis*
线叶嵩草 *Kobresia capillifolia*
香茅属 *Cymbopogon*
香豌豆 *Lathyrus odortus*
小糠草 *Agrostis alba*
小麦 *Triticum aestivum*
小须芒草 *Andropogon scoparium*
小籽虉草 *Phalaris minor*
蝎子小冠花 *Coronilla scorpioides*
匈牙利红豆草 *Onobrychis arenaria*
须芒草 *Andropogon yunnanensis*
须芒草属 *Andropogon*
血根草属 *Sanguinaria*
鸭茅 *Dactylis glomerata*
鸭茅属 *Dactylis*
鸦蒜 *Allium vineale*
延龄草 *Trillium grandiflorum*
偃麦草 *Elytrigia repens*
燕麦 *Avena sativa*
燕麦属 *Avena*
燕麦草 *Arrhenatherum elatius*
燕麦草属 *Arrhenatherum*
羊草 *Leymus chinensis*
羊茅 *Festuca ovina*
羊茅属 *Festuca*
羊蹄 *Rumex japonicus*
洋狗尾草 *Cynosurus cristatus*
野葛 *Pueraria lobata*
野牛草 *Buchloe dactyloides*
野雀麦 *Bromus arvensis*
野三叶草 *Trifolium arvense*
野生稻 *Zizania aquatica*
野黍 *Eriochloa villosa*
野豌豆 *Vicia sepium*
野豌豆属 *Vicia*
野燕麦 *Avena fatua*
异穗苔草 *Carex heterostachya*
虉草 *Phalaris arundinacea*
虉草属 *Phalaris*
银合欢 *Leucaena leucocephala*
银叶茄 *Solanum eleagnifolium*
银叶山蚂蝗 *Desmodium uncinatum*
隐花药高鼠尾草 *Sporobolus cryptandrus*
印度草木樨 *Melilotus indicus*
印度落芒草(长毛落芒草)
Oryzopsis hymenoides
鹰嘴豆 *Cicer arietinum*
鹰嘴紫云英 *Astragalus cicer*
硬毛百脉根 *Lotus hispidus*
优若藜 *Ceratoides latens*
油菜 *Brassica napus* var. *napobrassica*
榆钱菠菜 *Atriplex hortensis*
羽扇豆 *Lupinus* spp.
羽状针茅 *Stipa viridula*
玉米 *Zea mays*
御谷 *Pennisetum glaucum*
鸢尾 *Iris tectorum*
圆果雀稗 *Paspalum orbiculare*
圆形苜蓿 *Medicago orbicularis*
月见草 *Oenothera odorata*
杂三叶 *Trifolium hybridum*
栽培山黧豆 *Lathyrus sativus*
早熟禾属 *Poa*
糙叶黄芪 *Astragalus scaberrimus*
泽地早熟禾 *Poa palustris*
针茅属 *Stipa*
指花草属 *Stylonsanthes*

直立黄芪 *Astragalus adsurgens*
止血马唐 *Digitaria ischaemum*
中非银合欢 *Leucaena leucoephala*
中间冰草 *Agropyron intermedim*
中间偃麦草 *Elytrigia intermedia*
紫花豌豆 *Pisum arvensis*
紫花苜蓿 *Medicago sativa*
紫穗槐 *Amorpha fruticosa*
紫羊茅 *Festuca rubra*
紫云英 *Astragalus sinicus*